北京理工大学“双一流”建设精品出版工程

Fundamentals of Computational Fluid Dynamics

计算流体力学基础

吴小胜　黄晓鹏◎编著

北京理工大学出版社
BEIJING INSTITUTE OF TECHNOLOGY PRESS

内容简介

本教材以用数值方法求解计算流体力学基本控制方程为主线，介绍了流体力学控制方程、基于有限体积法的求解过程、湍流的模拟方法、离散代数方程组的求解方法，以及 CFD 网格生成技术和边界条件的使用，最后介绍了使用商业软件求解典型流动的一般过程。

本教材由三部分组成。第一部分介绍了计算流体力学的基本思想和基本原理，详细讨论了流体力学的基本方程，以有限体积法求解管道流动问题为例详细介绍了偏微分方程的离散方法，包括有关的基本概念和求解流动问题的一些常用数值方法。第二部分主要讨论典型的流动基于有限体积法的求解过程，包括扩散问题的有限体积法求解过程、对流扩散问题的有限体积法求解过程，定常流压力与速度耦合求解算法和离散方程求解方法。第三部分讨论了 CFD 商业软件在几个流体力学问题中的应用。在算例中采用了不同的求解方法计算湍流模型和网格分布等问题，以加深对计算流体力学数值方法的理解。

图书在版编目（CIP）数据

计算流体力学基础 / 吴小胜，黄晓鹏编著. —北京：北京理工大学出版社，2021.2（2022.5重印）

ISBN 978－7－5682－9493－5

Ⅰ.①计…　Ⅱ.①吴…②黄…　Ⅲ.①计算流体力学－高等学校－教材　Ⅳ.①O35

中国版本图书馆 CIP 数据核字（2021）第 015828 号

出版发行 / 北京理工大学出版社有限责任公司
社　　址 / 北京市海淀区中关村南大街 5 号
邮　　编 / 100081
电　　话 / (010) 68914775（总编室）
　　　　　(010) 82562903（教材售后服务热线）
　　　　　(010) 68944723（其他图书服务热线）
网　　址 / http://www.bitpress.com.cn
经　　销 / 全国各地新华书店
印　　刷 / 保定市中画美凯印刷有限公司
开　　本 / 787 毫米×1092 毫米　1/16
印　　张 / 15.25
字　　数 / 356 千字
版　　次 / 2021 年 2 月第 1 版　2022 年 5 月第 2 次印刷
定　　价 / 56.00 元

责任编辑 / 张海丽
文案编辑 / 张海丽
责任校对 / 周瑞红
责任印制 / 李志强

PREFACE 前言

计算流体力学目前广泛应用于航空航天、能源和动力工程、力学、物理和化学、建筑、水利、海洋、大气、环境、灾害预防、冶金等领域。随着计算流体力学重要性的提升，国内外关于计算流体力学的教材也越来越多，而其中不乏精品教材。总的来说教材可以分为两类：一类是偏重于计算流体力学的理论方法研究，主要介绍流体力学方程组的推导和分类、方程的离散化，网格生成以及差分格式，差分方法求解等数值方法；一类主要注重计算流体力学软件的实用操作，主要介绍商用计算流体力学软件的使用流程和算例操作，即通过算例的形式引导学生完成不同流动问题模拟的求解设置。

由于工科的本科生没有系统地学习过数学物理方法、数值分析等课程，在有限的课时内，学生不容易全面掌握偏微分方程组和数值求解的过程，因而在应用软件做 CFD 模拟时，往往不能理解软件模拟的内涵。因此，有必要从流体力学基本理论、数值计算方法、商业化计算流体力学软件应用三个方面来编著适合工科本科生使用的计算流体力学基础教材。

本教材以学科组讲授的计算流体力学基础课程教学讲义为基础，充分参考国内外的优秀著作编撰而得。教材由三部分组成：第一部分介绍了计算流体力学的基本思想和基本原理，详细讨论了流体力学的基本方程；第二部分主要讨论典型的流动基于有限体积法的求解过程，包括扩散问题的有限体积法求解过程、对流扩散问题的有限体积法求解过程，定常流压力与速度耦合求解算法和离散方程求解方法；第三部分讨论了 CFD 商业软件在典型流体力学问题中的应用。

由于编者水平有限，书中难免有不足之处，请读者多提宝贵意见。

作者

2020 年 10 月

目录
CONTENTS

第1章
计算流体力学基本原理

1.1 计算流体力学简介

计算流体力学（computational fluid dynamics，CFD）是利用数值模拟方法，通过计算机求解描述流体运动的数学方程，揭示流体运动的物理规律，研究定常流体运动的空间物理特性和非定常流体运动的时-空物理特征的学科。

计算流体力学的基本思想是，把原来在时间域-空间域上连续的物理场，采用数值求解方法将流动控制方程离散到仅有限点上满足物理量关系的代数方程组，进而求解代数方法组得到有限点场变量的近似值（图1.1）。计算流体力学是交叉学科，它的理论基础是流体力学、研究方法是计算数学、研究工具是计算机。

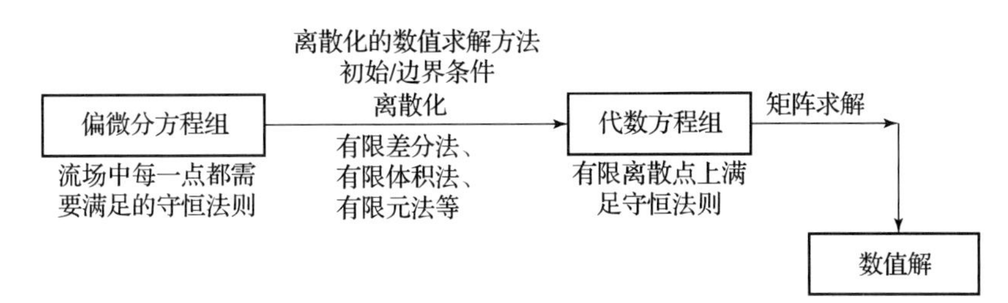

图1.1　计算流体力学求解过程

流体控制方程是通过将质量守恒、动量守恒和能量守恒三大定律应用于流体运动得到的。如：

$$\text{质量守恒：}\quad \frac{\partial \rho}{\partial t}+\mathrm{div}(\rho \mathbf{u})=0$$

$$x\text{ 向动量守恒：}\quad \frac{\partial \rho u}{\partial t}+\mathrm{div}(\rho u \mathbf{u})=-\frac{\partial p}{\partial x}+\mathrm{div}(\mu \mathrm{grad} u)+S_{Mx}$$

$$y\text{ 向动量守恒：}\quad \frac{\partial \rho v}{\partial t}+\mathrm{div}(\rho v \mathbf{u})=-\frac{\partial p}{\partial y}+\mathrm{div}(\mu \mathrm{grad} v)+S_{My}$$

$$z\text{ 向动量守恒：}\quad \frac{\partial \rho w}{\partial t}+\mathrm{div}(\rho w \mathbf{u})=-\frac{\partial p}{\partial z}+\mathrm{div}(\mu \mathrm{grad} w)+S_{Mz}$$

这些方程和能量守恒方程构成了一组耦合的非线性偏微分方程组。一般情况下，工程流动控制方程组用解析的方法求解是很难实现的。但可以采用数值计算的方法，将流动的控制方程组离散化，将偏微分方程转化为代数方程组，求解代数方程组，得到工程流动的近似解，这是计算流体力学的基本思想。

计算流体力学诞生于第二次世界大战期间，洛斯阿拉莫斯国家实验室最先采用数值方法，模拟原子弹爆炸引起的剧烈的气流流动。而其中数学家 J. Von Neumann 提出用人工黏性捕捉数值解中的激波，做出了非常重要的贡献，被誉为“计算流体力学之父”。此后计算流体力学逐渐得到了发展，计算流体力学的相关数值方法得到了长足的进步，并应用于工业流体力学的各个领域。

经过几十年的发展，CFD 出现了多种数值解法。这些方法之间的主要区别在于对控制方程的离散方式。根据离散的原理不同，CFD 大体上可分为三种方法：

有限差分法（finite difference method，FDM）

有限元法（finite element method，FEM）

有限体积法（finite volume method，FVM）

有限差分法是应用最早、最经典的 CFD 方法，它将求解域划分为差分网格，用有限个网格节点代替连续的求解域，然后将偏微分方程的导数用差商代替，推导出在离散点上有限个未知数的差分方程组。求出差分方程组的解，就是微分方程定解问题的数值近似解。它是一种直接将微分问题变为代数问题的近似数值解法。这种方法发展较早，比较成熟，较多地用于求解双曲型和抛物型问题。在此基础上发展起来的方法有 PIC（particle - in - cell）法、MAC（marker - and - cell）法，以及由美籍华人学者陈景仁提出的有限分析法（finite analytic method）等。

有限元法是 20 世纪 80 年代开始应用的一种数值解法，它吸收了有限差分法中离散处理的内核，又采用了变分计算中选择逼近函数对区域进行积分的合理方法。有限元法因收敛速度较有限差分法和有限体积法慢，因此应用不是特别广泛。

有限体积法是将计算区域划分为一系列控制体积，将待解微分方程对每一个控制体进行积分得出离散方程。有限体积法的关键是在导出离散方程过程中，需要对界面上的被求函数本身及其导数的分布做出某种形式的假定。用有限体积法导出的离散方程可以保证具有守恒特性，而且离散方程系数物理意义明确，计算量相对较小。1980 年，S. V. Patankar（帕坦卡）在其专著 *Numerical Heat Transfer and Fluid Flow* 中对有限体积法做了全面的阐述。此后，该方法得到了广泛应用，是目前 CFD 应用最广的一种方法。

1.2 计算流体力学的离散化方法

CFD 的基本策略是使用网格将连续问题域替换为离散域。在连续域中，每个流体变量在域中的每个点上都有定义。图 1.2 所示的连续一维域中的压强 p 为

$$p = p(x),\quad 0 < x < 1 \tag{1.1}$$

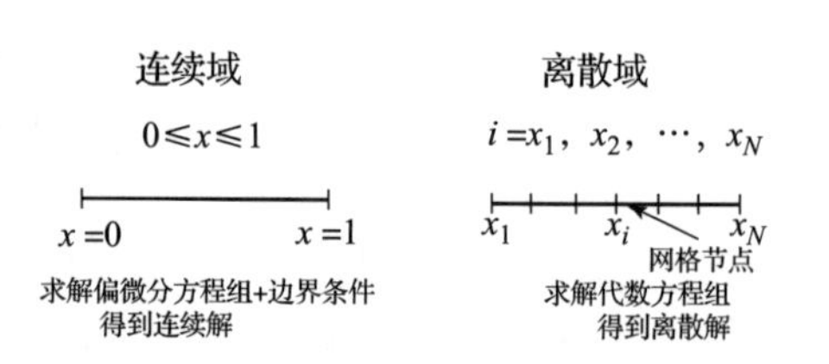

图 1.2　离散化示意图

在离散域中，每个流体变量仅在网格点上定义。因

此，在下面的离散域中，压强 p 只在 N 个网格点上定义为

$$p_i=p(x_i),\ i=1,\ 2,\ \cdots,\ N$$

在 CFD 解决方案中，只在网格点上直接求解相关的流体变量，其他位置的值是通过在网格点上插值来确定的。

定义的控制偏微分方程和边界条件的连续变量 p、$\vec{V}$ 等，在离散域内可以将这些网格点上的变量设成 p_i、$\vec{V}_i$，得到一个大型的代数方程组。求解该方程需要大量的重复计算，可以由计算机完成。

1.2.1　基于有限差分法的离散化

为了简单起见，通过以下简单的一维方程来说明 CFD 的基本思想：

$$\frac{\mathrm{d}u}{\mathrm{d}x}+u^m=0,\quad 0\leqslant x\leqslant 1,\quad u(0)=1 \tag{1.2}$$

在图 1.3 的网格中，当 $m=1$ 时推导线性方程的离散表示形式。

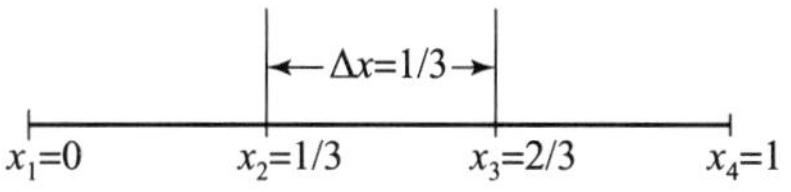

$\Delta x=1/3$

$x_1=0$　$x_2=1/3$　$x_3=2/3$　$x_4=1$

图 1.3　一维网格示意图

网格中一共有 4 个连续的网格点，Δx 表示连续的点之间的间距。由于控制方程在任意网格点上都是有效的，因此有

$$\left(\frac{\mathrm{d}u}{\mathrm{d}x}\right)_i+u_i=0 \tag{1.3}$$

下标 i 表示网格点 x_i 的值。为了获得在网格点上$\left(\frac{\mathrm{d}u}{\mathrm{d}x}\right)_i$的表达式，这里将 u_{i-1}做泰勒展开：

$$u_{i-1}=u_i-\Delta x\left(\frac{\mathrm{d}u}{\mathrm{d}x}\right)_i+O(\Delta x^2) \tag{1.4}$$

重新整理得到

$$\left(\frac{\mathrm{d}u}{\mathrm{d}x}\right)_i=\frac{u_i-u_{i-1}}{\Delta x}+O(\Delta x) \tag{1.5}$$

在式（1.5）泰勒级数中，$O(\Delta x)$ 叫作截断误差。

忽略泰勒级数中的截断误差项 $O(\Delta x)$，差商替代求导项，得到如下离散方程：

$$\frac{u_i-u_{i-1}}{\Delta x}+u_i=0 \tag{1.6}$$

注意式（1.6）此时消除了导数项，已经将微分方程变成了代数方程。

上面用泰勒级数推导导数或者偏导数的离散格式，将微分方程转化为离散方程的方法称为有限差分法。然而大多数商业 CFD 软件都使用有限体积法，这种方法更适合在复杂几何外形上对流体进行建模。接下来将简要地介绍有限体积法的原理。

1.2.2　基于有限体积法的离散化

有限体积法中，将积分形式的守恒方程用于由单元定义的控制体来得到单元的离散方程。定常、不可压流动积分形式的连续性方程为

$$\int_S \vec{V} \cdot \hat{n} \mathrm{d}S = 0 \tag{1.7}$$

积分在控制体表面 S 上进行，$\hat{n}$ 是表面的外法向。方程的物理意义表示流入控制体的净体积流量为零。

考虑如图 1.4 所示的矩形单元示意图。

面 i 的速度为 $\vec{V}_i = u_i\hat{i} + v_i\hat{j}$。将质量守恒方程（1.7）用于由上述单元定义的控制体，有

$$-u_1\Delta y - v_2\Delta x + u_3\Delta y + v_4\Delta x = 0 \tag{1.8}$$

这就是单元的离散形式的连续性方程。它等价于流入控制体的净质量流量之和并且等于零。这样就保证了流入单元的净质量流量为零，即单元质量守恒。通常，单元中心的速度值是通过求解离散方程组得到的，表面的速度 u_1、v_2 等是通过相邻的单元中心值插值得到。

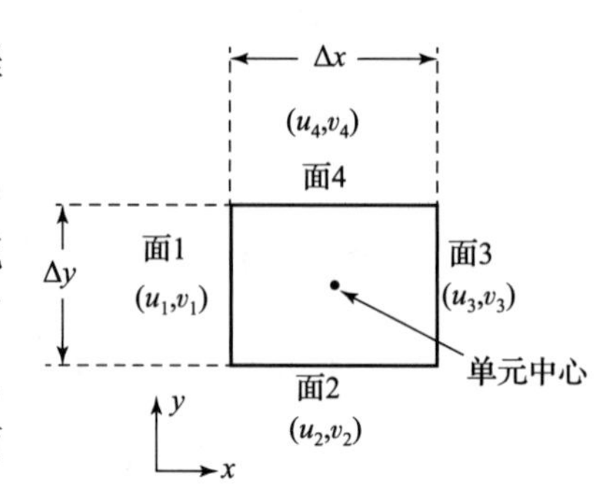

图 1.4　有限体积法矩形单元示意图

类似地，可以得到单元离散化的动量和能量守恒方程。之后，我们要介绍在一维工程实例中有限体积法在动量方程中的应用，可以将这一想法扩展到二维或三维情况中任意形状的单元和守恒方程。

1.3　基于有限体积法的一维管道流动算例

考虑在定常压力梯度 $\mathrm{d}p/\mathrm{d}x$ 下，管道中的黏性流动这一经典问题（图 1.5）。考虑充分发展的单向流，速度 u 只是纵坐标 y 的函数。在这些假设下，纳维尔－斯托克斯（N－S）方程组被简化为如下的单一控制方程（x 方向的动量方程）：

$$0 = -\mathrm{d}p/\mathrm{d}x + \mu\frac{\mathrm{d}^2u(y)}{\mathrm{d}y^2},\quad -1 \leqslant y \leqslant 1 \tag{1.9}$$

管道壁面采用无滑移边界条件：

$$u(y) = 0, y = \pm 1 \tag{1.10}$$

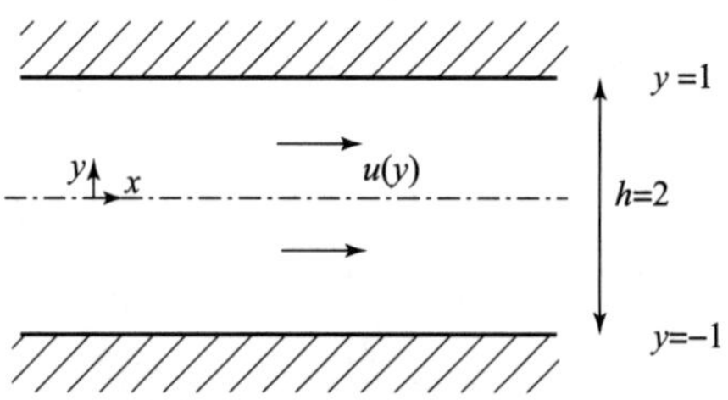

图 1.5　一维管道流动算例

方程（1.9）和式（1.10）构成了边值问题（BVP），将由数值方法求解。大多数定常问题都是边值问题，接下来我们要介绍如何对此问题进行离散和求解。

1.3.1　基于有限体积法的离散化

下面介绍利用有限体积（FV）格式对方程（1.9）进行离散。我们将区域纵向分为 N

个单元，每个单元高为 Δy，宽度任意，为 Δx，如图1.6（a）所示。有限体积法要求写出离散控制体 $j(CV_j)$ 上积分形式的控制方程，利用散度定理将其写成控制面（CS_j）上的面积分，接着利用变量在单元中心的离散值求解。将方程（1.9）在单元内积分可以得到

$$0=\int_{CV_j}(-\mathrm{d}p/\mathrm{d}x)\mathrm{d}V_j+\int_{CV_j}\mu\frac{\mathrm{d}^2u(y)}{\mathrm{d}y^2}\mathrm{d}V_j \tag{1.11}$$

这里 V 表示体积，由于 $\mathrm{d}p/\mathrm{d}x$ 是常量，方程右边的第一项很简单，先集中精力来处理第二项

$$\mu\int_{CV_j}\frac{\mathrm{d}^2u(y)}{\mathrm{d}y^2}\mathrm{d}V_j \tag{1.12}$$

利用散度理论，得

$$\int_{CV_j}\frac{\mathrm{d}^2u(y)}{\mathrm{d}y^2}\mathrm{d}V_j=\int_{CV_j}\nabla^2u\mathrm{d}V_j=\int_{CS_j}\nabla u\cdot\hat{n}\mathrm{d}S_j \tag{1.13}$$

其中，$\hat{n}$ 为控制面外法向。将控制面 CV_j 逆时针编号。根据图1.6（b），有

$$\int_{CS_j}\nabla u\cdot\hat{n}\mathrm{d}S_j=\int_{CS_1}\nabla u\cdot\hat{n}\mathrm{d}S_1+\int_{CS_2}\nabla u\cdot\hat{n}\mathrm{d}S_2+\int_{CS_3}\nabla u\cdot\hat{n}\mathrm{d}S_3+\int_{CS_4}\nabla u\cdot\hat{n}\mathrm{d}S_4 \tag{1.14}$$

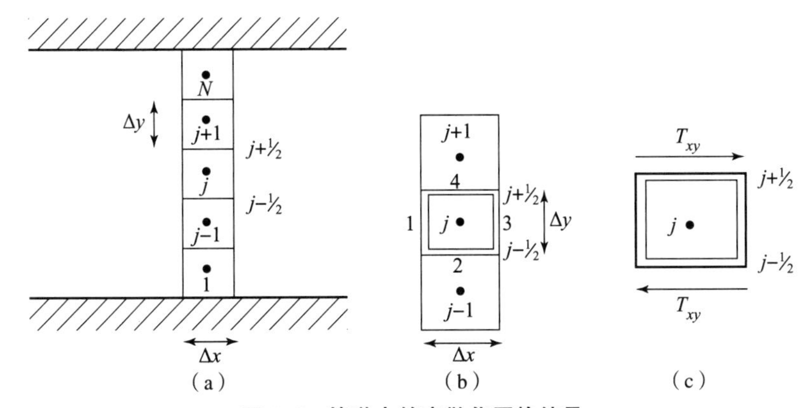

图1.6　管道内的离散化网格编号

由图1.5中给出的坐标系，可以看出表面的外法向 $\hat{n}$ 与面1和面2的梯度方向相反，与面3和面4的梯度方向一致，由于流动是充分发展的，水平方向的净通量为零，即通过面1和面3的净通量为零。因此，对内部的任意单元 j，有

$$\begin{aligned}\int_{CS_j}\nabla u\cdot\hat{n}\mathrm{d}S_j&=0+\int_{CS_2}\nabla u\cdot\hat{n}\mathrm{d}S_2+0+\int_{CS_4}\nabla u\cdot\hat{n}\mathrm{d}S_4\\&=-\left(\frac{\mathrm{d}u}{\mathrm{d}y}\right)_{j-\frac{1}{2}}\Delta x+\left(\frac{\mathrm{d}u}{\mathrm{d}y}\right)_{j+\frac{1}{2}}\Delta x\\&=-\frac{u_j-u_{j-1}}{\Delta y}\Delta x+\frac{u_{j+1}-u_j}{\Delta y}\Delta x\\&=(u_{j-1}-2u_j+u_{j+1})\frac{\Delta x}{\Delta y}\end{aligned} \tag{1.15}$$

这一项在本质上是作用于控制体 CV_j 的切应力的和，如图1.6（c）所示。要注意的是，这里用到了中心差分格式来求解相邻单元界面处的通量，也可以利用其他的格式，但是不同的选择会影响空间离散误差。现在来完成对方程（1.9）的离散，考虑式（1.9）右边的第

一项。由于 dp/dx 为常量，可以写成

$$\int_{CV_j}(-\mathrm{d}p/\mathrm{d}x)\mathrm{d}V_j = (-\mathrm{d}p/\mathrm{d}x)V_j = (-\mathrm{d}p/\mathrm{d}x)\Delta x\Delta y \tag{1.16}$$

因此，将所有项求和得到方程（1.9）的离散形式：

$$0 = (-\mathrm{d}p/\mathrm{d}x)\Delta x\Delta y + \mu(u_{j-1} - 2u_j + u_{j+1})\frac{\Delta x}{\Delta y} \tag{1.17}$$

两边除以 $\Delta x\Delta y$，得到最终的离散形式：

$$0 = -\mathrm{d}p/\mathrm{d}x + \mu\frac{u_{j-1} - 2u_j + u_{j+1}}{(\Delta y)^2} \tag{1.18}$$

1.3.2 离散方程的组合与边界条件的应用

为了使计算简单，假设 dp/dx = −1，相当于沿 x 正向地流动且 $\mu = 1$，同时考虑如图 1.7（a）所示的三单元的离散。所以内部单元最终的离散形式变为

$$u_{j-1} - 2u_j + u_{j+1} = -(\Delta y)^2 \tag{1.19}$$

如之前讨论的那样，只要单元（或控制体）不与边界相邻，则式（1.19）成立。对于边界单元［图 1.6（a）中 $j=1$，$j=N$］，需要对计算通量的方法稍做修正，使其适用于边界点 $N+\frac{1}{2}$和 $N-\frac{1}{2}$。根据图 1.7（b）可以看出对于 $j=N$，有

$$\begin{aligned}\int_{CS_N}\nabla u\cdot\hat{n}\mathrm{d}S_N &= -\frac{u_N - u_{N-1}}{\Delta y}\Delta x + \frac{u_{N+\frac{1}{2}} - u_N}{\Delta y/2}\\ &= (u_{N-1} - 3u_N + 2u_{N+\frac{1}{2}})\frac{\Delta x}{\Delta y}\end{aligned} \tag{1.20}$$

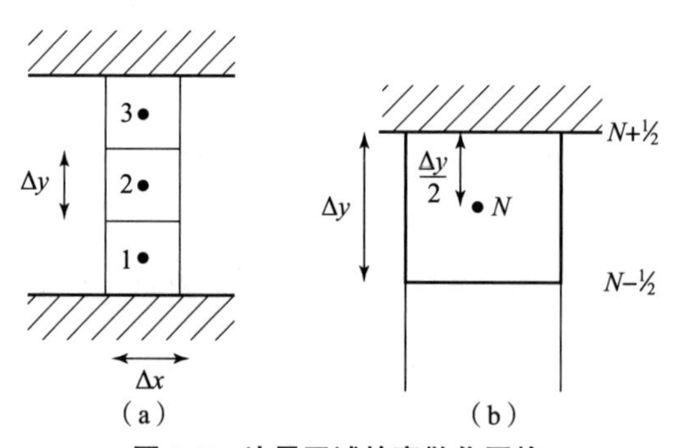

图 1.7 边界区域的离散化网格

对于 $j=N$，由于没有相应的 $N+1$，则利用边界点 $N+\frac{1}{2}$来计算通量。对于底部边界单元 $j=1$，也采用这种方法。因此，对于 $N=3$，对应于控制方程（3.6）的差分方程组为

$$2u_{1-\frac{1}{2}} - 3u_1 + u_2 = -(\Delta y)^2,\quad j=1 \tag{1.21}$$

$$u_1 - 2u_2 + u_3 = -(\Delta y)^2,\quad j=2 \tag{1.22}$$

$$u_2 - 3u_3 + 2u_{3+\frac{1}{2}} = -(\Delta y)^2,\quad j=3 \tag{1.23}$$

方程（1.21）~方程（1.23）联立组成具有 3 个代数方程的系统，包含 3 个未知量 u_1、u_2 和 u_3，并且有具体的边界值 $u_{1-\frac{1}{2}}$和 $u_{3+\frac{1}{2}}$，应用无滑移条件可以得到 $u_{1-\frac{1}{2}} = u_{3+\frac{1}{2}} = 0$。这种情况

下，可以通过观察求解方程组，但在实际的系统中，需要大量的单元。因此，将方程组写为矩阵形式将方便求解：

$$\begin{bmatrix} -3 & 1 & 0 \\ 1 & -2 & 1 \\ 0 & 1 & -3 \end{bmatrix}\begin{bmatrix} u_1 \\ u_2 \\ u_3 \end{bmatrix} = -(\Delta y)^2\begin{bmatrix} 1 \\ 1 \\ 1 \end{bmatrix} \tag{1.24}$$

现在可以清楚地看到单元增加时的系统特性。例如，$N=5$ 时有如下系统：

$$\begin{bmatrix} -3 & 1 & 0 & 0 & 0 \\ 1 & -2 & 1 & 0 & 0 \\ 0 & 1 & -2 & 1 & 0 \\ 0 & 0 & 1 & -2 & 1 \\ 0 & 0 & 0 & 1 & -3 \end{bmatrix}\begin{bmatrix} u_1 \\ u_2 \\ u_3 \\ u_4 \\ u_5 \end{bmatrix} u_1 = -(\Delta y)^2\begin{bmatrix} 1 \\ 1 \\ 1 \\ 1 \\ 1 \end{bmatrix} \tag{1.25}$$

一般情况下，会对内部单元应用这些离散方程。对于紧邻边界（或者在一些情况下接近边界）的单元，可以将离散方程和边界条件结合使用。最后，联立代数方程可以得到相应的系统，方程的数量和独立的离散变量的数目相同。

1.3.3　离散方程的求解

对于给出的一维实例，从式（1.24）可以得到未知量在节点处的值。由 $\Delta y=2/3$ 可以求解 u_1、u_2 和 u_3，得到

$$u_1=1/3,\quad u_2=5/9,\quad u_3=1/3 \tag{1.26}$$

这一问题的精确解或解析解为

$$u_{\text{exact}}(y) = -y^2/2+1/2 \tag{1.27}$$

图 1.8 给出了数值解和精确解的对比。证明了单元 1 和单元 3 的相对误差最大，达到 20%。

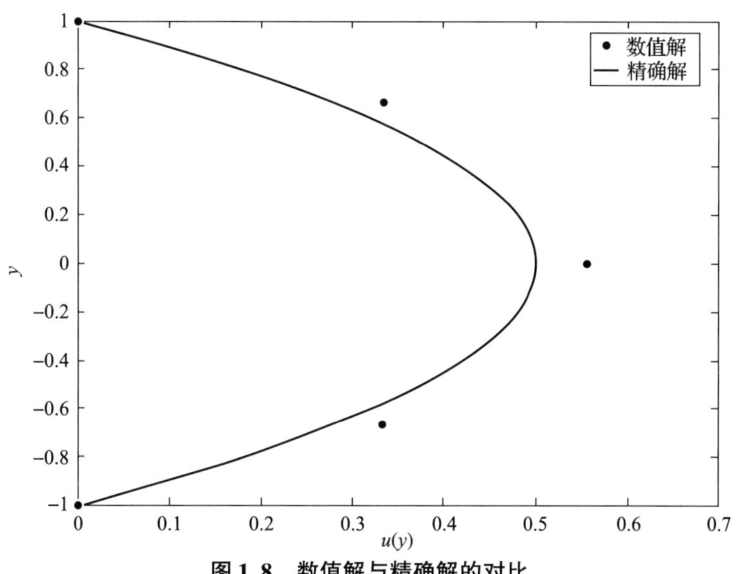

图 1.8　数值解与精确解的对比

在实际的 CFD 应用中，离散系统中可能会有上百万的未知量，如果利用高斯消元法来求逆矩阵，可能在电脑完成计算之前就已经毕业了！为此人们进行了大量关于优化矩阵求逆的工作，为的是使 CPU（中央处理器）计算时间和占用的内存最小化。要求逆的矩阵通常为稀疏矩阵，即其中大多数项为零，因为节点或单元的离散方程中只包含相邻的点或单元中的数据。当增加单元数 N 时，CFD 程序将只存储非零项来减小内存占用。此时通常也会用到迭代法求逆矩阵，迭代次数越多，就越接近逆矩阵的真实解。

1.3.4 网格收敛性

方程（1.15）的有限体积近似的空间离散误差为 $O(\Delta y^2)$。这意味着当增加单元数量，单个单元的 Δy 就减小了，从而导致数值离散误差也相应减小。下面考虑增加单元数量 N 对数值解的影响。考虑 $N=5$、$N=10$ 和 $N=20$ 的情况，重复上述组合与求解步骤，并利用 MATLAB 对离散系统求解。图 1.9 给出了不同单元数量的数值解与精确解对比。可以看出，随着单元数量的增加，数值解变得越来越好。

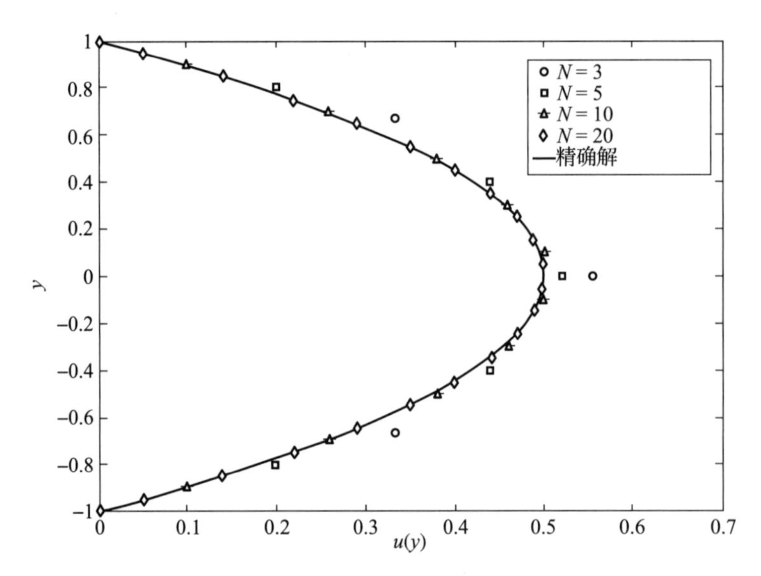

图 1.9 不同单元数量的数值解与精确解对比

当所用网格求得的数值解能够达到用户满意的精度，这些解就被称为网格收敛解。研究网格精度对解的影响在每一个 CFD 问题中都非常重要。只有当你确信解是网格收敛的，并且在可接受的误差范围内，才能够相信 CFD 的解。

1.3.5 离散误差

之前提到过使用的离散格式的离散误差为 $O(\Delta y^2)$，利用 Taylor 级数展开就能够看出。在单元 j 的 $j+\frac{1}{2}$ 界面处，通量为

$$\left(\frac{\mathrm{d}u}{\mathrm{d}x}\right)_{j+\frac{1}{2}}=\frac{u_{j+1}-u_j}{\Delta y} \tag{1.28}$$

考虑 u_{j+1} 和 u_j 在 $u_{j+\frac{1}{2}}$ 处的 Taylor 展开：

$$u_{j+1} = u_{j+\frac{1}{2}} + (\Delta y/2)\left(\frac{\mathrm{d}u}{\mathrm{d}x}\right)_{j+\frac{1}{2}} + \frac{(\Delta y/2)^2}{2}\left(\frac{\mathrm{d}^2 u}{\mathrm{d}x^2}\right)_{j+\frac{1}{2}} + O(\Delta y^3)$$

$$u_j = u_{j+\frac{1}{2}} + (-\Delta y/2)\left(\frac{\mathrm{d}u}{\mathrm{d}x}\right)_{j+\frac{1}{2}} + \frac{(-\Delta y/2)^2}{2}\left(\frac{\mathrm{d}^2 u}{\mathrm{d}x^2}\right)_{j+\frac{1}{2}} + O(\Delta y^3)$$

这里，$O(\Delta y^3)$ 表示在之后的级数项中，含有 Δy^3 的项将占主导地位。这是由于$\Delta y \ll 1$，是能够展开成 Taylor 级数的必要条件。将以上两式相减，Δy 的偶次幂相消，奇次幂相加得到

$$u_{j+1} - u_j = 2(\Delta y/2)\left(\frac{\mathrm{d}u}{\mathrm{d}x}\right)_{j+\frac{1}{2}} + O(\Delta y^3)$$

$$\Rightarrow \left(\frac{\mathrm{d}u}{\mathrm{d}x}\right)_{j+\frac{1}{2}} = \frac{u_{j+1} - u_j}{\Delta y} + O(\Delta y^2) \tag{1.29}$$

因此，可以看出这种离散格式具有二阶的空间精度，即误差为 $O(\Delta y^2)$。注意到在进行差分近似（此例为中心差分格式）时已经计算了这一误差，差分近似是有限体积离散的一部分。

1.3.6　非线性的处理

考虑管道中并未完全发展但仍具有定常压力梯度的流动，所有的管道流动都会有未完全发展的入口区。上下壁面的边界层逐渐开始发展，当两个边界层融合时流动就变为完全发展的。二维速度场中，发展中流动沿 x 方向的 N－S 方程可以写为

$$u\frac{\partial u}{\partial x} + v\frac{\partial u}{\partial y} = -\frac{1}{\rho}\frac{\mathrm{d}p}{\mathrm{d}x} + \nu\left(\frac{\partial^2 u}{\partial x^2} + \frac{\partial^2 u}{\partial y^2}\right) \tag{1.30}$$

由于对流项 $u\frac{\partial u}{\partial x}$ 和 $v\frac{\partial u}{\partial y}$ 的存在，方程为非线性方程，即包含因变量的乘积。因此，在处理动量守恒方程时，总是要处理方程由于对流项而产生的非线性特性，对流项的矢量形式类似 $(\mathbf{u}\cdot\nabla)\mathbf{u}$。湍流和化学反应会引入额外的非线性特性。控制方程高度的非线性特性使得求解精确的数值解非常具有挑战性。

在一维管道流动方程中，考虑额外的单位体积上的体积力 $-\alpha u^2$，其中 α 为常数，表示方程的非线性。对于正常流体这种力并不常见，但在磁流体这样具有特殊性质的流体中可以观察到，磁流体会对磁场做出响应。控制方程由此简化为

$$0 = -\frac{\mathrm{d}p}{\mathrm{d}x} + \mu\frac{\partial^2 u(y)}{\partial y^2} - \alpha u(y)^2, \quad -1 \leqslant y \leqslant 1 \tag{1.31}$$

根据之前提到的方法对方程进行有限体积近似。假定每个单元中的 u 恒定，额外的非线性项有如下离散形式：

$$\int_{CV_j} -\alpha u^2 \mathrm{d}V_j = -\alpha u_j^2 V_j = -\alpha u_j^2 \Delta x \Delta y \tag{1.32}$$

因此，内部单元的离散方程为

$$0 = (-\mathrm{d}p/\mathrm{d}x) + \mu\frac{u_{j-1} - 2u_j + u_{j+1}}{(\Delta y)^2} - \alpha u_j^2 \tag{1.33}$$

代数方程的非线性来源于 u_j^2。

处理非线性采用的方法是将方程线性化，给出解的预测值，通过迭代直到预测值与方程的解一致并具有一定精度。以上述例子为例，设 u_j 的预测值为 u_{g_j}。定义

$$\Delta u_j = u_j - u_{g_j} \tag{1.34}$$

将式（1.34）平方并整理得到

$$u_j^2 = u_{g_j}^2 + 2u_{g_j}\Delta u_j + (\Delta u_j)^2 \tag{1.35}$$

假设 $\Delta u_j \ll u_{g_j}$，忽略 $(\Delta u_j)^2$ 项可以得到

$$u_j^2 \cong u_{g_j}^2 + 2u_{g_j}\Delta u_j = u_{g_j}^2 + 2u_{g_j}(u_j - u_{g_j}) \tag{1.36}$$

因此，

$$u_j^2 \cong 2u_{g_j}u_j - u_{g_j}^2 \tag{1.37}$$

将方程线性化之后，离散方程变为

$$0 = (-\mathrm{d}p/\mathrm{d}x) + \mu\frac{u_{j-1} - 2u_j + u_{j+1}}{(\Delta y)^2} - a(2u_{g_j}u_j - u_{g_j}^2) \tag{1.38}$$

方程线性化产生的误差为 $O(\Delta u^2)$，当 $u_g \to 0$ 时，误差趋于零。

为了计算有限体积近似式（1.38），需要网格节点的预测值 u_g。初始迭代时给出初始预测值。之后的迭代中，将前一步得到的 u 值作为此步中的预测值。

迭代 1：$u_g^{(1)}$ = 初始预测值

迭代 2：$u_g^{(2)} = u^{(1)}$

…

迭代 m：$u_g^{(m)} = u^{(m-1)}$

上标表示迭代的次数。将迭代过程不断进行直至收敛。

这就是 CFD 编码中对守恒方程的非线性项进行线性化的过程，具体的细节与编码相关。需要记住的是，线性化是在预测值的基础上进行，因此需要通过逐次逼近直到迭代收敛。

1.3.7 直接求解和迭代求解

对于方程中的非线性项需要利用迭代。接下来介绍实际 CFD 问题中必须使用迭代的另一个因素。

由三单元网格有限体积近似式（1.38）得到的离散方程组为

$$\boldsymbol{A}\boldsymbol{u} = \boldsymbol{b} \tag{1.39}$$

$$\boldsymbol{A} = \begin{bmatrix} -3 - 2au_{g_j}\Delta y^2 & 1 & 0 \\ 1 & -2 - 2\alpha u_{g_j}\Delta y^2 & 1 \\ 0 & 1 & -3 - 2\alpha u_{g_j}\Delta y^2 \end{bmatrix}, \quad \boldsymbol{u} = \begin{bmatrix} u_1 \\ u_2 \\ u_3 \end{bmatrix},$$

$$\boldsymbol{b} = -(\Delta y)^2(1 + 2\alpha u_{g_j}^2)\begin{bmatrix} 1 \\ 1 \\ 1 \end{bmatrix}$$

将离散系统写为标准线性代数方程组，矩阵为 $\boldsymbol{A}$，位置矢量为 $\boldsymbol{u}$，右端矢量为 $\boldsymbol{b}$。实际问题中，通常有上百万的网格或单元，以上的每一个矩阵都具有百万的维度（大多数元素为零）。对这样的矩阵直接求逆将占用相当大的内存。因此，矩阵将通过如下迭代格式求逆。

整理式（1.39），内部单元 j 的速度 u_j 可以由相邻单元的值和预测值表示：

$$u_j = \frac{\Delta y^2 (1 + \alpha u_{g_j}^2) + u_{j-1} + u_{j+1}}{2 + 2\alpha u_{g_j} \Delta y^2} \tag{1.40}$$

对于边界单元同样可以写出类似的方程。这里，采用 Gauss - Seidel 迭代法求解线性方程组（1.39），每一次由预测值出发，利用最近一次迭代的结果。如果相邻值在当前迭代不可用，就利用之前迭代中的数据。我们从底层的网格向顶部过渡，如首先根据前一步迭代的 u_1 和 u_2 更新 u_1；接下来更新 u_2 时，利用前一步的 u_2 和 u_3，但对于 u_1 我们利用这一步已经计算得到的值，如此反复。因此，在第 m 步迭代，u_{j+1}^m 和 u_j^m 不可用而 u_{j+1}^{m-1} 可用。我们将之前的迭代值作为预测值 $u_{g_j}^m = u_j^{m-1}$，对于内部单元得到

$$u_j^m = \frac{\Delta y^2 (1 + \alpha (u_j^{m-1})^2) + u_{j-1}^m + u_{j+1}^{m-1}}{2 + 2\alpha u_j^{m-1} \Delta y^2} \tag{1.41}$$

容易看出，对于边界单元，有如下迭代形式：

$$u_j^m = \frac{\Delta y^2 (1 + \alpha (u_j^{m-1})^2) + u_{j+1}^{m-1}}{3 + 2\alpha u_j^{m-1} \Delta y^2} \tag{1.42}$$

注意到我们用 $u_{g_j}^m = u_j^{m-1}$ 对非线性项进行迭代，利用 u_{j+1}^{m-1} 和 u_{j-1}^m 迭代进行矩阵求逆。因为我们利用一些预测值来进行初始迭代，每一步迭代中，只能得到系数矩阵 $\boldsymbol{A}$ 的逆矩阵的近似解，但这一过程极大地减少了内存占用。这个方法很好，因为在矩阵元素取决于不断变化的预测值时，利用大量的资源来进行矩阵求逆是没有意义的。我们将非线性项的迭代和矩阵求逆相结合，得到一个简单的迭代过程。更重要的是，当迭代收敛并且 $u_g \to u$ 时，逆矩阵的近似解趋于精确解。迭代求解可以在不占用大量内存的情况下有效地计算逆矩阵，同时迭代求解可以解非线性方程。

在定常问题中，CFD 代码中常用并且有效的方法是计算非定常形式的控制方程，设定计算时间，直到收敛。这种情况下，每一步实际上就是迭代，每一步的预测值由前一步的解给出。

1.3.8　迭代收敛性

$u_g \to u$ 时，线性化和矩阵求逆的误差将趋于零。我们将迭代不断地进行，直到 u_g 和 u 之间的差异（被称为残差）足够小而满足要求。我们可以将残差 R 定义为所有单元第 m 步与 $m-1$ 步 u 值的差的绝对值之和：

$$R = \sum_{j=1}^{N} \left| u_j^m - u_j^{m-1} \right| \tag{1.43}$$

残差的度量十分重要，如果 u 的平均值为 5 000，那么 0.01 的残差是相对小的，但 0.1 就相对较大。对残差进行度量就保证了残差是相对值而不是绝对值。利用所有单元的 u 的绝对值之和来度量残差：

$$R^{u}=\frac{\sum_{j=1}^{N}\left|u_{j}^{m}-u_{j}^{m-1}\right|}{\sum_{j=1}^{N}\left|u_{j}^{m-1}\right|} \tag{1.44}$$

对于之前的非线性算例，取每个单元的初始预测值为零，如考虑 $N=10$ 且对任意 j 有 $u_{g_j}^{(1)}=0$。在迭代中的每一步，更新 u 的值，从单元1到单元 N，对内部单元应用式（1.41），对边界单元应用式（1.42）。可以在每一步用式（1.43）计算残差并监控其是否收敛。通常在残差低于某一临界值时（如10^{-6}）终止迭代，这一临界值被称为收敛准则。利用MATLAB编程试验可以更好地理解。由MATLAB迭代得到的残差的变化如图1.10所示。坐标轴利用了对数尺度。在105次迭代之后，残差收敛于10^{-6}以下。对于更复杂的问题和更严格的收敛准则，需要迭代更多次才能收敛。

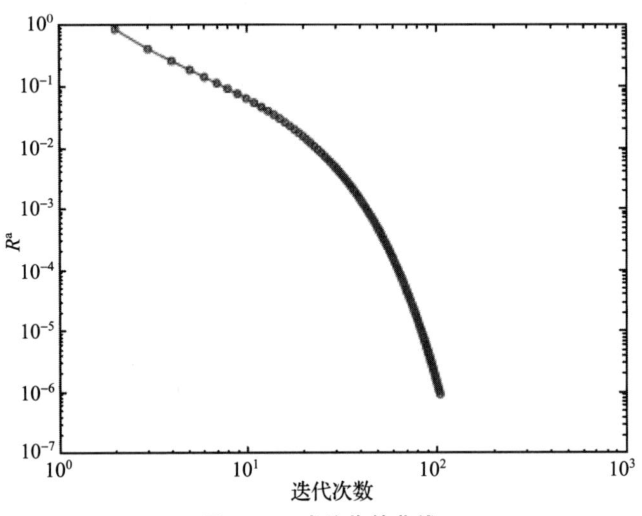

图1.10　残差收敛曲线

经过30、60、90步迭代得到的解和收敛解（105步迭代）以及之前得到的线性解见图1.10。90步和105步迭代得到的解几乎无法区分。这就意味着解已经收敛。系统中的负力（动量方程中）导致了阻力，使得管中速度减小。不幸地，对这个问题我们得不到精确解。因此，我们不能盲目地相信数值解。数值解的验证与确认对于CFD工程师来说至关重要，我们之后再讨论。现在，我们可以看到收敛的解。同时，通过变化单元的数量 N 可以检验解是否具有网格收敛性。解的收敛性和网格收敛性是检验数值解是否正确的最简单的标准。另一个方法就是对比迭代收敛误差（10^{-6}量级）和截断误差（$\Delta y^2<10^{-2}$）。尽管迭代使残差低于10^{-6}，但解的精确性还与截断误差有关。对于好的计算方法而言，两种误差应该有相当的量级，并同时低于用户给定的标准。因此，通过改善网格使截断误差变得次要，就会使数值解更好。

1.3.9　数值稳定性

经过105步迭代，迭代迅速收敛并且残差迅速地收敛到10^{-6}以下。对于更复杂的问题，迭代收敛得较慢甚至发散。人们可能更想事先了解在什么情况下数值格式收敛。这可以通过数值格式的稳定性分析得到。当迭代收敛时，数值方法稳定；当迭代发散时，数值方法不稳定。对欧拉或 N－S 方程无法进行稳定性分析。但对于简单的模型方程的稳定性分析可以提供有用的稳定性条件。CFD 代码中常用的有关稳定性问题的方法是求解非定常方程，考察解随时间的变化，直到其收敛为稳定状态。通常在时间推进的情况下再进行稳定性分析。

对定常状态利用时间推进法，我们只想精确地得到长时间以后的渐进特性，所以我们可能取较大的步时 Δt 和较小的步数，以尽快地达到稳定状态。通常步时有最大上限 Δt_{max}，超过这个值数值格式就不稳定。如果 $\Delta t > \Delta t_{max}$，数值误差将随时间呈指数型增长，导致解的发散。$\Delta t_{max}$的值取决于所应用的数值离散格式。数值格式主要分为显式格式和隐式格式，稳定特性完全不同，我们接下来进行讨论。

1.4　小结

本章介绍了有限差分法和有限体积法，主要介绍了采用有限体积法求解微分方程的一般步骤，包括：基于有限体积法的离散化，离散方程的组合与边界条件的应用，离散方程的求解，网格收敛性，离散误差，非线性的处理，直接求解和迭代求解，迭代收敛性，数值稳定性等。

第 2 章

流体力学的控制方程组

2.1　基本概念

CFD 建立在流体力学基本控制方程——连续性方程、动量方程、能量方程的基础之上。流动控制方程必须遵守质量守恒定律、牛顿第二定律（力 = 质量 × 加速度）和能量守恒定律三个基本的物理学原理。

2.1.1　控制体与流体单元

鉴于流体是一种湿软的物质，因此会比界限清楚的固体更难描述。有三种不同的流动模型用于描述流体的守恒定律，建立流体控制方程。它们分别是有限控制体、无穷小流体微团和分子模型。

有限控制体是流体中定义的体积为 V 的控制体。面积 S 是限定控制体边界的封闭曲面。控制体都是流动中有合理大小的有限区域。物理学基本原理被应用于控制体内的流体以及穿过控制面的流体（如果控制体被固定在空间）。因此借助控制体模型，将流体力学的守恒定律应用于控制体内的有限流体，得到流体控制方程。

无穷小流体微团是流动中一个无限小的流体单元，具有微小体积 dV。流体单元是无穷小的，与微分学中的极小量级相当。然而，它又足够大，以包容庞大数量的分子，因此流体单元可以被看作一种连续介质。

分子模型是一种微观模型，认为流体的运动是原子和分子平均运动的结果。在这里，自然界的基本定律被直接用于原子和分子，可以使用适当的统计平均数来定义流体特性。从长远来看，这种利用动力学理论的方法有着许多优点。

2.1.2　流体运动的描述方式

流体运动的描述方式有两种：**拉格朗日法**与**欧拉法**。

拉格朗日法（图 2.1）认为流体流场可以被认为是由大量具有质量、动量、内能和其他性质的无穷小流体微团组成，每个流体微团满足数学定律。流体微团以流速 V 沿流线运动。

欧拉法（图 2.2）研究一个固定在空间和时间（x，y，z，t）上的流体单元处流动特性的变化，而不是跟随单个流体微团运动。

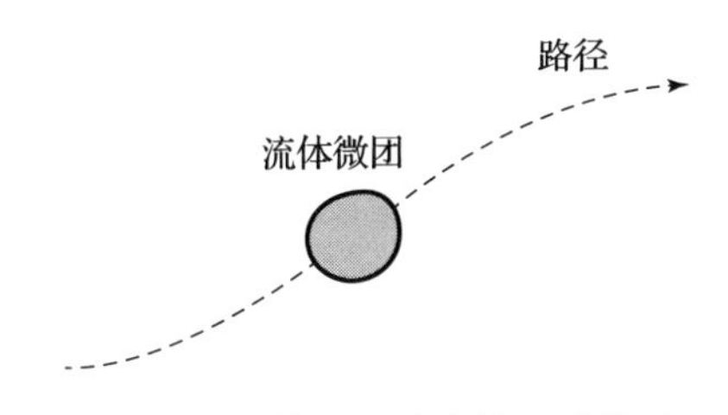

图 2.1　流体微团随流线运动模型

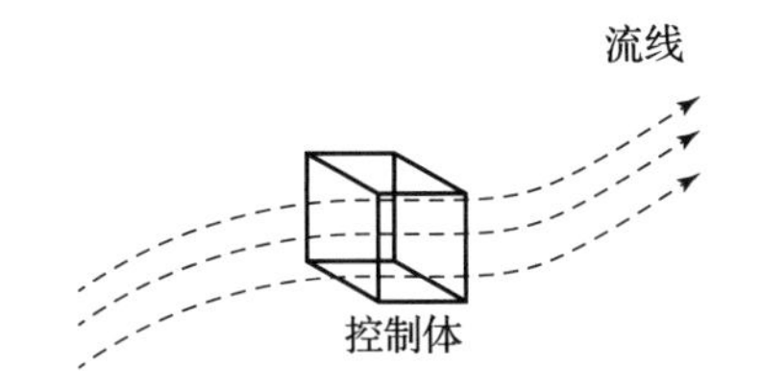

图 2.2　空间位置固定的有限控制体模型

2.1.3　随体导数

在推导控制方程之前，我们有必要介绍一个空气动力学中常见的概念——物质导数。考虑笛卡儿坐标系下微小的流体单元通过流场，其速度场为 $\boldsymbol{V}=u\boldsymbol{i}+v\boldsymbol{j}+w\boldsymbol{k}$，其中：

$$
\begin{aligned}
u&=u(x,y,z,t)\\
v&=v(x,y,z,t)\\
w&=w(x,y,z,t)
\end{aligned}
\tag{2.1}
$$

另外，密度场为

$$\rho=\rho(x,y,z,t) \tag{2.2}$$

在 t_1 时刻，流体单元在流动中的点 1 处，其密度为

$$\rho_1=\rho(x_1,y_1,z_1,t_1) \tag{2.3}$$

在不久后的 t_2 时刻，之前的流体单元移动到了流场中的位置 2。在这个时刻和位置，流体单元的密度为

$$\rho_2=\rho(x_2,y_2,z_2,t_2) \tag{2.4}$$

因为 $\rho=\rho(x,y,z,t)$，我们将其在点 1 处展开为泰勒级数：

$$
\begin{aligned}
\rho_2=\rho_1&+\left(\frac{\partial\rho}{\partial x}\right)_1(x_2-x_1)+\left(\frac{\partial\rho}{\partial t}\right)_1(y_2-y_1)+\left(\frac{\partial\rho}{\partial z}\right)_1(z_2-z_1)+\\
&\left(\frac{\partial\rho}{\partial t}\right)_1(t_2-t_1)+\text{高阶项}
\end{aligned}
\tag{2.5}
$$

除以时间差 t_2-t_1，并忽略高阶项，我们得到

$$\frac{\rho_2-\rho_1}{t_2-t_1}=\left(\frac{\partial\rho}{\partial x}\right)_1\frac{x_2-x_1}{t_2-t_1}+\left(\frac{\partial\rho}{\partial y}\right)_1\frac{y_2-y_1}{t_2-t_1}+\left(\frac{\partial\rho}{\partial z}\right)_1\frac{z_2-z_1}{t_2-t_1}+\left(\frac{\partial\rho}{\partial t}\right)_1 \tag{2.6}$$

考虑方程（2.6）左侧的物理意义。$(\rho_2-\rho_1)/(t_2-t_1)$ 表示流体单元从点 1 运动到点 2 时密度的平均变化率。在极限情况下，当 t_2 趋近于 t_1，此项变为

$$\lim_{t_2\to t_1}\frac{\rho_2-\rho_1}{t_2-t_1}=\frac{\mathrm{D}\rho}{\mathrm{D}t} \tag{2.7}$$

这里，$\mathrm{D}\rho/\mathrm{D}t$ 为流体单元通过点 1 时的瞬时密度变化率。我们将 $\mathrm{D}/\mathrm{D}t$ 定义为随体导数的符号。要注意的是，$\mathrm{D}\rho/\mathrm{D}t$ 是给定的流体单元通过空间时的密度变化率。这里，我们的目光集中在运动的流体单元，同时我们在关注流体单元通过点 1 时密度的变化。这与 $(\partial\rho/\partial t)_1$ 不同，$(\partial\rho/\partial t)_1$ 是点 1 处的密度变化率。对于 $(\mathrm{D}\rho/\mathrm{D}t)_1$，我们将目光集中在静止的点 1，同

时关注流场中的瞬间变化引起的密度改变。因此，（$\mathrm{D}\rho/\mathrm{D}t$）和$(\partial\rho/\partial t)_1$在物理和数值意义上都有不同。回到方程（2.6），注意到

$$\lim_{t_2\to t_1}\frac{x_2-x_1}{t_2-t_1}\equiv u$$

$$\lim_{t_2\to t_1}\frac{y_2-y_1}{t_2-t_1}\equiv v \tag{2.8}$$

$$\lim_{t_2\to t_1}\frac{z_2-z_1}{t_2-t_1}\equiv w$$

因此，当$t_2\to t_1$时对方程（2.6）取极限，我们得到

$$\frac{\mathrm{D}\rho}{\mathrm{D}t}=u\frac{\partial\rho}{\partial x}+v\frac{\partial\rho}{\partial y}+w\frac{\partial\rho}{\partial z}+\frac{\partial\rho}{\partial t} \tag{2.9}$$

从方程（2.9）中我们可以得到在笛卡儿坐标系下的随体导数表达式：

$$\frac{\mathrm{D}}{\mathrm{D}t}=\frac{\partial}{\partial t}+u\frac{\partial}{\partial x}+v\frac{\partial}{\partial y}+w\frac{\partial}{\partial z} \tag{2.10}$$

此外，在笛卡儿坐标系中，矢量算子∇定义为

$$\nabla\equiv\boldsymbol{i}\frac{\partial}{\partial x}+\boldsymbol{j}\frac{\partial}{\partial y}+\boldsymbol{k}\frac{\partial}{\partial z} \tag{2.11}$$

因此，方程（2.10）可以写为

$$\frac{\mathrm{D}}{\mathrm{D}t}\equiv\frac{\partial}{\partial t}+(\boldsymbol{V}\cdot\nabla) \tag{2.12}$$

方程（2.12）表示了随体导数的矢量记法，因此，对于任意坐标系有效。

我们将目光集中在方程（2.12）上，再一次强调$\mathrm{D}/\mathrm{D}t$为随体导数，是运动流体单元随时间的变化率；$\partial/\partial t$为局部导数，是固定点随时间的变化率；$\boldsymbol{V}\cdot\nabla$为迁移导数，是流体单元从流场的一处运动到另一处的变化率，这两处的流动特性不相同。随体导数适用于任何流场变量（如$\mathrm{D}p/\mathrm{D}t$，$\mathrm{D}T/\mathrm{D}t$，$\mathrm{D}u/\mathrm{D}t$）。例如：

$$\frac{\mathrm{D}T}{\mathrm{D}t}\equiv\underbrace{\frac{\partial T}{\partial t}}_{\text{局部导数}}+\underbrace{(\boldsymbol{V}\cdot\nabla)}_{\text{迁移导数}}T\equiv\frac{\partial T}{\partial t}+u\frac{\partial T}{\partial x}+v\frac{\partial T}{\partial y}+w\frac{\partial T}{\partial z} \tag{2.13}$$

方程（2.13）说明当流体单元经过流动中的一点时，其温度是不断变化的，因为这一点的流场温度会随时间而变化（局部导数），同时流体单元正朝向流场中温度不同的另一点运动（迁移导数）。

2.1.4 速度散度

在笛卡儿坐标系下的速度散度可以表示为

$$\nabla\cdot\boldsymbol{V}=\frac{\partial u}{\partial x}+\frac{\partial v}{\partial y}+\frac{\partial w}{\partial z} \tag{2.14}$$

然而，流体动力学家会想到速度散度的物理意义。考虑沿流线运动的质量固定的流体单元。通常，当流体单元从流动中一点运动到另一点时体积会发生变化。速度散度的物理意义是，运动流体单元单位体积的瞬时变化率。

对于不可压缩流动，质量固定的运动流体单元体积不变。因此，由$\nabla\cdot\boldsymbol{V}$的物理意义

知，对不可压缩流动有

$$\nabla \cdot \boldsymbol{V} = 0 \tag{2.15}$$

2.2　连续性方程

如图 2.3 所示，流场中位置固定的控制体，其边长分别为 δx，δy 和 δz。控制体中心位置为（x，y，z）。控制体内的流动特征可以用控制中心位置的速度、压力、密度、温度和能量表示。

流体运动特征可用宏观特征表示：

速度（velocity，U）.

压力（pressure，P）.

密度（density，ρ）.

温度（temperature，T）.

能量（energy，E）.

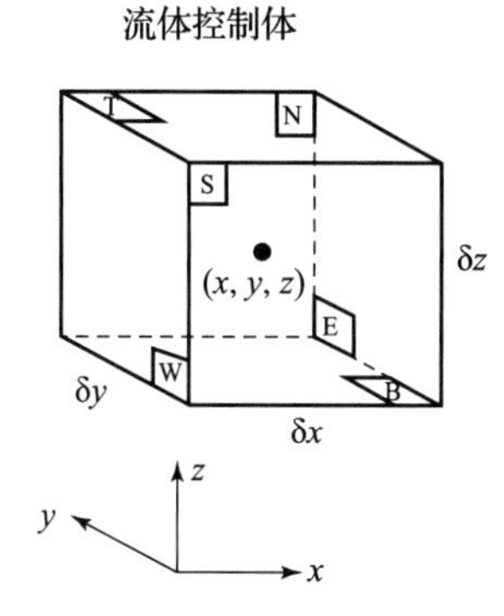

图 2.3　有限控制体单元

控制体表面的流体特征可以由 Taylor 级数展开表示。如左右两侧表面的压力可以由中心处的压力 p 表示为 $p_{\mathrm{W}} = p - \frac{\partial p}{\partial x}\frac{1}{2}\delta x$，$p_{\mathrm{E}} = p + \frac{\partial p}{\partial x}\frac{1}{2}\delta x$。

由控制体内的质量守恒可以知道：

通过控制面流出控制体的净质量流量 = 控制体内质量的时间变化率

控制体内质量的时间变化率可以表示为

$$\frac{\partial}{\partial t}(\rho\delta x\delta y\delta z) = \frac{\partial \rho}{\partial t}\delta x\delta y\delta z \tag{2.16}$$

通过控制面流出控制体的净质量流量可以表示为（图 2.3）

$$\begin{aligned}
&\left(\rho u - \frac{\partial(\rho u)}{\partial x}\frac{1}{2}\delta x\right)\delta y\delta z - \left(\rho u + \frac{\partial(\rho u)}{\partial x}\frac{1}{2}\delta x\right)\delta y\delta z + \\
&\left(\rho v - \frac{\partial(\rho v)}{\partial y}\frac{1}{2}\delta y\right)\delta x\delta z - \left(\rho v + \frac{\partial(\rho v)}{\partial y}\frac{1}{2}\delta y\right)\delta x\delta z + \\
&\left(\rho w - \frac{\partial(\rho w)}{\partial z}\frac{1}{2}\delta z\right)\delta x\delta y - \left(\rho w + \frac{\partial(\rho w)}{\partial z}\frac{1}{2}\delta z\right)\delta x\delta y \\
&= -\left[\frac{\partial(\rho u)}{\partial x} + \frac{\partial(\rho v)}{\partial y} + \frac{\partial(\rho w)}{\partial z}\right]\delta x\delta y\delta z
\end{aligned} \tag{2.17}$$

综合式（2.16）和式（2.17）并除以 $\delta x\delta y\delta z$ 可以得到

$$\frac{\partial \rho}{\partial t} + \frac{\partial(\rho u)}{\partial x} + \frac{\partial(\rho v)}{\partial y} + \frac{\partial(\rho w)}{\partial z} = 0 \tag{2.18}$$

引入散度的表达式对式（2.18）进行简化，可以得到微分形式的连续性方程：

$$\frac{\partial\rho}{\partial t}+\nabla\cdot(\rho\boldsymbol{V})=0 \tag{2.19}$$

继续引入随体导数的表达式（2.9）可以得到

$$\frac{\partial\rho}{\partial t}+\nabla\cdot(\rho\boldsymbol{V})=\underbrace{\frac{\partial\rho}{\partial t}+u\frac{\partial\rho}{\partial x}+v\frac{\partial\rho}{\partial y}+w\frac{\partial\rho}{\partial z}}_{\frac{\mathrm{D}\rho}{\mathrm{D}t}}+\rho\nabla\cdot\boldsymbol{V}=0 \tag{2.20}$$

$$\Rightarrow\frac{\mathrm{D}\rho}{\mathrm{D}t}+\rho\nabla\cdot\boldsymbol{V}=0$$

如图 2.3 所示的控制体体积为 V，其各面 S 的法向方向都指向控制体外。流进与流出的流体都是通过控制体表面完成的。

控制体内质量的时间变化率也可以表示为：$\frac{\partial}{\partial t}\iiint\limits_V\rho\mathrm{d}V$。

通过控制面流出控制体 V 的净质量流量也可以表示为：$-\iint\limits_S\rho V\cdot\mathrm{d}\boldsymbol{S}$。

这样将守恒原理用于固定在空间的体积为 V、表面积为 S 的有限控制体，得到积分形式的连续型方程：

$$\frac{\partial}{\partial t}\iiint\limits_V\rho\mathrm{d}V+\iint\limits_S\rho V\cdot\mathrm{d}\boldsymbol{S}=0$$

2.3 动量方程

首先用拉格朗日法导出流体微团的动量守恒方程和能量方程，然后利用关系式将其转换为欧拉法表示的流体单元方程。作用于微团上力的总和等于微团的质量乘以微团运动时的加速度，即流体微团满足**牛顿第二定律**：

$$\boldsymbol{F}=m\boldsymbol{a}$$

作用于流体微团上的力分为体积力和表面力。体积力是直接作用在流体微团整个体积微元上的力，而且作用是超距离的，如重力、电场力、磁场力。表面力直接作用在流体微团的表面，可能由两种原因引起：①由包在流体微团周围的流体所施加的，作用于微团表面的压力分布；②由外部流体推拉微团而产生的，以摩擦的方式作用于表面的切应力和正应力分布。

施加在流体微团上的全部 9 个黏性应力 τ 如图 2.4所示。正应力用符号 τ_{ii} 表示，切应力用符号 τ_{ij} 表示，i 和 j 表示方向。当考虑作用于微团的压力 p，则作用于流体微团在 x 方向的力可以表示为图 2.5。其中包括与 x 轴垂直的两个面的压力与正应力，以及其他四个表面的切应力。（由于应力与压力定义在微团中心，因此表面的量需要通过 Taylor 级数展开式得到）。

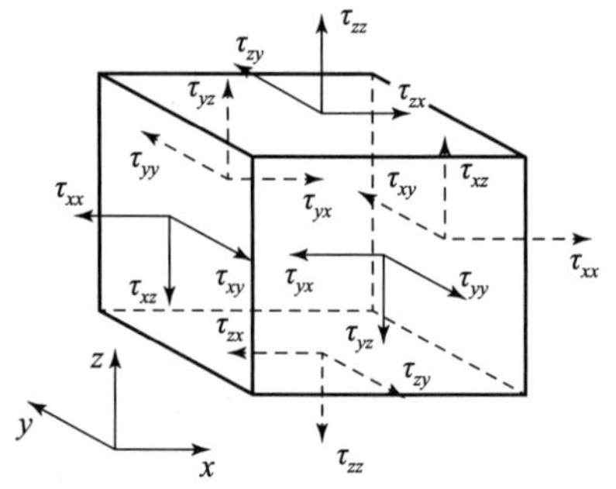

图 2.4　作用在体表面上的应力

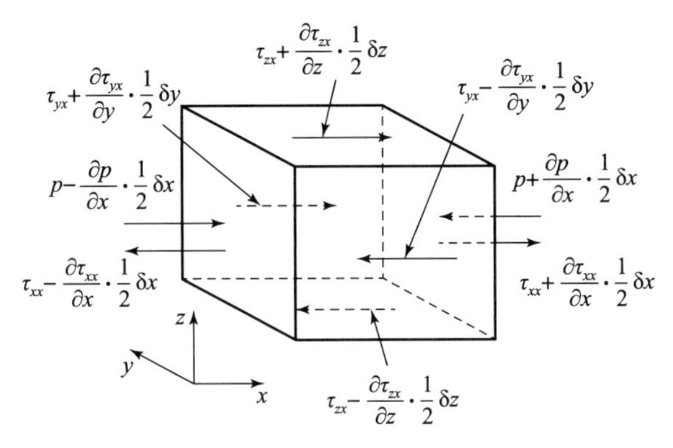

图 2.5　作用在体表面 x 方向的应力

这样可以得到 x 方向总的表面力：

$$F_x = \left[p-\left(p+\frac{\partial p}{\partial x}\delta x\right)\right]\delta y\delta z+\left[\left(\tau_{xx}+\frac{\partial\tau_{xx}}{\partial x}\delta x\right)-\tau_{xx}\right]\delta y\delta z+$$

$$\left[\left(\tau_{yx}+\frac{\partial\tau_{yx}}{\partial y}\delta y\right)-\tau_{yx}\right]\delta x\delta z+$$

$$\left[\left(\tau_{zx}+\frac{\partial\tau_{zx}}{\partial z}\delta z\right)-\tau_{zx}\right]\delta x\delta y$$

$$=\left(-\frac{\partial p}{\partial x}+\frac{\partial\tau_{xx}}{\partial x}+\frac{\partial\tau_{yx}}{\partial y}+\frac{\partial\tau_{zx}}{\partial z}\right)\delta x\delta y\delta z \tag{2.21}$$

加上 x 方向的体积力 f_x，则 x 方向总的力 F_x 为

$$F_x=\left(-\frac{\partial p}{\partial x}+\frac{\partial\tau_{xx}}{\partial x}+\frac{\partial\tau_{yx}}{\partial y}+\frac{\partial\tau_{zx}}{\partial z}\right)\delta x\delta y\delta z+\rho f_x\delta x\delta y\delta z \tag{2.22}$$

微团的质量可以表示为

$$m=\rho\delta x\delta y\delta z \tag{2.23}$$

另外，流体微团的加速度就是速度变化的时间变化率。所以，加速度的 x 方向分量，记作 a_x，其等于 u 的时间变化率。但由于考虑运动的流体微团，因此这个时间变化率是由物质导数给出的，即

$$a_x=\frac{\mathrm{D}u}{\mathrm{D}t} \tag{2.24}$$

将式（2.22）~式（2.24）综合起来，得到

$$\frac{\mathrm{D}\rho u}{\mathrm{D}t}=-\frac{\partial p}{\partial x}+\frac{\partial\tau_{xx}}{\partial x}+\frac{\partial\tau_{yx}}{\partial y}+\frac{\partial\tau_{zx}}{\partial z}+\rho f_x \tag{2.25a}$$

这就是黏性流 x 方向的动量方程。

用同样的办法，可得到 y 方向和 z 方向的动量方程：

$$\frac{\mathrm{D}\rho v}{\mathrm{D}t}=-\frac{\partial p}{\partial y}+\frac{\partial\tau_{xy}}{\partial x}+\frac{\partial\tau_{yy}}{\partial y}+\frac{\partial\tau_{zy}}{\partial z}+\rho f_y \tag{2.25b}$$

$$\frac{\mathrm{D}\rho w}{\mathrm{D}t}=-\frac{\partial p}{\partial z}+\frac{\partial\tau_{xz}}{\partial x}+\frac{\partial\tau_{yz}}{\partial y}+\frac{\partial\tau_{zz}}{\partial z}+\rho f_z \tag{2.25c}$$

方程（2.25a、b、c）分别是 x、y、z 方向的动量方程。请注意，它们都是偏微分方程，是通过将基本的物理学原理应用于无穷小流体微团直接得到的。同时，由于流体微团是运动的，所以方程（2.25a、b、c）是非守恒形式的。它们都是标量方程，统称为纳维尔－斯托克斯方程，这是为了纪念法国人 M. Navier 和英国人 G. Stokes，他们在 19 世纪上半叶各自独立地得到了这些方程。

引入随体导数的概念，可以得到

$$\frac{\partial(\rho u)}{\partial t}+\nabla\cdot(\rho u\boldsymbol{V})=-\frac{\partial p}{\partial x}+\frac{\partial\tau_{xx}}{\partial x}+\frac{\partial\tau_{yx}}{\partial y}+\frac{\partial\tau_{zx}}{\partial z}+\rho f_x \tag{2.26a}$$

$$\frac{\partial(\rho v)}{\partial t}+\nabla\cdot(\rho v\boldsymbol{V})=-\frac{\partial p}{\partial y}+\frac{\partial\tau_{xy}}{\partial x}+\frac{\partial\tau_{yy}}{\partial y}+\frac{\partial\tau_{zy}}{\partial z}+\rho f_y \tag{2.26b}$$

$$\frac{\partial(\rho w)}{\partial t}+\nabla\cdot(\rho w\boldsymbol{V})=-\frac{\partial p}{\partial z}+\frac{\partial\tau_{xz}}{\partial x}+\frac{\partial\tau_{yz}}{\partial y}+\frac{\partial\tau_{zz}}{\partial z}+\rho f_z \tag{2.26c}$$

这就是纳维尔－斯托克斯方程的守恒形式。

17 世纪末，牛顿指出流体的切应力与应变的时间变化率（即速度梯度）成正比。这样的流体被称为牛顿流体。切应力 $\boldsymbol{\tau}$ 与速度梯度不成正比的流体称为非牛顿流体。例如，血液的流动。对于这样的流体，斯托克斯在 1845 年得到

$$\boldsymbol{\tau}=\begin{bmatrix}\tau_{xx} & \tau_{xy} & \tau_{xz}\\ \tau_{yx} & \tau_{yy} & \tau_{yz}\\ \tau_{zx} & \tau_{zy} & \tau_{zz}\end{bmatrix}$$

$$\begin{bmatrix}2\mu\frac{\partial u}{\partial x}-\frac{2}{3}\mu\nabla\cdot\boldsymbol{V} & \mu\left(\frac{\partial u}{\partial y}+\frac{\partial v}{\partial x}\right) & \mu\left(\frac{\partial u}{\partial z}+\frac{\partial w}{\partial x}\right)\\ \mu\left(\frac{\partial u}{\partial y}+\frac{\partial v}{\partial x}\right) & 2\mu\frac{\partial v}{\partial y}-\frac{2}{3}\mu\nabla\cdot\boldsymbol{V} & \mu\left(\frac{\partial v}{\partial z}+\frac{\partial w}{\partial y}\right)\\ \mu\left(\frac{\partial u}{\partial z}+\frac{\partial w}{\partial x}\right) & \mu\left(\frac{\partial v}{\partial z}+\frac{\partial w}{\partial y}\right) & 2\mu\frac{\partial w}{\partial z}-\frac{2}{3}\mu\nabla\cdot\boldsymbol{V}\end{bmatrix} \tag{2.27}$$

其中，μ 为分子黏性系数。

将式（2.27）各分式代入方程（2.26）各式，得到完整的 N－S 方程守恒形式：

$$\frac{\partial(\rho u)}{\partial t}+\frac{\partial(\rho u^2)}{\partial x}+\frac{\partial(\rho uv)}{\partial y}+\frac{\partial(\rho uw)}{\partial z}=-\frac{\partial p}{\partial x}+2\mu\frac{\partial}{\partial x}\left(\frac{\partial u}{\partial x}-\frac{1}{3}\nabla\cdot\boldsymbol{V}\right)+\mu\frac{\partial}{\partial y}\left(\frac{\partial u}{\partial y}+\frac{\partial v}{\partial x}\right)+\mu\frac{\partial}{\partial z}\left(\frac{\partial u}{\partial z}+\frac{\partial w}{\partial x}\right)+\rho f_x$$

$$\frac{\partial(\rho v)}{\partial t}+\frac{\partial(\rho uv)}{\partial x}+\frac{\partial(\rho v^2)}{\partial y}+\frac{\partial(\rho vw)}{\partial z}=-\frac{\partial p}{\partial y}+\mu\frac{\partial}{\partial x}\left(\frac{\partial u}{\partial y}+\frac{\partial v}{\partial x}\right)+2\mu\frac{\partial}{\partial y}\left(\frac{\partial v}{\partial y}-\frac{1}{3}\nabla\cdot\boldsymbol{V}\right)+\mu\frac{\partial}{\partial z}\left(\frac{\partial v}{\partial z}+\frac{\partial w}{\partial y}\right)+\rho f_y$$

$$\frac{\partial(\rho w)}{\partial t}+\frac{\partial(\rho uw)}{\partial x}+\frac{\partial(\rho vw)}{\partial y}+\frac{\partial(\rho w^2)}{\partial z}=-\frac{\partial p}{\partial z}+\mu\frac{\partial}{\partial x}\left(\frac{\partial u}{\partial z}+\frac{\partial w}{\partial x}\right)+\mu\frac{\partial}{\partial y}\left(\frac{\partial v}{\partial z}+\frac{\partial w}{\partial y}\right)+2\mu\frac{\partial}{\partial z}\left(\frac{\partial w}{\partial z}-\frac{1}{3}\nabla\cdot\boldsymbol{V}\right)+\rho f_z \tag{2.28}$$

2.4　能量方程

对于和流体一起运动的流体微团模型而言，这个定律表述如下：

流体微团内能量的变化率 = 流入微团内的净热流量 + 体积力和表面力对微团做功的功率

作用在一个运动物体上的力，对物体做功的功率等于这个力乘以速度在此力作用方向上的分量。所以，作用于速度为 $\boldsymbol{V}$ 的流体微团上的体积力 $\boldsymbol{f}$，做的功为

$$\rho\boldsymbol{f}\cdot\boldsymbol{V}\delta x\delta y\delta z \tag{2.29}$$

只考虑作用在 x 方向上的表面力（图 2.5），则压力在 x 方向上做的功为

$$\left(-\frac{\partial(up)}{\partial x}+\frac{\partial(u\tau_{xx})}{\partial x}+\frac{\partial(u\tau_{yx})}{\partial y}+\frac{\partial(u\tau_{zx})}{\partial z}\right)\delta x\delta y\delta z \tag{2.30}$$

再考虑 y 和 z 方向上的表面力，也能得到类似的表达式。微团做功的功率是 x、y 和 z 方向上表面力贡献的总和，为

$$\left[-\left(\frac{\partial(up)}{\partial x}+\frac{\partial(vp)}{\partial y}+\frac{\partial(wp)}{\partial z}\right)+\frac{\partial(u\tau_{xx})}{\partial x}+\frac{\partial(u\tau_{yx})}{\partial y}+\frac{\partial(u\tau_{zx})}{\partial z}+\frac{\partial(v\tau_{xy})}{\partial x}+\frac{\partial(v\tau_{yy})}{\partial y}+\frac{\partial(v\tau_{zy})}{\partial z}+\frac{\partial(w\tau_{xz})}{\partial x}+\frac{\partial(w\tau_{yz})}{\partial y}+\frac{\partial(w\tau_{zz})}{\partial z}\right]\delta x\delta y\delta z+\rho\boldsymbol{f}\cdot\boldsymbol{V}\delta x\delta y\delta z \tag{2.31}$$

注意：式（2.31）右边的前三项就是$\nabla\cdot(p\boldsymbol{V})$。

无穷小流体微团的热量传递通道如图 2.6 所示。q_x，q_y，q_z 分别为三个方向的热量分量。由图 2.6 可以看出，微团 x 方向的热量变化为

$$\left[q_x-\left(q_x+\frac{\partial q_x}{\partial x}\delta x\right)\right]\delta y\delta z=-\frac{\partial q_x}{\partial x}\delta x\delta y\delta z \tag{2.32}$$

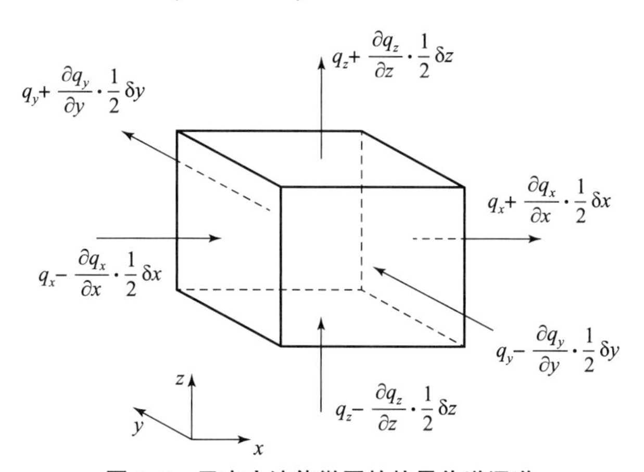

图 2.6　无穷小流体微团的热量传递通道

同理可以得到其他面在 y 和 z 方向上的热的输运量。热传导对流体微团的加热为

$$-\left(\frac{\partial q_x}{\partial x}+\frac{\partial q_y}{\partial y}+\frac{\partial q_z}{\partial z}\right)\delta x\delta y\delta z=-(\nabla\cdot\boldsymbol{q})\delta x\delta y\delta z \tag{2.33}$$

根据傅里叶热传导定律，热传导产生的热流与当地的温度梯度成正比：

$$q_x = -k\frac{\partial T}{\partial x}, q_y = -k\frac{\partial T}{\partial y}, q_z = -k\frac{\partial T}{\partial z}$$

其中，k 为热导率。

则

$$\boldsymbol{q} = -k\mathrm{grad}T \tag{2.34}$$

这样微团由于热传递引起的能量变化为

$$-(\nabla\cdot\boldsymbol{q})\delta x\delta y\delta z = (\nabla\cdot k\mathrm{grad}T)\delta x\delta y\delta z \tag{2.35}$$

运动流体微团的能量有两个来源：由于分子随机运动而产生的（单位质量）内能 e 和流体微团平动时具有的动能，单位质量的动能为$\frac{1}{2}(u^2+v^2+w^2)$。因此，运动着的流体微团既有动能又有内能，两者之和就是总能量，可以表示为 $E=e+\frac{1}{2}(u^2+v^2+w^2)$。流体微团的质量为 $\rho\delta x\delta y\delta z$，其总能量变化的时间变化率由物质导数给出：

$$\frac{\mathrm{D}\rho E}{\mathrm{D}t}\delta x\delta y\delta z \tag{2.36}$$

由式（2.31）、式（2.35）和式（2.36）可以得到总能量 E 表示的非守恒形式的能量方程：

$$\begin{aligned}\frac{\mathrm{D}\rho E}{\mathrm{D}t} = &-\nabla\cdot(p\boldsymbol{V}) + \frac{\partial(u\tau_{xx})}{\partial x} + \frac{\partial(u\tau_{yx})}{\partial y} + \frac{\partial(u\tau_{zx})}{\partial z} + \\ &\frac{\partial(v\tau_{xy})}{\partial x} + \frac{\partial(v\tau_{yy})}{\partial y} + \frac{\partial(v\tau_{zy})}{\partial z} + \frac{\partial(w\tau_{xz})}{\partial x} + \frac{\partial(w\tau_{yz})}{\partial y} + \frac{\partial(w\tau_{zz})}{\partial z} + \\ &\nabla\cdot k\mathrm{grad}T + S_E\end{aligned} \tag{2.37}$$

其中，源项 $S_E=\rho\boldsymbol{f}\cdot\boldsymbol{V}$。

对于黏性引起的应力可以用式（2.27）表示。引入随体导数的表达式后，可以得到能量方程的守恒形式：

$$\begin{aligned}\frac{\partial\rho E}{\partial t} + \nabla\cdot(\rho E\boldsymbol{V}) = &-\nabla\cdot(p\boldsymbol{V}) + \frac{\partial(u\tau_{xx})}{\partial x} + \frac{\partial(u\tau_{yx})}{\partial y} + \frac{\partial(u\tau_{zx})}{\partial z} + \\ &\frac{\partial(v\tau_{xy})}{\partial x} + \frac{\partial(v\tau_{yy})}{\partial y} + \frac{\partial(v\tau_{zy})}{\partial z} + \frac{\partial(w\tau_{xz})}{\partial x} + \frac{\partial(w\tau_{yz})}{\partial y} + \frac{\partial(w\tau_{zz})}{\partial z} + \\ &\nabla\cdot k\mathrm{grad}T + S_E\end{aligned} \tag{2.38}$$

由式（2.25）可以得到动能守恒方程：

$$\begin{aligned}\frac{1}{2}\frac{\mathrm{D}\rho(u^2+v^2+w^2)}{\mathrm{D}t} = &-\nabla\cdot\boldsymbol{V} + u\left(\frac{\partial\tau_{xx}}{\partial x} + \frac{\partial\tau_{yx}}{\partial y} + \frac{\partial\tau_{zx}}{\partial z}\right) \\ &+ v\left(\frac{\partial\tau_{xy}}{\partial x} + \frac{\partial\tau_{yy}}{\partial y} + \frac{\partial\tau_{zy}}{\partial z}\right) + w\left(\frac{\partial\tau_{xz}}{\partial x} + \frac{\partial\tau_{yz}}{\partial y} + \frac{\partial\tau_{zz}}{\partial z}\right) \\ &+ S_M\end{aligned} \tag{2.39}$$

将式（2.38）减去式（2.39），可以得到内能 e 守恒方程：

$$\frac{\partial\rho e}{\partial t} + \nabla\cdot(\rho e\boldsymbol{V}) = -\nabla\cdot(p\boldsymbol{V}) + \tau_{xx}\frac{\partial u}{\partial x} + \tau_{yx}\frac{\partial u}{\partial y} + \tau_{zx}\frac{\partial u}{\partial z} +$$

$$\tau_{xy}\frac{\partial v}{\partial x}+\tau_{yy}\frac{\partial v}{\partial y}+\tau_{zy}\frac{\partial v}{\partial z}+\tau_{xz}\frac{\partial w}{\partial x}+\tau_{yz}\frac{\partial w}{\partial y}+\tau_{zz}\frac{\partial w}{\partial z}+$$
$$\nabla\cdot k\mathrm{grad}T+S_i \tag{2.40}$$

其中，S_i 为源项。

2.5　欧拉方程和纳维尔 – 斯托克斯方程分类

用现代术语来说，连续性方程、动量方程和能量方程被称为纳维尔 – 斯托克斯方程，传统意义上只有带黏性项的动量方程被称为纳维尔 – 斯托克斯方程。

对于无黏流动，上述控制方程中的黏性项消失。因为连续性方程只表示质量守恒，所以形式不变。然而动量方程（2.26）现在写作

$$\frac{\partial(\rho u)}{\partial t}+\nabla\cdot(\rho u\boldsymbol{V})=-\frac{\partial p}{\partial x}+\rho f_x \tag{2.41a}$$

$$\frac{\partial(\rho v)}{\partial t}+\nabla\cdot(\rho v\boldsymbol{V})=-\frac{\partial p}{\partial y}+\rho f_y \tag{2.41b}$$

$$\frac{\partial(\rho w)}{\partial t}+\nabla\cdot(\rho w\boldsymbol{V})=-\frac{\partial p}{\partial z}+\rho f_z \tag{2.41c}$$

能量方程（2.39）变为

$$\frac{\partial\rho E}{\partial t}+\nabla\cdot(\rho E\boldsymbol{V})=-\nabla\cdot(p\boldsymbol{V})+\nabla\cdot k\mathrm{grad}T+S_M \tag{2.42}$$

现代术语中，方程（2.38）和式（2.39）被称为欧拉方程，在传统意义上只有无黏流动动量方程被称为欧拉方程。

2.6　小结

本章介绍了流体控制体与流体单元的概念，以及流体运动的描述方式和随体导数和速度散度的概念，推导了连续性方程、动量方程和能量方程。流动控制方程是 CFD 的根本，理解这些方程的物理意义非常重要。

第3章

流动控制方程的有限体积法求解

3.1 引言

第2章所介绍的流体力学控制方程是一个二阶偏微分方程组，这样的方程很难得到解析解，下面采用数值方法求解这类方程。数值求解方法就是将描述物理现象的偏微分方程在一定网格系统内离散，用网格节点处的场变量值近似描述微分方程中各项所表示的数学关系。引入边界条件后求解离散方程组，得到各网格节点处的场变量分布，用这一离散的场变量分布代替原微分方程的解析解。

数值求解的方法根据量在节点间的分布假设及推导离散方程的不同，离散化方法主要有有限差分法、有限元法和有限体积法。

有限差分法的基本思想是把连续的定解区域用有限个离散点构成的网格来代替（图3.1）；把连续定解区域上的连续变量的函数用在网格上定义的离散变量函数来近似；把原方程和定解条件中的微商用差商来近似，推导出含有离散点上有限个未知数的差分方程组（原微分方程和定解条件就近似地代之以代数方程组），解此方程组就可以得到原问题在离散点上的近似解，然后利用插值方法便可以从离散解得到定解问题在整个区域上的近似解。

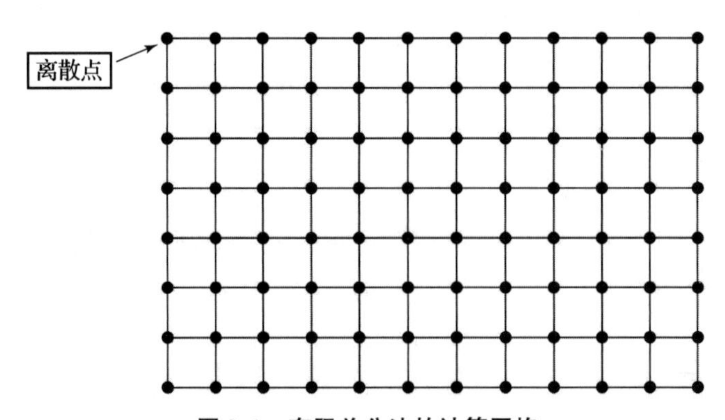

图3.1　有限差分法的计算网格

有限元法是将一个连续的求解域任意分成适当形状的微小单元，并于各小单元分片构造插值函数，将问题的控制方程转化为所有单元上的有限元方程，把总体的极值作为各单元极值之和，即将局部单元总体合成，形成嵌入指定边界条件的代数方程组，求解方程组就得到各节点上待求的函数值。

有限体积法是将流场空间划分成很多小空间单元，每个单元成为有限控制单元（图 3.2）。在每个有限体内，流体力学量应满足积分形式的守恒关系。有限体积法通过插值方法将这些积分形式的力学守恒关系离散化，从而得到每个有限体上的离散方程。求解它们构成的方程组，可以得到各个有限体上未知量的离散值。有限体积法建立在空间离散的基础上，但同有限差分法的空间离散有本质区别。有限体积法和有限元法一样，可用于任意形状的体积单元，它无须有限差分法所要求的结构化计算网格，这使得它具有应用的广泛性和灵活性；而有限体积法的基本方程表述了单个控制单元的力学守恒关系，它比有限元法所采用的加权余量法更贴近力学连续介质的运动规律。近几十年来有限体积法有了飞跃进展，成为流场数值模拟领域的主流方法，目前世界上商用大型流体力学软件的数值求解器几乎都采用有限体积法编写。

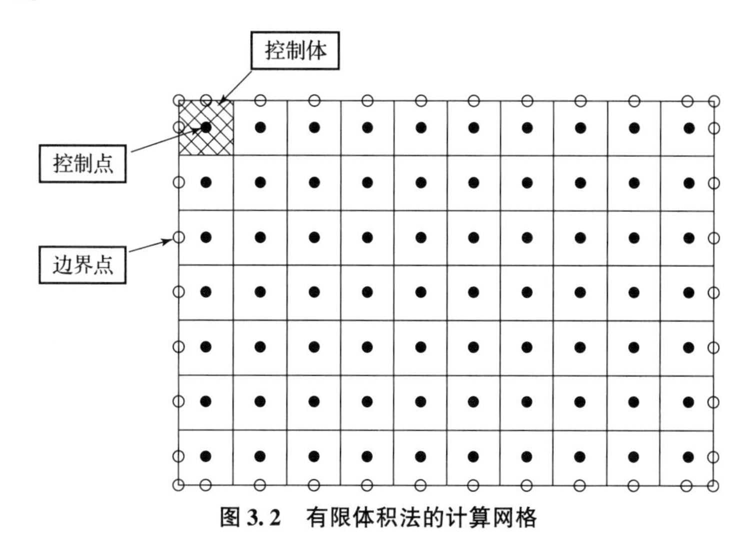

图 3.2　有限体积法的计算网格

本章将主要介绍**有限体积法**求解微分方程的过程，以便读者对 CFD 的数值求解过程有一个整体的认识。

3.2　有限体积法求解过程简介

如图 3.3 所示，有限体积法求解网格中的控制单元 P 上下、左右分别为控制单元 N、控制单元 S、控制单元 W 和控制单元 E，距离分别为 δy_n、δy_s、δy_w 和 δy_e。它们与控制单元 P 的交接面分别为 n、s、w 和 e。控制单元 P 在 x 方向和 y 方向的长度分别为 Δx 和 Δy。有限体积法求解时，量值存储在控制单元内的节点控制点上，控制单元交接面上的值通过控制单元节点上的值插值得到。

为了说明如何离散 CFD 中使用的守恒方程，以物质的扩散方程（不可压缩流）为例进行介绍，扩散方程可以表示为

$$\frac{\partial c}{\partial t}+\frac{\partial c}{\partial x_i}(u_i c)=\frac{\partial}{\partial x_i}\left(D\frac{\partial c}{\partial x_i}\right)+S \tag{3.1}$$

式中，c 为物质的浓度；D 为扩散系数；S 为源项。

采用图 3.3 所示的计算网格，控制节点上的浓度 c 可以表示为图 3.4。A_n、A_s、A_w 和 A_e 分别为控制单元 P 与上下、左右相邻控制单元的交接面面积；c_n、c_s、c_w 和 c_e 分别为控制单元 P 相邻控制单元的交接面上的浓度；c_P、c_N、c_S、c_W 和 c_E 分别为控制单元 P 及相邻控制单元节点上的浓度；u 和 v 分别为 x 方向和 y 方向的流动速度。

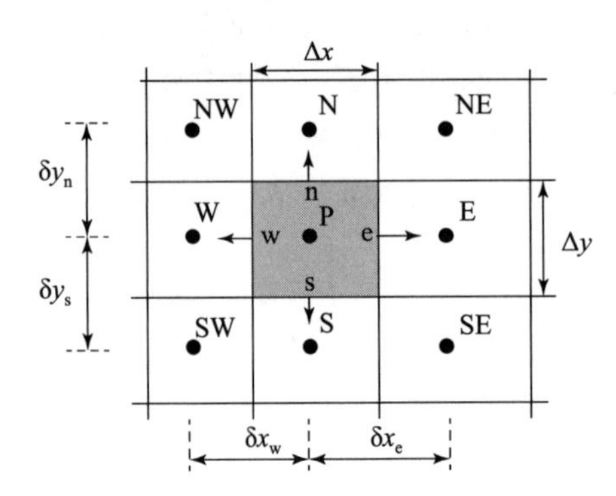

图 3.3　控制单元 P 的网格示意图

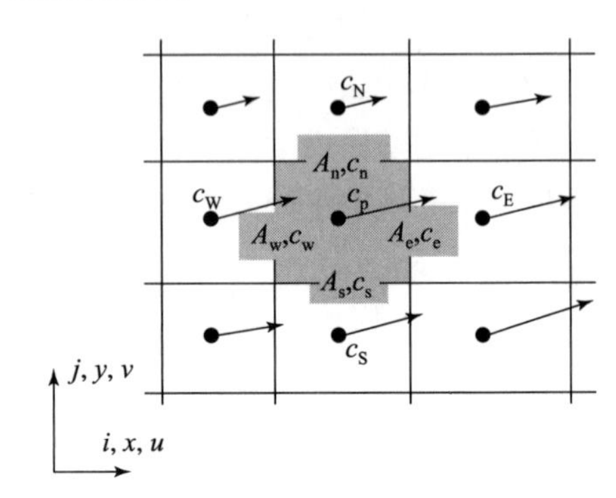

图 3.4　浓度 c 在计算网格上的表示

对于方程（3.1）考虑稳态情况$\left(\frac{\partial c}{\partial t}=0\right)$，控制单元 P 的质量净流入量 = 质量的变化量 + 源项。考虑到流入流出的量都是在边界处发生的，因此方程（3.1）在控制单元 P 上可以表示为

$$\begin{aligned}&A_e u_e c_e - A_w u_w c_w + A_n u_n c_n - A_s u_s c_s = \\ &DA_e\left(\frac{\partial c}{\partial x}\right)_e - DA_w\left(\frac{\partial c}{\partial x}\right)_w + DA_n\left(\frac{\partial c}{\partial x}\right)_n - DA_s\left(\frac{\partial c}{\partial x}\right)_s + S_P\end{aligned} \tag{3.2}$$

方程（3.2）中涉及了控制单元 P 与相邻控制单元交接面上的值，交接面上的值可以通过相邻节点上的值得到。这里假设交接面上的值等于其上游的控制单元节点的值。这样将值代入方程（3.2），即

$$\begin{aligned}&A_e u_P c_P - A_w u_W c_W + A_n v_P c_P - A_s v_S c_S = \\ &DA_e\frac{c_E-c_P}{\delta x_e} - DA_w\frac{c_P-c_W}{\delta x_w} + DA_n\frac{c_N-c_P}{\delta y_n} - DA_s\frac{c_P-c_S}{\delta y_s} + S_P\end{aligned}$$

整理上式得到方程（3.3）：

$$\begin{aligned}&c_P\left(A_n v_P + A_e u_P + \frac{DA_w}{\delta x_w} + \frac{DA_n}{\delta y_P} + \frac{DA_e}{\delta x_e} + \frac{DA_s}{\delta y_s}\right) \\ &= c_W\left(A_w u_W + \frac{DA_w}{\delta x_w}\right) + c_N\left(\frac{DA_n}{\delta y_n}\right) + c_E\left(\frac{DA_e}{\delta x_e}\right) + c_S\left(A_s v_S + \frac{DA_s}{\delta y_s}\right) + S_P\end{aligned} \tag{3.3}$$

设定

$$
\begin{cases}
a_{\mathrm{P}} = A_{\mathrm{n}}v_{\mathrm{P}} + A_{\mathrm{e}}u_{\mathrm{P}} + \dfrac{DA_{\mathrm{w}}}{\delta x_{\mathrm{w}}} + \dfrac{DA_{\mathrm{n}}}{\delta y_{\mathrm{P}}} + \dfrac{DA_{\mathrm{e}}}{\delta x_{\mathrm{e}}} + \dfrac{DA_{\mathrm{s}}}{\delta y_{\mathrm{s}}} \\
a_{\mathrm{W}} = A_{\mathrm{w}}u_{\mathrm{W}} + \dfrac{DA_{\mathrm{w}}}{\delta x_{\mathrm{w}}} \\
a_{\mathrm{N}} = \dfrac{DA_{\mathrm{n}}}{\delta y_{\mathrm{n}}} \\
a_{\mathrm{E}} = \dfrac{DA_{\mathrm{e}}}{\delta x_{\mathrm{e}}} \\
a_{\mathrm{S}} = A_{\mathrm{s}}v_{\mathrm{S}} + \dfrac{DA_{\mathrm{s}}}{\delta y_{\mathrm{s}}}
\end{cases}
$$

则方程（3.3）可以简写为

$$c_{\mathrm{P}}a_{\mathrm{P}} = c_{\mathrm{W}}a_{\mathrm{W}} + c_{\mathrm{N}}a_{\mathrm{N}} + c_{\mathrm{E}}a_{\mathrm{E}} + c_{\mathrm{S}}a_{\mathrm{S}} + S_{\mathrm{P}} = \sum_{nb} c_{nb}a_{nb} + S_{\mathrm{P}} \tag{3.4}$$

式中，nb 为与控制单元 P 相邻的控制单元数量。这样每个控制单元都有一个如式（3.4）这样的方程，将所有网格上控制单元的方程联立求解，可以得到网格内各控制节点上的浓度 c 的值。虽然方程（3.4）是依照浓度推出的，但是对于流动中的所有守恒量（动量、能量等）都可以采用类似的方法进行推导，这样方程（3.4）中可以用 ϕ 表示一般性变量，这样方程变为

$$\phi_{\mathrm{P}}a_{\mathrm{P}} = \sum_{nb} \phi_{nb}a_{nb} + S_{\mathrm{P}} \tag{3.5}$$

对于总体网格上所有的方程（3.5）组成的线性方程组，一般采用迭代的方法求解。下面以具体算例介绍有限体积法求解微分方程的过程。

3.3　一维问题扩散方程的有限体积法

本节以一维热传导方程为例，介绍用有限体积法求解简单的扩散问题。一维问题热传导的控制方程为

$$\frac{\mathrm{d}}{\mathrm{d}x}\left(k\frac{\mathrm{d}T}{\mathrm{d}x}\right) + S = 0 \tag{3.6}$$

式中，k 为导热系数；T 为温度；S 为源项，可以是一维杆内产生的热量。以下通过算例介绍方程（3.6）取不同边界条件和源项时，有限体积法求解过程。

算例 3.1：如图 3.5 所示，长度为 0.5 m 的绝热杆两端分别保持恒温 100 ℃和 500 ℃，导热系数 $k = 1\ 000\ \mathrm{W/(m \cdot K)}$，截面积 $A = 10 \times 10^{-3}\ \mathrm{m}^2$。绝热杆内部没有热量产生，方程（3.6）中的源项 $S = 0$，绝热杆的轴向温度分布满足如下方程：

$$\frac{\mathrm{d}}{\mathrm{d}x}\left(k\frac{\mathrm{d}T}{\mathrm{d}x}\right) = 0 \tag{3.7}$$

计算绝热杆内的稳态温度分布。

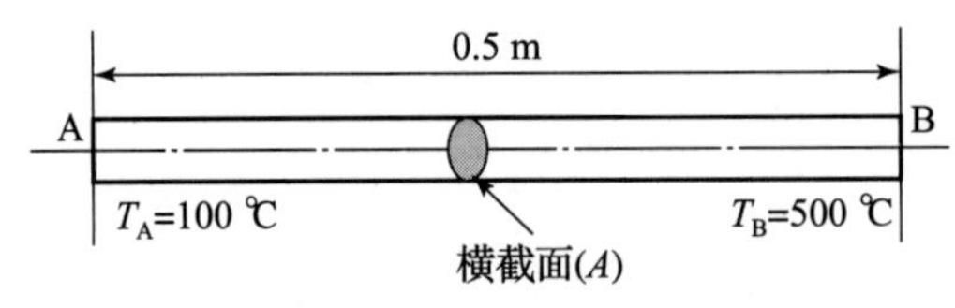

图 3.5　绝热杆示意图

求解：

1. 计算网格划分

有限体积法的第一步是将待研究区域进行控制单元离散化。在 A 与 B 之间的空间内设置几个节点。控制单元的边界（或控制面）位于相邻节点之间的中间位置。据此，每个节点均被一个控制单元或单元格所包围。设置待研究区域边缘位置的控制单元时，通常使物理边界和控制单元边界相重合。

因此如图 3.6 所示，将绝热杆均分为 5 段，每段长度 $\delta x = 0.1$ m 都表示一个控制单元。控制单元的中心为控制单元的节点，分别为 1、2、3、4、5。

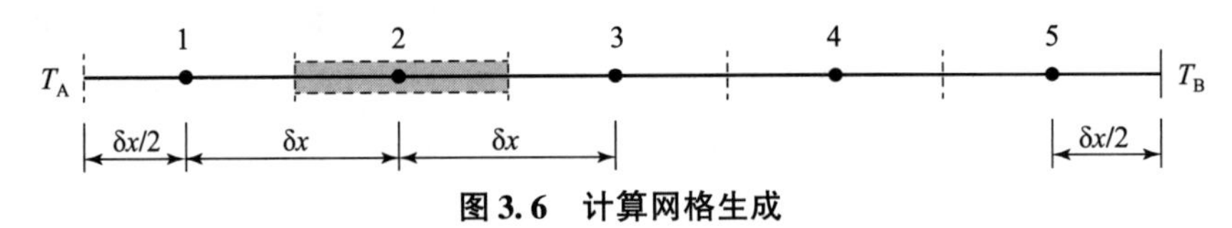

图 3.6　计算网格生成

为了方便对网格进行操作，对网格进行定义。如图 3.7 所示，对于非边界控制单元的节点为 P。P 点左右两侧的节点分别用 W 和 E 表示。左侧控制单元边界用 w 表示，右侧控制单元边界用 e 表示。

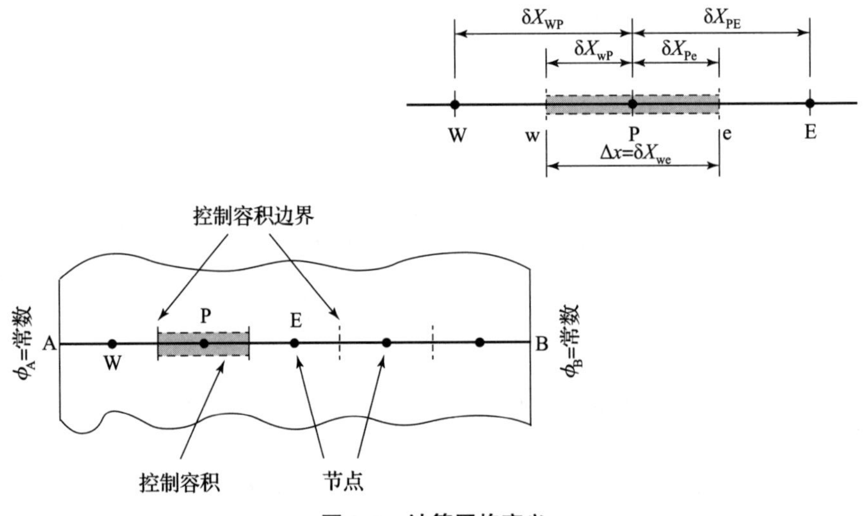

图 3.7　计算网格定义

2. 控制方程离散到计算网格

有限体积法的关键步骤是在控制单元内对控制方程进行积分，在节点上生成离散方程。在控制单元内方程（3.7）依然成立。在如上的控制单元 P 内将方程（3.7）进行积分可以得到

$$\int_{V_P}\frac{\mathrm{d}}{\mathrm{d}x}\left(k\frac{\mathrm{d}T}{\mathrm{d}x}\right)\mathrm{d}V=\left(kA\frac{\mathrm{d}T}{\mathrm{d}x}\right)_e-\left(kA\frac{\mathrm{d}T}{\mathrm{d}x}\right)_w=0 \tag{3.8}$$

控制单元 P 左右两侧温度值可由节点值求出：

$$k_eA_e\left(\frac{\mathrm{d}T}{\mathrm{d}x}\right)_e=k_eA_e\frac{T_E-T_P}{\delta x_{PE}},\quad k_wA_w\left(\frac{\mathrm{d}T}{\mathrm{d}x}\right)_w=k_wA_w\frac{T_P-T_W}{\delta x_{WP}}$$

因此方程（3.3）所示的离散方程可表示为

$$\begin{aligned}&k_eA_e\left(\frac{\mathrm{d}T}{\mathrm{d}x}\right)_e-k_wA_w\left(\frac{\mathrm{d}T}{\mathrm{d}x}\right)_w=k_eA_e\frac{T_E-T_P}{\delta x_{PE}}-k_wA_w\frac{T_P-T_W}{\delta x_{WP}}=0\\&\Rightarrow\left(\frac{k_eA_e}{\delta x_{PE}}+\frac{k_wA_w}{\delta x_{WP}}\right)T_P=\left(\frac{k_eA_e}{\delta x_{PE}}\right)T_E+\left(\frac{k_wA_w}{\delta x_{WP}}\right)T_W\end{aligned} \tag{3.9}$$

式中，绝热杆的导热系数相同（$k_e=k_w=k$），每个网格节点间距相等（δx），杆的截面积相等（$A_e=A_w=A$）。因此网格的非边界**节点 2、3 和 4 的离散方程**为

$$a_PT_P=a_ET_E+a_WT_W \tag{3.10}$$

式中：

$$a_E=\frac{k_eA_e}{\delta x_{PE}},\quad a_W=\frac{k_wA_w}{\delta x_{WP}},\quad a_P=a_E+a_W$$

节点 1 和节点 5 为边界节点，因此需要特别关注。对于节点 1 在控制单元内对方程（3.7）进行积分，可得到

$$kA\left(\frac{T_E-T_P}{\delta x}\right)-kA\left(\frac{T_P-T_A}{\delta x/2}\right)=0 \tag{3.11}$$

式（3.11）表明，流过边界 A 的通量可以假设边界点 A 和节点 P 之间温度为线性关系近似得到。为了方便求解，将式（3.11）重新整理：

$$\left(0+\frac{kA}{\delta x}-\left(-\frac{2kA}{\delta x}\right)\right)T_P=0\cdot T_W+\left(\frac{kA}{\delta x}\right)T_E+\left(\frac{2kA}{\delta x}\right)T_A \tag{3.12}$$

设定

$$a_E=\frac{kA}{\delta x},a_W=0,S_P=-\frac{2kA}{\delta x},S_u=\left(\frac{2kA}{\delta x}\right)T_A,a_P=a_W+a_E+S_P$$

由此得到**边界节点 1 的离散方程**：

$$a_PT_P=a_ET_E+a_WT_W+S_u \tag{3.13}$$

同理可以得到：边界节点 5 的离散方程也为式（3.13），只是式中的各项为

$$a_E=0,a_W=\frac{kA}{\delta x},S_P=-\frac{2kA}{\delta x},S_u=\left(\frac{2kA}{\delta x}\right)T_A,a_P=a_W+a_E+S_P$$

由导热系数 $k=1\ 000$ W/(m·K)，截面积 $A=10\times10^{-3}$ m^2，以及 $\delta x=0.1$ m，可以得到 $\frac{kA}{\delta x}=100$。因此根据方程（3.10）和式（3.13）可以得到节点 1～5 的离散方程，其各控制单元内的数值如表 3.1 所示。

表 3.1　各节点控制单元内的数值

节点	a_W	a_E	S_u	S_P	a_P
1	0	100	$200T_A$	-200	300
2	100	100	0	0	200
3	100	100	0	0	200
4	100	100	0	0	200
5	100	0	$200T_B$	-200	300

由此可得到本例的代数方程组：

$$\begin{bmatrix} 300 & -100 & 0 & 0 & 0 \\ -100 & 200 & -100 & 0 & 0 \\ 0 & -100 & 200 & -100 & 0 \\ 0 & 0 & -100 & 200 & -100 \\ 0 & 0 & 0 & -100 & 300 \end{bmatrix} \begin{bmatrix} T_1 \\ T_2 \\ T_3 \\ T_4 \\ T_5 \end{bmatrix} = \begin{bmatrix} 200T_A \\ 0 \\ 0 \\ 0 \\ 200T_B \end{bmatrix} \tag{3.14}$$

这个方程组就是给定条件下的稳态温度分布。用 MATLAB 之类的软件包就可以求解方程（3.14）。取 $T_A = 100$，$T_B = 500$，求解方程（3.14）可以得到解为

$$\begin{bmatrix} T_1 \\ T_2 \\ T_3 \\ T_4 \\ T_5 \end{bmatrix} = \begin{bmatrix} 140 \\ 220 \\ 300 \\ 380 \\ 460 \end{bmatrix} \tag{3.15}$$

绝缘杆在两端给定的边界温度后，杆内的温度分布解析解满足如下线性分布：$T = 800x + 100$。解析解和数值解的比较如图 3.8 所示，由图可以看出两者非常吻合。

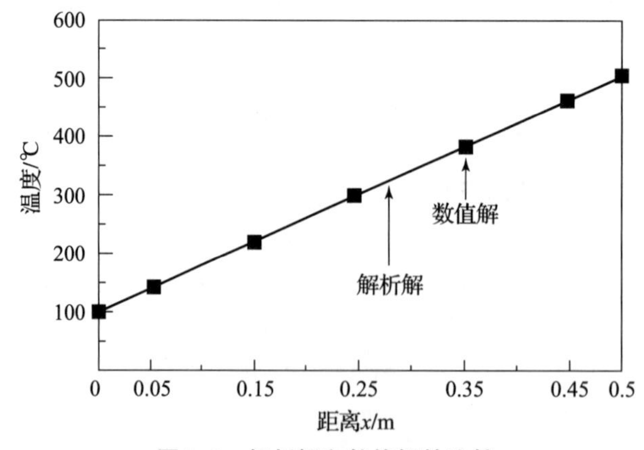

图 3.8　解析解和数值解的比较

算例 3.2：下面讨论沿圆柱形肋片长度方向通过对流进行冷却的问题，在对流控制方程中引入随温度变化的热损项或热沉项。图 3.9 所示为横截面积 A 均匀的圆柱肋片。基座温度

为 100 ℃（T_B），末端绝热。圆柱肋片暴露于 20 ℃环境中。这种情形下的一维热传导方程为

$$\frac{d}{dx}\left(kA\frac{dT}{dx}\right)-hP(T-T_\infty)=0 \tag{3.16}$$

式中，h 为对流热传递系数；P 为周长；k 为材料的导热系数；T_∞为环境温度。计算沿圆柱形肋片的温度分布，并将计算结果和式（3.17）给出的解析解进行比较：

$$\frac{T-T_\infty}{T_B-T_\infty}=\frac{\cosh[n(L-x)]}{\cosh(nL)} \tag{3.17}$$

式中，$n^2=hP/kA=25/m^2$，肋片的长度 $L=1$ m，x 为距肋片起点的距离。

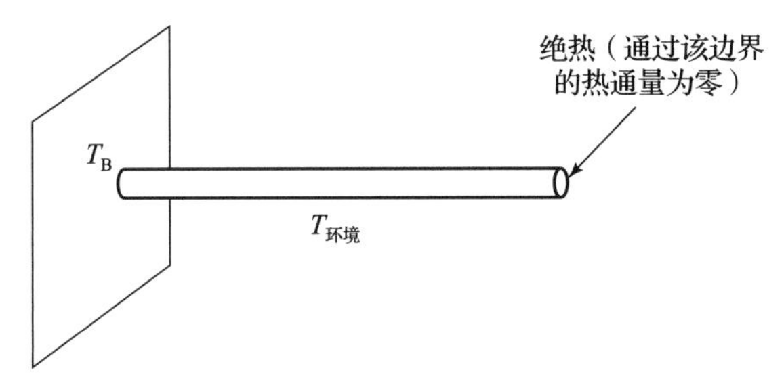

图 3.9　横截面积 *A* 均匀的圆柱肋片

求解：如前所述，用有限体积法求解问题的第一步是建立网格。这里采用均匀网格，将肋片均分为 5 个控制单元，因此 $\delta x=0.2$ m。图 3.10 给出了网格剖分情况。

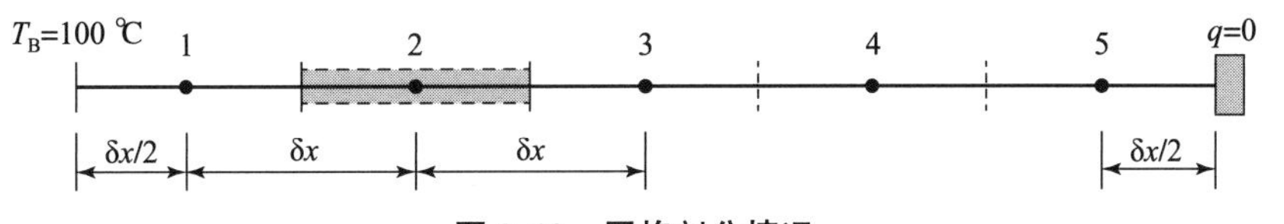

图 3.10　网格剖分情况

肋条的截面不变，则 kA = 常数，控制方程（3.16）可写为

$$\frac{d}{dx}\left(\frac{dT}{dx}\right)-n^2(T-T_\infty)=0 \tag{3.18}$$

在控制单元内对方程（3.18）进行积分可得

$$\int_V\frac{d}{dx}\left(\frac{dT}{dx}\right)dV-\int_V n^2(T-T_\infty)dV=0 \tag{3.19}$$

方程（3.19）第一个积分项可按照上面的算例进行处理。下面处理输入源项导致的第二个积分项，假设每个控制单元内的被积函数为常数：

$$\left[\left(A\frac{dT}{dx}\right)_e-\left(A\frac{dT}{dx}\right)_w\right]-[n^2(T_P-T_\infty)A\delta x]=0$$

对温度梯度，通过引入常用的线性近似，可推导对节点 2、3 和 4 有效的公式，然后除以横截面积 A，可得到

$$\left[\left(\frac{T_E-T_P}{\delta x}\right)-\left(\frac{T_P-T_W}{\delta x}\right)\right]-[n^2(T_P-T_\infty)\delta x]=0 \tag{3.20}$$

重新整理可得

$$a_P T_P = a_E T_E + a_W T_W + S_u \tag{3.21}$$

式中的各项为

$$a_E = a_W = \frac{1}{\delta x}, S_P = -n^2 \delta x, S_u = n^2 \delta x T_\infty, a_P = a_W + a_E - S_P$$

第二步对节点 1 和节点 5 应用边界条件。

对节点 1，左侧的控制单元边界保持特定温度不变。处理方法和算例 3.1 相同。

$$\left[\left(\frac{T_E - T_P}{\delta x}\right) - \left(\frac{T_P - T_B}{\delta x/2}\right)\right] - [n^2 (T_P - T_\infty) \delta x] = 0 \tag{3.22}$$

边界节点 1 离散方程的系数为

$$a_E = \frac{1}{\delta x}, a_W = 0, S_P = -n^2 \delta x - \frac{2}{\delta x}, S_u = n^2 \delta x T_\infty + \frac{2}{\delta x} T_A, a_P = a_W + a_E - S_P$$

对节点 5，流过右侧边界的通量为零，不存在和零通量边界条件有关的其他输入源项：

$$\left[0 - \left(\frac{T_P - T_W}{\delta x}\right)\right] - [n^2 (T_P - T_\infty) \delta x] = 0 \tag{3.23}$$

边界节点 5 的系数为

$$a_E = 0, a_W = \frac{1}{\delta x}, S_P = -n^2 \delta x, S_u = n^2 \delta x T_\infty, a_P = a_W + a_E - S_P$$

将数值代入系数表达式可得各节点上的系数值：

节点	a_W	a_E	S_u	S_P	a_P
1	0	5	$100 + 10T_B$	−15	20
2	5	5	100	−5	15
3	5	5	100	−5	15
4	5	5	100	−5	15
5	5	0	100	−5	10

上述方程的矩阵形式为

$$\begin{bmatrix} 20 & -5 & 0 & 0 & 0 \\ -5 & 15 & -5 & 0 & 0 \\ 0 & -5 & 15 & -5 & 0 \\ 0 & 0 & -5 & 15 & -5 \\ 0 & 0 & 0 & -5 & 10 \end{bmatrix} \begin{bmatrix} T_1 \\ T_2 \\ T_3 \\ T_4 \\ T_5 \end{bmatrix} = \begin{bmatrix} 1\,100 \\ 100 \\ 100 \\ 100 \\ 100 \end{bmatrix} \tag{3.24}$$

矩阵方程的解为

$$\begin{bmatrix} T_1 \\ T_2 \\ T_3 \\ T_4 \\ T_5 \end{bmatrix} = \begin{bmatrix} 64.22 \\ 36.91 \\ 26.50 \\ 22.60 \\ 21.30 \end{bmatrix} \tag{3.25}$$

表 3.2 列出了有限体积法得出的解与式（3.17）给出的解析解的比较情况。最大误差百分比［(解析解 - 有限体积解)/解析解］约为 6%。

表 3.2　有限体积解与式（3.17）给出的解析解的比较情况

节点	距离	有限体积解	解析解	差值	误差百分比/%
1	0.1	64.22	68.52	4.30	6.28
2	0.3	36.91	37.86	0.95	2.51
3	0.5	24.50	24.61	0.11	0.45
4	0.7	22.60	22.53	-0.07	-0.31
5	0.9	21.30	21.21	-0.09	-0.42

细化网格可以提高数值解法的精度。对同样的问题，将杆的长度划分为 10 个控制单元。离散方程的推导不变，但是，由于网格距离缩小为 $\delta x = 0.1\ \mathrm{m}$，这时离散代数方程为式（3.26）。图 3.11 和表 3.3 给出了网格调密后计算得出的数值解与解析解的对比情况。第二次数值解与解析解更为吻合，此时最大误差百分比仅为 2%。

$$
\begin{bmatrix}
32.5 & -10 & 0 & 0 & 0 & 0 & 0 & 0 & 0 & 0 \\
-10 & 22.5 & -10 & 0 & 0 & 0 & 0 & 0 & 0 & 0 \\
0 & -10 & 22.5 & -10 & 0 & 0 & 0 & 0 & 0 & 0 \\
0 & 0 & -10 & 22.5 & -10 & 0 & 0 & 0 & 0 & 0 \\
0 & 0 & 0 & -10 & 22.5 & -10 & 0 & 0 & 0 & 0 \\
0 & 0 & 0 & 0 & -10 & 22.5 & -10 & 0 & 0 & 0 \\
0 & 0 & 0 & 0 & 0 & -10 & 22.5 & -10 & 0 & 0 \\
0 & 0 & 0 & 0 & 0 & 0 & -10 & 22.5 & -10 & 0 \\
0 & 0 & 0 & 0 & 0 & 0 & 0 & -10 & 22.5 & -10 \\
0 & 0 & 0 & 0 & 0 & 0 & 0 & 0 & -10 & 15
\end{bmatrix}
\begin{bmatrix} T_1 \\ T_2 \\ T_3 \\ T_4 \\ T_5 \\ T_6 \\ T_7 \\ T_8 \\ T_9 \\ T_{10} \end{bmatrix}
=
\begin{bmatrix} 2\,050 \\ 50 \\ 50 \\ 50 \\ 50 \\ 50 \\ 50 \\ 50 \\ 50 \\ 50 \end{bmatrix}
\tag{3.26}
$$

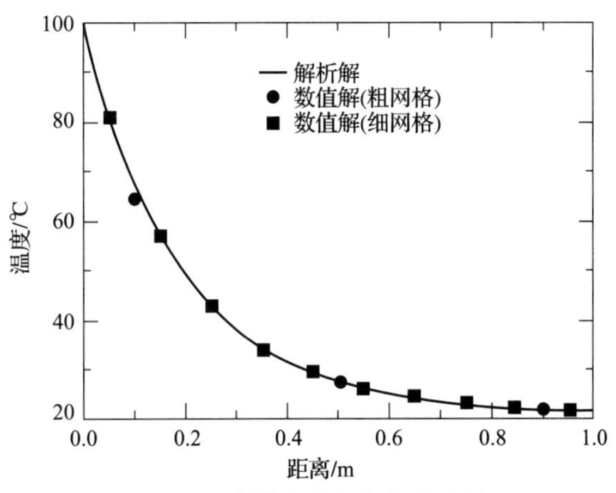

图 3.11　数值解和解析解的比较

表 3.3　数值解与解析解的比较

节点	x	有限体积解	解析解	差值	误差百分比/%
1	0.05	80.59	82.31	1.72	2.09
2	0.15	56.94	57.79	0.85	1.47
3	0.25	42.53	42.93	0.40	0.93
4	0.35	33.74	33.92	0.18	0.53
5	0.45	28.40	28.46	0.06	0.21
6	0.55	25.16	25.17	0.01	0.04
7	0.65	23.21	23.19	-0.02	-0.09
8	0.75	22.06	22.03	-0.03	-0.14
9	0.85	21.47	21.39	-0.08	-0.37
10	0.95	21.13	21.11	-0.02	-0.09

3.4　一维对流扩散问题的有限体积法

一维对流扩散方程的有限体积方法求解过程中，如果不存在输入源项，给定一维流场 u 上特性 ϕ 的稳态对流与扩散控制方程为

$$\frac{\mathrm{d}}{\mathrm{d}x}(\rho u\phi)=\frac{\mathrm{d}}{\mathrm{d}x}\left(\Gamma\frac{\mathrm{d}\phi}{\mathrm{d}x}\right) \tag{3.27}$$

流动还必须满足连续性，因此

$$\frac{\mathrm{d}(\rho u)}{\mathrm{d}x}=0 \tag{3.28}$$

考虑图 3.12 所示一维控制单元并使用第 4 章给出的表示法。这里重点关注一般节点 P；相邻节点用 W 和 E 表示，控制单元界面用 w 和 e 表示。

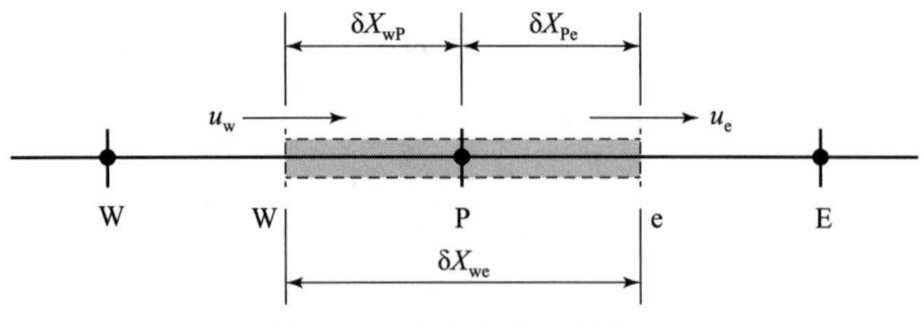

图 3.12　网格上控制节点 P

在图 3.12 所示控制单元内对输运方程（3.27）进行积分，在交接面上的值采用中心差分得到

$$(\rho uA\phi)_{\mathrm{e}}-(\rho uA\phi)_{\mathrm{w}}=\left(\Gamma A\frac{\mathrm{d}\phi}{\mathrm{d}x}\right)_{\mathrm{e}}-\left(\Gamma A\frac{\mathrm{d}\phi}{\mathrm{d}x}\right)_{\mathrm{w}}=\Gamma_{\mathrm{e}}A_{\mathrm{e}}\frac{\phi_{\mathrm{E}}-\phi_{\mathrm{P}}}{\delta x_{\mathrm{PE}}}-\Gamma_{\mathrm{w}}A_{\mathrm{w}}\frac{\phi_{\mathrm{P}}-\phi_{\mathrm{W}}}{\delta x_{\mathrm{PW}}} \tag{3.29}$$

同时对连续方程（3.28）进行积分，可得

$$(\rho uA)_e - (\rho uA)_w = 0 \tag{3.30}$$

定义两个变量 F 和 D，其分别表示单位面积对流质量通量和控制单元接触面上的扩散导度：

$$F = \rho u, D = \frac{\Gamma}{\delta x} \tag{3.31}$$

此处假设 $A_e = A_w = A$，这样就可以将方程（3.29）左右两边同时除以面积 A。可以得到积分后离散后的对流扩散方程：

$$F_e\phi_e - F_w\phi_w = D_e(\phi_E - \phi_P) - D_w(\phi_P - \phi_W) \tag{3.32}$$

且连续方程可写为

$$F_e - F_w = 0 \tag{3.33}$$

为了求解方程（3.32），可以采用不同的差分格式计算控制单元之间的界面 e 和界面 w 的输运特性量 ϕ。具体的差分格式包括迎风差分格式、中心差分格式、乘方差分格式和 QUICK（quadratic upstream interpolation for convective kinetics，流动力学二次迎风插值）差分格式。各种差分格式示意图如图 3.13 所示。

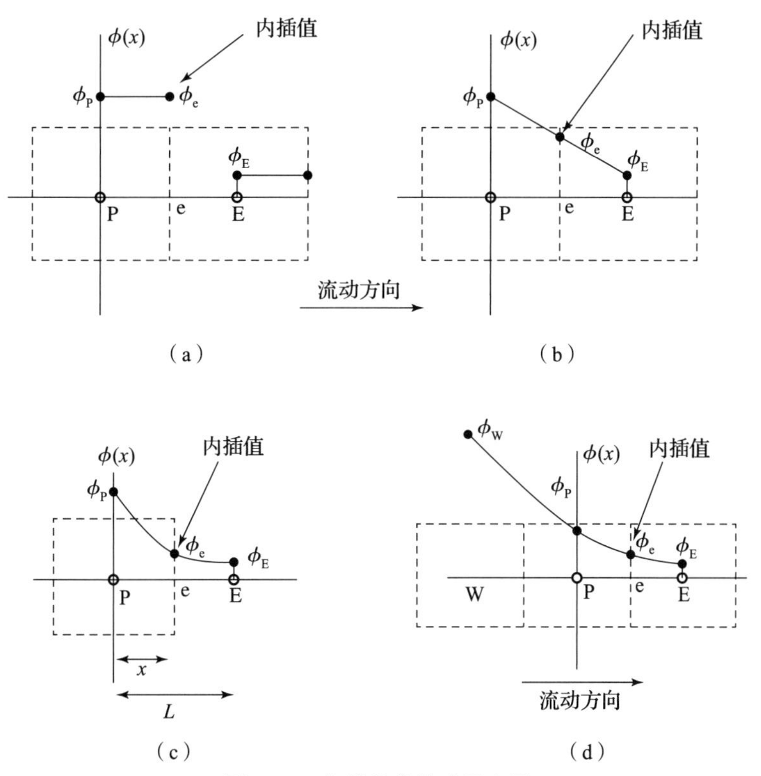

图 3.13　各种差分格式示意图

（a）迎风差分格式；（b）中心差分格式；（c）乘方差分格式；（d）QUICK 差分格式

3.4.1　迎风差分格式

迎风差分格式在计算网格交接面的数值时将流向考虑在内：设 ϕ 在网格交接面的对流数值等于 ϕ 在上游节点的数值［图 3.13（a）］，即迎风差分格式满足

$$\phi_w = \phi_W, \phi_e = \phi_P \tag{3.34}$$

代入方程（3.32）可以得到

$$F_e\phi_P - F_w\phi_W = D_e(\phi_E - \phi_P) - D_w(\phi_P - \phi_W) \tag{3.35}$$

重新整理后得

$$a_P\phi_P = a_W\phi_W + a_E\phi_E \tag{3.36}$$

其中：$a_P = a_W + a_E + (F_e - F_w)$，$a_W = D_w + F_w$，$a_E = D_e$。

3.4.2 中心差分格式

如图 3.13（b）所示，中心差分格式用线性插值法计算该方程左侧对流项的单元格界面数值。对均匀网格，可将特性量值 ϕ 在控制面的值写为

$$\phi_w = \frac{\phi_W + \phi_P}{2}, \phi_e = \frac{\phi_E + \phi_P}{2} \tag{3.37}$$

将式（3.37）代入方程（3.32）中的对流项可得

$$\frac{1}{2}F_e(\phi_P + \phi_E) - \frac{1}{2}F_w(\phi_W + \phi_P) = D_e(\phi_E - \phi_P) - D_w(\phi_P - \phi_W) \tag{3.38}$$

重新整理后得

$$a_P\phi_P = a_W\phi_W + a_E\phi_E \tag{3.39}$$

其中：$a_P = a_W + a_E + (F_e - F_w)$，$a_W = D_w + \frac{1}{2}F_w$，$a_E = D_e - \frac{1}{2}F_e$。

3.4.3 乘方差分格式

帕坦卡 1980 年提出的乘方差分格式是一种更逼近一维精确解的算法。如图 3.13（c）所示，ϕ_e 可以表示为

$$\phi_e = \begin{cases} \phi_P - \dfrac{(1-0.1\mathrm{Pe})^5}{2}(\phi_E - \phi_P), & 0 < \mathrm{Pe} \leqslant 10 \\ \phi_P, & \mathrm{Pe} > 10 \end{cases} \tag{3.40}$$

式中，Pe 为佩克莱特数（Peclet number），用于度量某点处 ϕ 的对流和扩散的强度比例，衡量对流与扩散的相对强度：

$$\mathrm{Pe} = \frac{F}{D} = \frac{\rho u}{\Gamma/\delta x} \tag{3.41}$$

式中，δx 为特征长度（网格宽度）。
将方程（3.40）代入方程（3.32）中的对流项并整理后得

$$a_P\phi_P = a_W\phi_W + a_E\phi_E \tag{3.42}$$

其中：$a_P = a_W + a_E + (F_e - F_w)$，$a_W = D_w\max[0,(1-0.1|\mathrm{Pe}|)^5] + \max[F_w,0]$，
$a_E = D_e\max[0,(1-0.1|\mathrm{Pe}|)^5] + \max[-F_e,0]$。

3.4.4 QUICK 差分格式

二次迎风插值差分格式在计算网格界面值时使用三点迎风加权二次插值法。ϕ 的交接面值由两个上游节点和一个下游节点拟合二次曲线获得（图 3.14）。

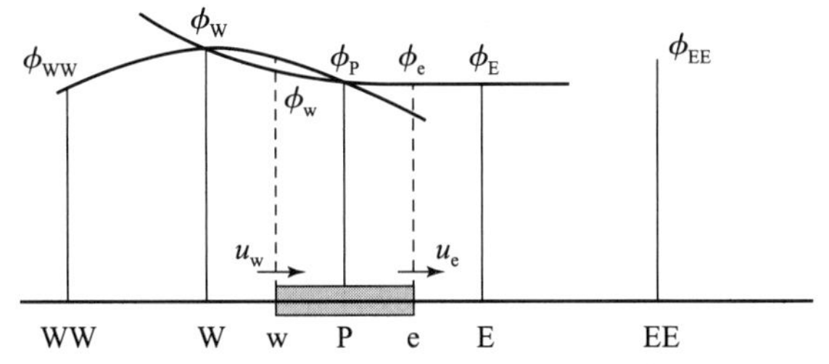

图 3.14　QUICK 差分格式使用的二次曲线

例如，通过 WW、W 和 P 的二次拟合曲线用于计算 ϕ_w；用通过 W、P 和 E 的二次拟合曲线计算 ϕ_e，则有

$$\phi_w = \frac{6}{8}\phi_W + \frac{3}{8}\phi_P - \frac{1}{8}\phi_{WW}, \phi_e = \frac{6}{8}\phi_P + \frac{3}{8}\phi_E - \frac{1}{8}\phi_W \tag{3.43}$$

将方程（3.40）代入方程（3.32）中的对流项并整理后得

$$a_P\phi_P = a_W\phi_W + a_E\phi_E + a_{WW}\phi_{WW} + a_{EE}\phi_{EE} \tag{3.44}$$

其中：$a_P = a_W + a_E + a_{WW} + a_{EE} + (F_e - F_w)$，

$$a_W = D_w + \frac{6}{8}a_wF_w + \frac{1}{8}a_eF_e + \frac{3}{8}(1-a_w)F_w,\quad a_{WW} = -\frac{1}{8}a_wF_w$$

$$a_E = D_e - \frac{3}{8}a_eF_e - \frac{6}{8}(1-a_e)F_e - \frac{1}{8}(1-a_w)F_w,\quad a_E = \frac{1}{8}(1-a_e)F_e$$

式中：

$$a_w = 1 \text{ 对 } F_w > 0 \text{ 且 } a_e = 1 \text{ 对 } F_e > 0$$

$$a_w = 0 \text{ 对 } F_w < 0 \text{ 且 } a_e = 0 \text{ 对 } F_e < 0$$

算例 3.3：特性量 ϕ 在如图 3.15 所示一维求解区域的对流与扩散进行输运，控制方程为式（3.27）；边界条件为：$x=0$ 处 $\phi_0 = 1$ 以及 $x = L$ 处 $\phi_L = 0$。长度 $L = 1.0$ m，$\rho = 1.0$ kg/m^3，$\Gamma = 0.1$ kg/(m·s)。

计算以下两种条件下以 x 为函数的特性量 ϕ 分布：

（i）$u = 0.1$ m/s；

（ii）$u = 2.5$ m/s；

此方程的解析解可以表示为：$\dfrac{\phi - \phi_0}{\phi_L - \phi_0} = \dfrac{e^{\frac{\rho u x}{\Gamma}} - 1}{e^{\frac{\rho u L}{\Gamma}} - 1}$。

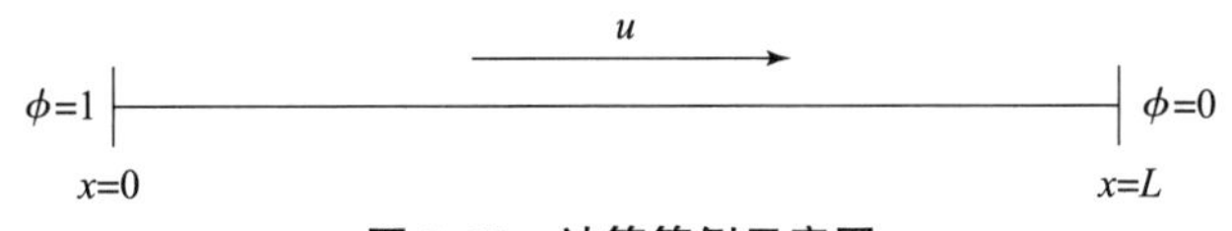

图 3.15　计算算例示意图

求解：

将求解域划分为5个控制单元，网格间隔 $\delta x=0.2$ m。注意对任意位置 $F=\rho u$、$D=\dfrac{\Gamma}{\delta x}$、$F_e=F_w=F$ 和 $D_e=D_w=D$，A 和 B 表示边界（图3.16）。

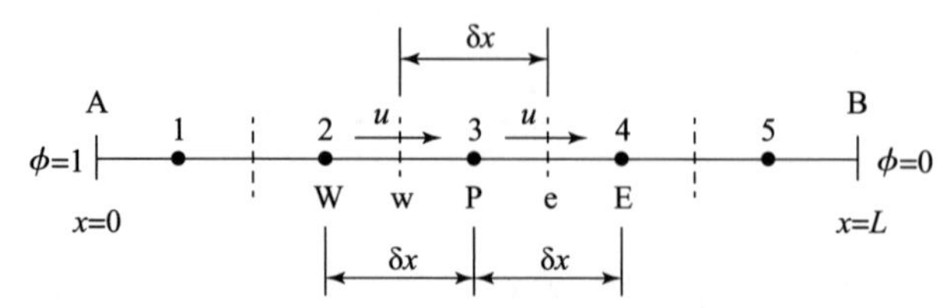

图3.16　方程离散化所采用的网格

下面采用各种差分格式求解算例。由于非边界控制单元可以直接套用上面给出的离散方程格式，不再进行介绍。对于边界单元分别采用不同的差分格式，给出离散方程。

迎风差分格式：

在边界节点1处，对流项采用迎风差分格式后变为

$$F_e\phi_P-F_A\phi_P=D_e(\phi_E-\phi_P)-D_A(\phi_P-\phi_A) \tag{3.45}$$

同理，在边界节点5处：

$$F_B\phi_P-F_w\phi_W=D_B(\phi_B-\phi_P)-D_w(\phi_P-\phi_W) \tag{3.46}$$

这两个节点的方程重新整理后为

$$a_P\phi_P=a_W\phi_W+a_E\phi_E+S_u \tag{3.47}$$

其中：$a_P=a_W+a_E+(F_e-F_w)-S_P$，且有：

节点	a_W	a_E	S_P	S_u
1	0	D	$-(2D+F)$	$(2D+F)\phi_A$
2、3、4	$D+F$	D	0	0
5	$D+F$	0	$-2D$	$2D\phi_B$

情形1：$u=0.1$ m/s：$F=0.1$，$D=0.5$，则 $\mathrm{Pe}=F/D=0.2$。

表3.4列出了计算结果，从图3.17可以看出，对这种给定的网格 Peclet 数，迎风差分（UD）格式得到的计算结果非常优异。

表3.4　迎风差分格式计算的情况1解

节点	距离	有限体积解	解析解	差值	误差百分比/%
1	0.1	0.933 7	0.938 7	0.005 0	0.53
2	0.3	0.787 9	0.796 3	0.008 4	1.05
3	0.5	0.613 0	0.622 4	0.009 4	1.51
4	0.7	0.403 1	0.410 0	0.006 9	1.68
5	0.9	0.151 2	0.150 5	−0.000 7	−0.47

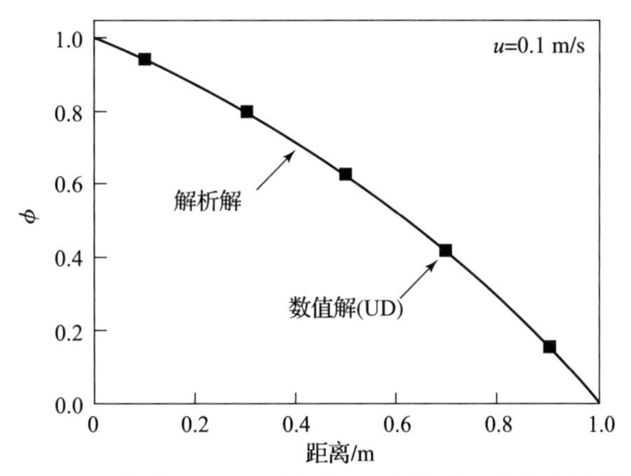

图 3.17　情形 1 下迎风差分格式数值解与解析解的比较

情形 2：$u=2.5$ m/s：$F=2.5$，$D=0.5$，此时 $Pe=5$。

表 3.5 和图 3.18 给出了数值解与解析解的比较情况。在较大的网格密度下迎风差分格式获得的解更符合实际，当然，在边界 B 处并不是十分接近解析解。

表 3.5　迎风差分格式计算的情况 2 解

节点	距离	有限体积解	解析解	差值	误差百分比/%
1	0. 1	0. 999 8	1. 000 0	0. 000 2	0. 02
2	0. 3	0. 998 7	0. 999 9	0. 001 2	0. 12
3	0. 5	0. 992 1	0. 999 9	0. 007 8	0. 78
4	0. 7	0. 952 4	0. 999 4	0. 047 0	4. 70
5	0. 9	0. 714 3	0. 917 9	0. 203 6	22. 18

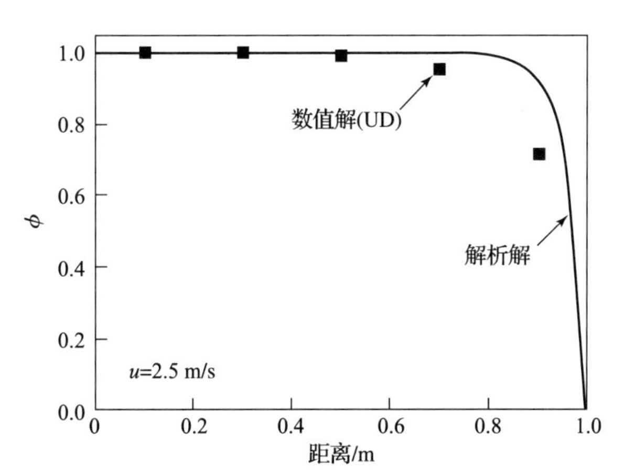

图 3.18　情形 2 下迎风差分格式数值解与解析解的比较

中心差分格式：

对扩散项和流过单元 1 右侧界面的对流通量采用中心差分格式。在这个边界不需要做出对流项的任何近似。

可得到节点 1 的方程：

$$\frac{1}{2}F_e(\phi_P+\phi_E)-F_A\phi_A=D_e(\phi_E-\phi_P)-D_A(\phi_P-\phi_A) \tag{3.48}$$

可得到控制单元节点 5 的方程：

$$F_B\phi_B-\frac{1}{2}F_w(\phi_P+\phi_W)=D_B(\phi_B-\phi_P)-D_w(\varphi_P-\varphi_W) \tag{3.49}$$

重新整理后得

$$a_P\phi_P=a_W\phi_W+a_E\phi_E+S_u \tag{3.50}$$

其中：$a_P=a_W+a_E+(F_e-F_w)-S_P$，$a_W=D_w+\frac{1}{2}F_w$，$a_E=D_e-\frac{1}{2}F_e$。且有：

节点	a_W	a_E	S_P	S_u
1	0	$D-F/2$	$-(2D+F)$	$(2D+F)\phi_A$
2，3，4	$D+F/2$	$D-F/2$	0	0
5	$D+F/2$	0	$-(2D-F)$	$(2D-F)\phi_B$

情形 1：$u=0.1$ m/s：$F=0.1$，$D=0.5$，则 $Pe=F/D=0.2$。

由 $\phi_A=1$ 和 $\phi_B=0$，可得矩阵形式的方程组：

$$\begin{bmatrix}1.55 & -0.45 & 0 & 0 & 0\\ -0.55 & 1.0 & -0.45 & 0 & 0\\ 0 & -0.55 & 1.0 & -0.45 & 0\\ 0 & 0 & -0.55 & 1.0 & -0.45\\ 0 & 0 & 0 & -0.55 & 1.45\end{bmatrix}\begin{bmatrix}\phi_1\\ \phi_2\\ \phi_3\\ \phi_4\\ \phi_5\end{bmatrix}=\begin{bmatrix}1.1\\ 0\\ 0\\ 0\\ 0\end{bmatrix}$$

上述方程组的解为

$$\begin{bmatrix}\phi_1\\ \phi_2\\ \phi_3\\ \phi_4\\ \phi_5\end{bmatrix}=\begin{bmatrix}0.9421\\ 0.8006\\ 0.6276\\ 0.4163\\ 0.1579\end{bmatrix}$$

表 3.6 和图 3.19 给出了数值解和解析解的比较情况。虽然计算过程中采用的是粗网格，中心差分格式（CD）得到的数值解与解析解较为吻合。

表 3.6　情形 1 下数值解与解析解的比较

节点	距离	有限体积解	解析解	差值	误差百分比/%
1	0.1	0.942 1	0.938 7	−0.003	−0.36
2	0.3	0.800 6	0.796 3	−0.004	−0.54
3	0.5	0.627 6	0.622 4	−0.005	−0.84
4	0.7	0.416 3	0.410 0	−0.006	−1.54
5	0.9	0.157 9	0.150 5	−0.007	−4.92

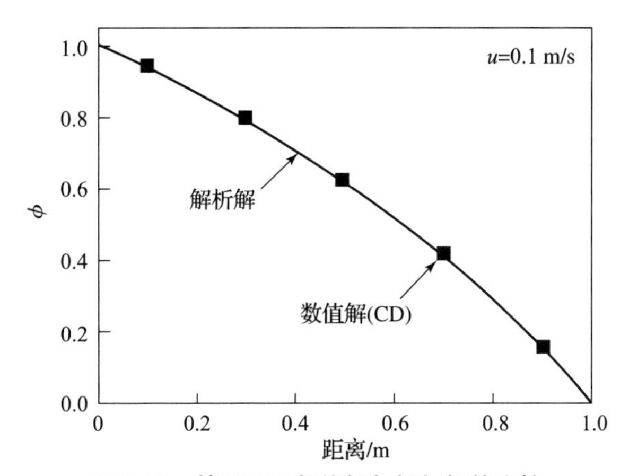

图 3.19　情形 1 下数值解与解析解的比较

情形 2：$u=2.5$ m/s；$F=2.5$，$D=0.5$，此时 Pe $=5$。

表 3.7 和图 3.20 给出了数值解和解析解的比较情况。从中可以看出，中心差分格式得到的解围绕解析解振荡；显然，数值解与解析解的吻合情况并不理想。

表 3.7　情形 2 下数值解与解析解的比较

节点	距离	有限体积解	解析解	差值	误差百分比/%
1	0.1	1.035 6	1.000 0	−0.035 6	−3.56
2	0.3	0.869 4	0.999 9	0.130 5	13.05
3	0.5	1.257 3	0.999 9	−0.257 4	−25.74
4	0.7	0.352 1	0.999 4	0.647 3	64.77
5	0.9	2.464 4	0.917 9	−1.546 5	−168.48

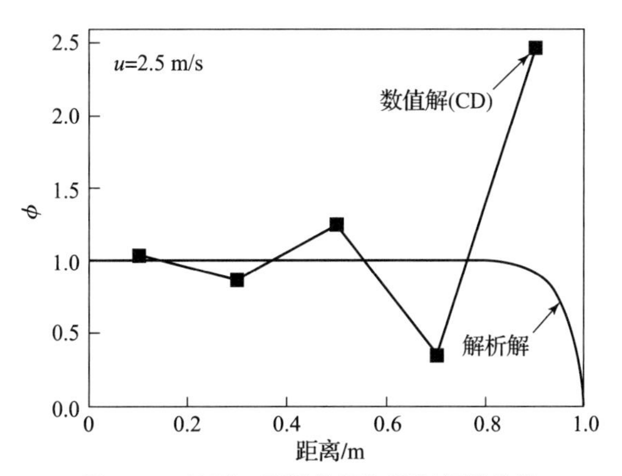

图 3.20　情形 2 下数值解与解析解的比较

进一步对网格进行加密，采用 20 个网格剖分给出 $\delta x=0.05$，此时 $F=2.5$ 和 $D=2.0$，Pe $=1.25$。表 3.8 列出了相关系数。

表 3.8　网格加密后网格上各系数的值

节点	a_W	a_E	S_u	S_P	a_P
1	0	0.75	$4.5\phi_A$	−4.5	7.25
2～19	3.25	0.75	0	0	4.00
20	3.25	0	$1.5\phi_B$	−1.5	4.75

图 3.21 给出了网格加密后数值解与解析解的比较情况。可以发现网格加密后，数值解和解析解吻合比较好。与第二种情形 5 个网格剖分相比，网格加密后将 Pe 的值从 5 减小到 1.25。可以发现 Pe 减小，中心差分格式得到的数值解精度更高。

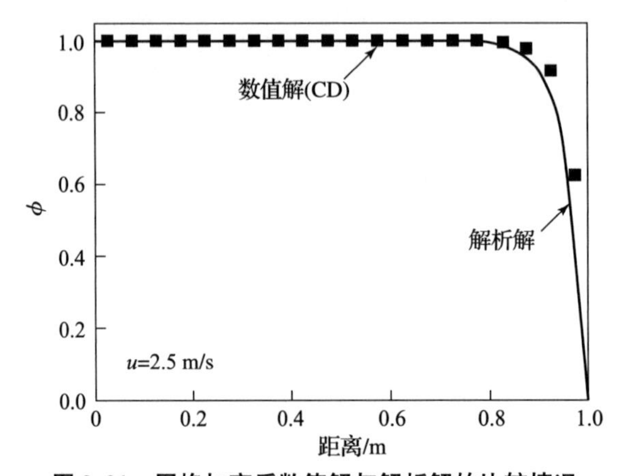

图 3.21　网格加密后数值解与解析解的比较情况

QUICK 差分格式：

网格边界的 ϕ 值由方程（3.43）进行计算，计算过程中采用 3 个节点值。节点 1、2、5 均受到计算域边界邻近性的影响，需要单独进行处理。对边界节点 1，ϕ 值由左侧（w）界面（$\phi_w=\phi_A$）给出，但对右侧界面无法用式（3.43）计算 ϕ_e。为了解决这个问题，伦纳德（Leonard）于 1979 年提出线性插值法，在距物理边界左侧 $\delta x/2$ 位置处生成一个镜像节点。图 3.22 解释了这种思路。

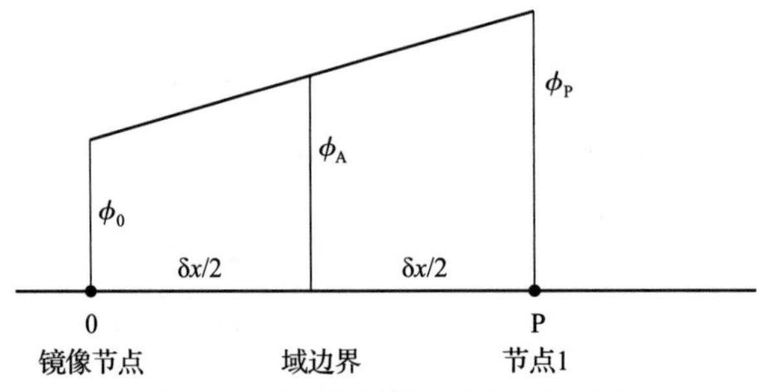

图 3.22　边界处用镜像节点进行处理

显然，镜像节点的线性插值数值可由下式给出：

$$\phi_0=2\phi_A-\phi_P$$

通过插值得到镜像节点，可以计算控制单元 1 上右侧界面的 ϕ_e：

$$\phi_e = \frac{6}{8}\phi_P + \frac{3}{8}\phi_E - \frac{1}{8}(2\phi_A - \phi_P) = \frac{7}{8}\phi_P + \frac{3}{8}\phi_E - \frac{2}{8}\phi_A \tag{3.51}$$

对边界节点，其梯度必须与方程（3.43）表达一致。可以看出，通过左侧边界的扩散通量由式（3.52）给出：

$$\Gamma \left.\frac{\partial\phi}{\partial x}\right|_A = \frac{D_A^*}{3}(9\phi_P + 8\phi_A - \phi_E), \quad D_A^* = \frac{\Gamma}{\delta x} \tag{3.52}$$

上标 * 用于表示边界节点的传导率，且内部节点有同样的数值。

控制单元 1 的离散方程为

$$\begin{aligned} & F_e\left[\frac{7}{8}\phi_P + \frac{3}{8}\phi_E - \frac{2}{8}\phi_A\right] - F_A\phi_A \\ & = D_e(\phi_E - \phi_P) - \frac{D_A^*}{3}(9\phi_P - 8\phi_A - \phi_E) \end{aligned} \tag{3.53}$$

控制单元 5 的离散方程为

$$\begin{aligned} & F_B\phi_B - F_w\left[\frac{6}{8}\phi_W + \frac{3}{8}\phi_P - \frac{1}{8}\phi_{WW}\right] \\ & = \frac{D_B^*}{3}(8\phi_B - 9\phi_P + \phi_W) - D_w(\phi_P - \phi_W) \end{aligned} \tag{3.54}$$

由于控制单元 1 内右侧界面 ϕ 值是通过特殊表达式计算得到的，计算通过控制单元 2 左侧界面的对流通量时，必须采用同样的 ϕ 表达式，以保证一致性。因此，对节点 2，可以得到

$$\begin{aligned} & F_e\left[\frac{6}{8}\phi_P + \frac{3}{8}\phi_E - \frac{1}{8}\phi_W\right] - F_w\left[\frac{7}{8}\phi_W + \frac{3}{8}\phi_P - \frac{2}{8}\phi_A\right] \\ & = D_e(\phi_E - \phi_P) - D_w(\phi_P - \phi_W) \end{aligned} \tag{3.55}$$

至此，将节点 1、2 和 5 的离散方程改写成符合标准形式的公式：

$$a_P\phi_P = a_{WW}\phi_{WW} + a_W\phi_W + a_E\phi_E + S_u \tag{3.56}$$

式中：

$$a_P = a_{WW} + a_W + a_E + (F_e - F_w) - S_P$$

且有：

节点	a_{WW}	a_W	a_E	S_P	S_u
1	0	0	$D_e + \frac{1}{3}D_A^* - \frac{3}{8}F_e$	$-\left(\frac{8}{3}D_A^* + \frac{2}{8}F_e + F_A\right)$	$\left(\frac{8}{3}D_A^* + \frac{2}{8}F_e + F_A\right)\phi_A$
2	0	$D_w + \frac{7}{8}F_w + \frac{1}{8}F_e$	$D_e - \frac{3}{8}F_e$	$\frac{1}{4}F_w$	$-\frac{1}{4}F_w\phi_A$
5	$-\frac{1}{8}F_w$	$D_w + \frac{1}{3}D_B^* + \frac{6}{8}F_w$	0	$-\left(\frac{8}{3}D_B^* - F_B\right)$	$\left(\frac{8}{3}D_B^* - F_B\right)\phi_B$

将数值代入系数表达式，可得表离散方程中各系数的值。离散方程组的矩阵形式为

$$\begin{bmatrix} 2.175 & -0.592 & 0 & 0 & 0 \\ -0.7 & 1.075 & -0.425 & 0 & 0 \\ 0.025 & -0.675 & 1.075 & -0.425 & 0 \\ 0 & 0.025 & -0.675 & 1.075 & -0.425 \\ 0 & 0 & 0.025 & -0.817 & 1.925 \end{bmatrix} \begin{bmatrix} \phi_1 \\ \phi_2 \\ \phi_3 \\ \phi_4 \\ \phi_5 \end{bmatrix} = \begin{bmatrix} 1.583 \\ -0.05 \\ 0 \\ 0 \\ 0 \end{bmatrix} \tag{3.57}$$

上述方程的解为

$$\begin{bmatrix} \phi_1 \\ \phi_2 \\ \phi_3 \\ \phi_4 \\ \phi_5 \end{bmatrix} = \begin{bmatrix} 0.9648 \\ 0.8707 \\ 0.7309 \\ 0.5226 \\ 0.2123 \end{bmatrix} \tag{3.58}$$

与解析解进行比较，如图 3.23 所示，QUICK 差分格式解几乎和解析解完全重合。表 3.9进一步证明了，即便采用粗网格，数值解的误差仍然非常小。按照算例 3.3 给出的步骤，用中心差分格式计算基于上述数据的数值解。表 3.9 中绝对误差的相加和表明，QUICK 差分格式比中心差分格式可以获得更高精确度的解。

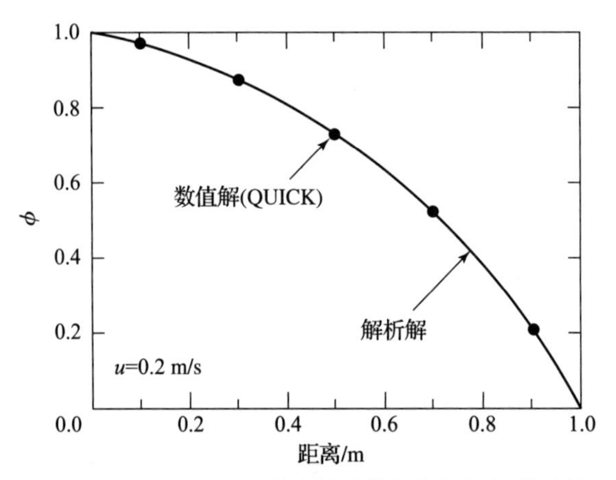

图 3.23　QUICK 差分格式给出的解与解析解的比较

表 3.9　QUICK 差分格式给出的解与中心差分格式解、解析解的对比

节点	距离	解析解	QUICK 解	差值	中心差分解	差值
1	0.1	0.965 3	0.964 8	0.000 5	0.969 6	0.004 3
2	0.3	0.871 3	0.870 7	0.000 6	0.878 6	0.007 3
3	0.5	0.731 0	0.730 9	0.000 1	0.742 1	0.011 1
4	0.7	0.521 8	0.522 6	−0.000 8	0.537 4	0.015 6
5	0.9	0.209 6	0.212 3	−0.002 7	0.230 3	0.020 7
	绝对误差			0.004 7		0.059 0

3.5　小结

本章介绍了采用有限体积法求解偏微分方程的过程。首先以一维热传导方程为例，介绍了有限体积法的求解过程，其包括网格划分、控制方程离散以及控制离散代数方程组求解等求解步骤。然后介绍了流场已知条件下对流扩散方程的离散化问题。给出的所有有限体积差分格式都通过离散方程描述了对流和扩散同时存在带来的影响，并以一维对流扩散方程为例，对比了迎风差分格式、中心差分格式、乘方差分格式和 QUICK 差分格式在离散方程中的应用，以及计算的精度等。

第4章

定常流压力与速度耦合求解算法

标量变量 ϕ 的对流取决于局部速度场的大小和方向。前面的章节为了推导本书提出的方法，假设速度场在某种程度上已知。但是速度场通常是未知的，且和所有其他流动变量一起作为整体求解过程的一部分出现。

每个速度分量的输运方程（动量方程）可通过将一般输运方程中的变量 ϕ 分别替换为 u、v 和 w 而推导得出。不同的动量方程对应不同的速度分量，且速度场还必须满足连续性方程。这从二维稳定层流方程可明显看出：

x - 动量方程为

$$\frac{\partial}{\partial x}(\rho uu)+\frac{\partial}{\partial y}(\rho vu)=\frac{\partial}{\partial x}\left(\mu\frac{\partial u}{\partial x}\right)+\frac{\partial}{\partial y}\left(\mu\frac{\partial u}{\partial y}\right)-\frac{\partial p}{\partial x}+S_u \tag{4.1}$$

y - 动量方程为

$$\frac{\partial}{\partial x}(\rho uv)+\frac{\partial}{\partial y}(\rho vv)=\frac{\partial}{\partial x}\left(\mu\frac{\partial v}{\partial x}\right)+\frac{\partial}{\partial y}\left(\mu\frac{\partial v}{\partial y}\right)-\frac{\partial p}{\partial y}+S_v \tag{4.2}$$

连续性方程为

$$\frac{\partial}{\partial x}(\rho u)+\frac{\partial}{\partial y}(\rho v)=0 \tag{4.3}$$

求解方程（4.1）~方程（4.3）中动量方程中的对流项是非线性的［如方程（4.1）的第一项是 ρu^2 的 x 方向微分］；而且3个方程相互耦合，这是因为两个动量方程和一个连续性方程中都含有全部速度分量。求解方程遇到的最复杂问题就是压力发挥的作用。压力变量出现在两个动量方程中，但显然并不存在压力方程（输运方程或其他方程）。

如果压力梯度已知，由动量方程推导速度离散方程的过程和其他标量方程的推导过程完全一样。在通用流体计算中，压力场是需要求解的一个部分，压力梯度事先是未知的。如果流场可压缩，连续性方程可作为密度的输运方程，而且能量方程可作为温度输运方程来使用。因此可以通过状态方程 $p=p(\rho, T)$ 得到压力。但是如果流场不可压缩，密度恒定不变，密度和压力没有明确的关联。此时压力和速度之间的耦合，需要在流场的求解中引入约束。如果将正确的压力场引入动量方程，则得到的速度场满足连续性。

帕坦卡和斯波尔丁（Spalding）1972年提出的SIMPLE算法在各类商业软件中应用最广。SIMPLE算法穿过网格界面的单位质量对流通量 ϕ 由所谓的猜测速度分量进行评估。此外，猜测压力场用于求解动量方程，且求解根据连续性方程推导得出的压力校正方程，从而得到压力校正场，然后用这个压力校正场对速度场和压力场进行更新。随着算法的进行，最终逐步改进这些猜测场。求解过程不断进行迭代，直到速度场和压力场收敛。

4.1　CFD 数值计算的主要方法

有限体积法可以使用分离或耦合求解离散后的流体控制方程。分离求解方法是在所有的控制单元中逐个求解变量（图 4.1）。而耦合求解方法，是对给定的所有变量在逐个控制单元的方程中进行求解（图 4.2）。分离求解法是大多数商业有限体积代码中的默认方法，最适合于低马赫数的不可压缩流或可压缩流。高马赫数下的可压缩流动，特别是涉及冲击波时，最好使用耦合式方法进行求解。

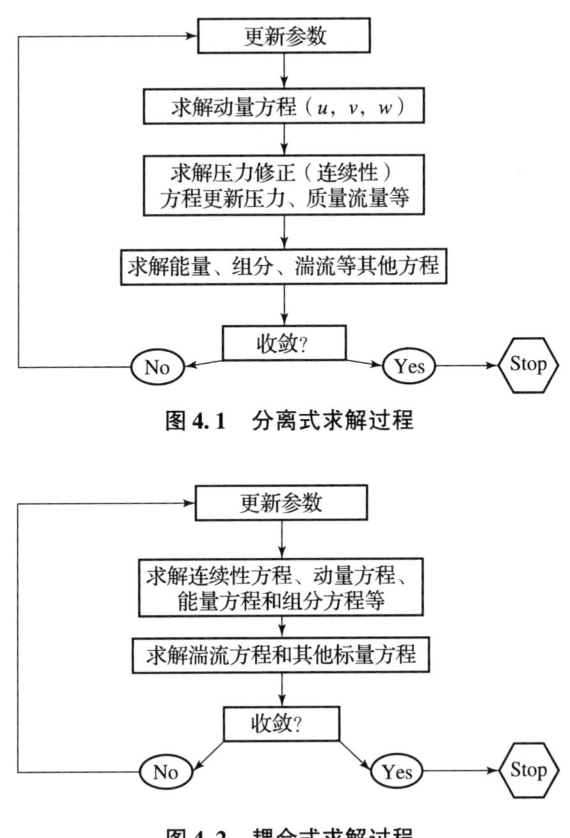

图 4.1　分离式求解过程

图 4.2　耦合式求解过程

4.2　交错网格

要想使用有限体积法，必须对流场域和相关输运方程（4.1）~ 式（4.3）进行离散化。首先需要确定在哪里存储速度。将这些速度定义在与标量变量（如压力、温度等）相同的位置似乎是合乎逻辑的，但是如果速度和压力都定义在普通控制单元的节点上，在离散动量方程中，一个高度非均匀压力场，其压力梯度可以表现得像一个均匀场。

如图4.3所示的简单二维流场，其压力为高度不规则的“棋盘格”分布。如果e点和w点处的压力由线性插值得到，u－动量方程中的压力梯度项 $\partial p/\partial x$ 由式（4.4）给出：

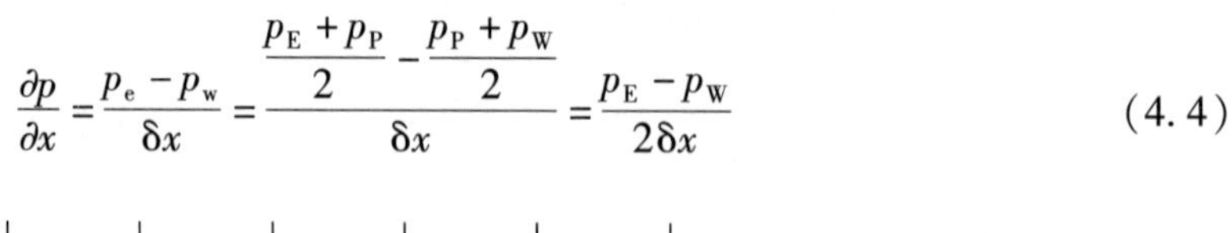

$$\frac{\partial p}{\partial x}=\frac{p_e-p_w}{\delta x}=\frac{\frac{p_E+p_P}{2}-\frac{p_P+p_W}{2}}{\delta x}=\frac{p_E-p_W}{2\delta x} \tag{4.4}$$

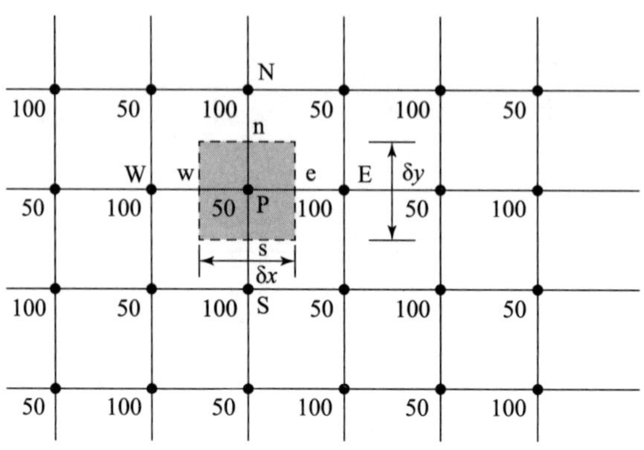

图4.3　“棋盘格”压力场

类似地，v－动量方程中的压力梯度 $\partial p/\partial y$ 由式（4.5）给出：

$$\frac{\partial p}{\partial y}=\frac{p_N-p_S}{2\delta x} \tag{4.5}$$

根据图4.3“棋盘格”压力场给出的值，将其代入方程（4.4）和式（4.5）中，计算得到的离散压力梯度都为零。因此采用这种方法计算得到的压力梯度并不能反映真实压力分布的变化。

对速度分量采用交错网格的方法可以解决这一问题。这种思路是将标量变量（压力、密度和温度等）存储在控制单元的普通节点处；将速度量存储在控制单元的界面节点上。如图4.4所示，包括压力在内的标量变量用符号（●）表示，存储在单元的节点处。速度定义在两个单元节点之间的网格界面处（标量），用箭头表示。水平箭头（→）表示u－速度的位置，垂直箭头（↑）表示v－速度的位置。

在交错网格的排列方式中，压力节点和u－控制单元相一致。压力梯度项 $\partial p/\partial x$ 由式（4.6）给出：

$$\frac{\partial p}{\partial x}=\frac{p_P-p_W}{\delta x_u} \tag{4.6}$$

式中，δx_u 为u－控制单元的宽度。

同理，v－控制单元内的 $\partial p/\partial y$ 由式（4.7）给出：

$$\frac{\partial p}{\partial y}=\frac{p_P-p_S}{\delta y_v} \tag{4.7}$$

式中，δy_v 为v－控制单元的宽度。

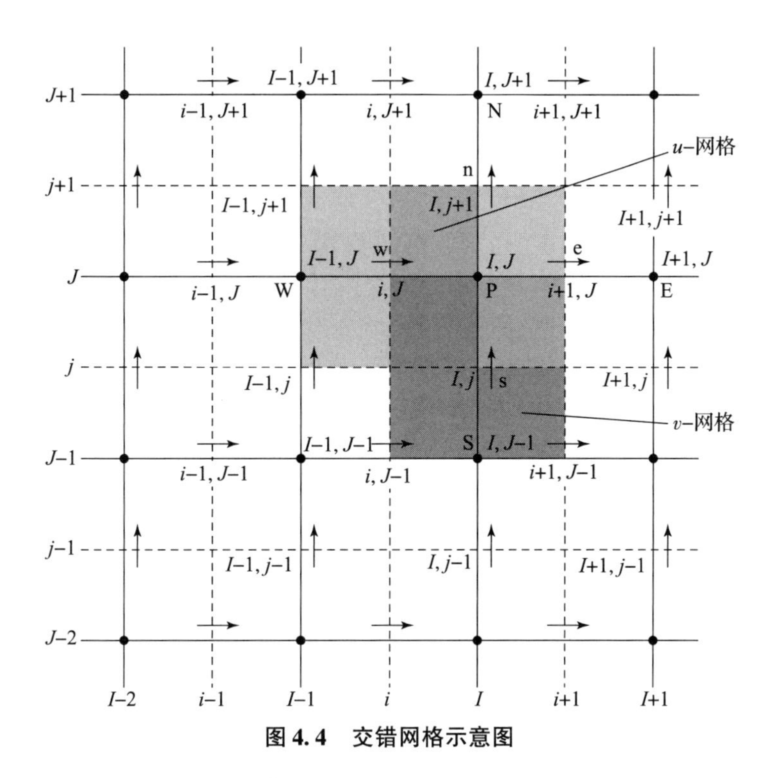

图4.4　交错网格示意图

再次考虑“棋盘格”压力场，将节点压力值代入方程（4.6）和式（4.7），可得到显著不为零的压力梯度项。速度值的交错可避免压力发生空间波动时（如“棋盘格”场）离散动量方程求解出现物理不可实现行为。交错网格还有一个优点，这种网格排列方式可在需要进行标量输运（对流扩散）计算的精确位置处生成速度。因此，采用这种网格排列方式时，不用插值法便可以计算标量单元格界面的速度。

4.3　动量方程

如果压力场已知，速度方程的离散化及随后求解过程与标量方程完全相同。由于速度网格交错排列，将基于网格线和单元格界面编号采用一套新的符号系统。图4.4中，完整的网格线用大写字母编号。对 x－方向，编号为…，$I-1$，I，$I+1$，…；对 y－方向，编号为…，$J-1$，J，$J+1$…。构成单元格界面的虚线用小写字母表示，x－方向和 y－方向的符号分别为…，$i-1$，i，$i+1$，…和…，$j-1$，j，$j+1$，…。

基于这种编号的下标系统可精确定义网格节点和单元界面的位置。位于两条网格线交叉位置的标量节点用两个大写字母标记。例如，图4.2中的P点用（I，J）标记。u－速度存储在标量控制单元的e－网格界面和w－网格界面处。这些速度位于定义网格边界的直线和网格线相交位置处，因此，是由一个小写字母和一个大写字母的组合定义的。例如，P点周围的w－界面用（i，J）标记。同理，v－速度的存储位置也用大写字母和小写字母的组合进行定义。例如，s－界面用（I，j）标记。

这里可采用前向和后向交错速度网格。图4.4所示均匀网格为后向交错网格，这是因为

u－速度所在i－位置$u_{i,J}$离标量节点（I，J）的距离为$-1/2\delta x_u$。同理，v－速度所在j－位置$v_{I,j}$离标量节点（I，J）的距离为$-1/2\delta y_v$。

在新坐标下，（i，J）处速度的离散化u－动量方程可表示为

$$a_{i,J}u_{i,J} = \sum a_{nb}u_{nb} - (p_{I,J} - p_{I-1,J})A_{i,J} + b_{i,J} \tag{4.8}$$

式中，$b_{i,J} = \overline{S}\Delta V$为动量源项；$A_{i,J}$为$u$－控制单元（左或右）单元格界面的面积。方程（4.8）中的压力梯度源项通过u－控制单元边界压力节点间的线性插值进行离散化。

图4.5给出了这些界面和主导速度的详细表示。系数$a_{i,J}$和a_{nb}可用各种适用于对流扩散问题的差分方法进行计算，如迎风差分格式、混合差分格式、QUICK差分格式和TVD（total variation diminishing）差分格式。系数包含u－控制单元内单元格界面处单位质量对流通量F和扩散导度D的组合。由新符号系统，可给出u－控制单元内e、w、n和s界面的F与D数值：

$$F_w = (\rho u)_w = \frac{F_{i,J} + F_{i-1,J}}{2} = \frac{1}{2}\left[\left(\frac{\rho_{I,J} + \rho_{I-1,J}}{2}\right)u_{i,J} + \left(\frac{\rho_{I-1,J} + \rho_{I-2,J}}{2}\right)u_{i-1,J}\right] \tag{4.9a}$$

$$F_e = (\rho u)_e = \frac{F_{i+1,J} + F_{i,J}}{2} = \frac{1}{2}\left[\left(\frac{\rho_{I+1,J} + \rho_{I,J}}{2}\right)u_{i,J} + \left(\frac{\rho_{I,J} + \rho_{I-1,J}}{2}\right)u_{i,J}\right] \tag{4.9b}$$

$$F_s = (\rho v)_s = \frac{F_{I,j} + F_{I-1,j}}{2} = \frac{1}{2}\left[\left(\frac{\rho_{I,J} + \rho_{I,J-1}}{2}\right)v_{I,j} + \left(\frac{\rho_{I-1,J} + \rho_{I-1,J-1}}{2}\right)v_{I-1,j}\right] \tag{4.9c}$$

$$F_n = (\rho v)_n = \frac{F_{I,j+1} + F_{I-1,j+1}}{2} = \frac{1}{2}\left[\left(\frac{\rho_{I,J+1} + \rho_{I,J}}{2}\right)v_{I,j+1} + \left(\frac{\rho_{I-1,J+1} + \rho_{I-1,J}}{2}\right)v_{I-1,j+1}\right] \tag{4.9d}$$

$$D_w = \frac{\Gamma_{I-1,J}}{x_i - x_{i-1}}, \tag{4.9e}$$

$$D_e = \frac{\Gamma_{I,J}}{x_{i+1} - x_i}, \tag{4.9f}$$

$$D_s = \frac{\Gamma_{I-1,J} + \Gamma_{I,J} + \Gamma_{I-1,J-1} + \Gamma_{I,J-1}}{4(y_J - y_{J-1})}, \tag{4.9g}$$

$$D_n = \frac{\Gamma_{I-1,J+1} + \Gamma_{I,J+1} + \Gamma_{I-1,J} + \Gamma_{I,J}}{4(y_{J+1} - y_J)} \tag{4.9h}$$

式（4.9）表明，如果u－控制单元内单元格界面处的标量变量或速度分量未知，可用周围距离最近、数值已知的两个点或四个点的平均值进行拟合。每次迭代时，用于计算上述表达式的u－速度分量和v－速度分量是前一次迭代（或第一次迭代初始猜测值）的输出结果。应该指出的是，这些**已知的**u－速度分量和v－速度分量对方程（4.8）中的系数a有贡献。这些量不同于方程中的$u_{i,J}$和u_{nb}，其表示**未知**标量。

类似地，v－动量方程可写为

$$a_{I,j}v_{I,j} = \sum a_{nb}v_{nb} - (p_{I,J-1} - p_{I,J})A_{I,j} + b_{I,j} \tag{4.10}$$

参与$\sum a_{nb}v_{nb}$－求和的相邻界面和主导速度由图4.6给出。

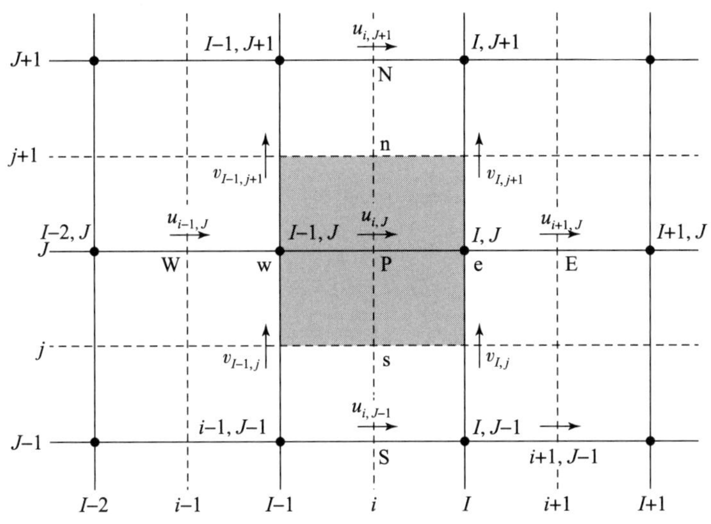

图 4.5　u – 控制单元及其相邻速度分量

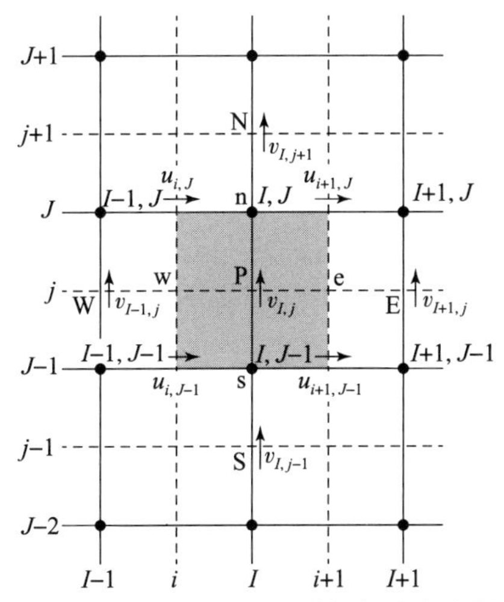

图 4.6　v – 控制单元及其相邻速度分量

系数 $a_{I,j}$ 和 a_{nb} 也包含 v – 控制单元内单元格界面单位质量对流通量 F 和扩散导度 D 的组合。系数值的计算与 u – 控制单元内的平均值拟合过程相同，由式（4.11）给出：

$$F_{w}=(\rho u)_{w}=\frac{F_{i,J}+F_{i,J-1}}{2}=\frac{1}{2}\left[\left(\frac{\rho_{I,J}+\rho_{I-1,J}}{2}\right)u_{i,J}+\left(\frac{\rho_{I-1,J-1}+\rho_{I,J-1}}{2}\right)u_{i,J-1}\right] \tag{4.11a}$$

$$F_{e}=(\rho u)_{e}=\frac{F_{i+1,J}+F_{i+1,J-1}}{2}=\frac{1}{2}\left[\left(\frac{\rho_{I+1,J}+\rho_{I,J}}{2}\right)u_{i+1,J}+\left(\frac{\rho_{I,J-1}+\rho_{I+1,J-1}}{2}\right)u_{i+1,J-1}\right] \tag{4.11b}$$

$$F_{s}=(\rho v)_{s}=\frac{F_{I,j-1}+F_{I,j}}{2}=\frac{1}{2}\left[\left(\frac{\rho_{I,J-1}+\rho_{I,J-2}}{2}\right)v_{I,j}+\left(\frac{\rho_{I,J}+\rho_{I,J-1}}{2}\right)v_{I,j}\right] \tag{4.11c}$$

$$F_{n}=(\rho v)_{n}=\frac{F_{I,j}+F_{I,j+1}}{2}=\frac{1}{2}\left[\left(\frac{\rho_{I,J}+\rho_{I,J-1}}{2}\right)v_{I,j+1}+\left(\frac{\rho_{I,J+1}+\rho_{I,J}}{2}\right)v_{I,j+1}\right] \tag{4.11d}$$

$$D_w = \frac{\Gamma_{I-1,J-1} + \Gamma_{I,J-1} + \Gamma_{I-1,J} + \Gamma_{I,J}}{4(x_I - x_{I-1})} \tag{4.11e}$$

$$D_e = \frac{\Gamma_{I,J-1} + \Gamma_{I+1,J-1} + \Gamma_{I,J} + \Gamma_{I+1,J}}{4(x_{I+1} - x_I)} \tag{4.11f}$$

$$D_s = \frac{\Gamma_{I,J-1}}{y_j - y_{j-1}} \tag{4.11g}$$

$$D_n = \frac{\Gamma_{I,J}}{y_{j+1} - y_j} \tag{4.11h}$$

同理，每次迭代时，计算 F 时利用前一次迭代输出的 u - 速度分量和 v - 速度分量。

如果压力场正确无误，由此得到的速度场将满足连续性。由于压力场未知，需要采取方法计算压力。

4.4 SIMPLE 算法

SIMPLE 算法是“压力耦合方程组的半隐式方法”（semi - implicit method for pressure - linked equations）的简称。该算法由帕坦卡和斯波尔丁于 1972 年提出，本质上是一种猜测 - 校正过程，用于计算上述交错网格排列下的压力。SIMPLE 算法可由笛卡儿坐标系内的二维稳态层流方程进行解释。

为了启动 SIMPLE 算法过程，首先给出一个压力场 $p*$ 的猜测值。用猜测的压力场**求解离散化动量方程**（4.8）和式（4.10），进而得出如式（4.12）和式（4.13）所示速度分量 $u*$ 和 $v*$：

$$a_{i,J}u^*_{i,J} = \sum a_{nb}u^*_{nb} - (p^*_{I,J} - p^*_{I-1,J})A_{i,J} + b_{i,J} \tag{4.12}$$

$$a_{I,j}v^*_{I,j} = \sum a_{nb}v^*_{nb} - (p^*_{I,J-1} - p^*_{I,J})A_{I,j} + b_{I,j} \tag{4.13}$$

现在，定义实际压力场 p 与猜测压力场 p^* 之间差值的校正项为 p'，因此有

$$p = p^* + p' \tag{4.14}$$

类似地，实际速度 u、v 与猜测速度 u^*、v^* 之间差值的校正项分别为 u'，v'：

$$u = u^* + u' \tag{4.15}$$

$$v = v^* + v' \tag{4.16}$$

将实际 p 代入动量方程，可得到实际的速度场（u，v）。离散方程（4.8）和式（4.10）将实际速度场与实际压力场联系在一起。

从方程（4.8）和式（4.10）中分别减去方程（4.12）和式（4.13），可以得到

$$a_{i,J}(u_{i,J} - u^*_{i,J}) = \sum a_{nb}(u_{nb} - u^*_{nb}) + [(p_{I-1,J} - p^*_{I-1,J}) - (p_{I,J} - p^*_{I,J})]A_{i,J} \tag{4.17}$$

$$a_{I,j}(v_{I,j} - v^*_{I,j}) = \sum a_{nb}(v_{nb} - v^*_{nb}) + [(p_{I,J-1} - p^*_{I,J-1}) - (p_{I,J} - p^*_{I,J})]A_{I,j} \tag{4.18}$$

由校正公式（4.14）~式（4.16），方程（4.17）和式（4.18）可重写为

$$a_{i,J}u'_{i,J} = \sum a_{nb}u'_{nb} + (p'_{I-1,J} - p^*_{I,J})A_{i,J} \tag{4.19}$$

$$a_{I,j}v'_{I,j} = \sum a_{nb}v'_{nb} + (p'_{I,J-1} - p^*_{I,J})A_{I,j} \tag{4.20}$$

此时，对方程进行近似：消去 $\sum a_{nb}u'_{nb}$ 和 $\sum a_{nb}v'_{nb}$，以简化方程（4.19）和式（4.20），进行速度校正。**省略这些项是 SIMPLE 算法做出的主要近似**。由此可以得到

$$u'_{i,J} = d_{i,J}(p'_{I-1,J} - p^*_{I,J}) \tag{4.21}$$

$$v'_{I,j} = d_{I,j}(p'_{I,J-1} - p^*_{I,J}) \tag{4.22}$$

式中：

$$d_{i,J} = \frac{A_{i,J}}{a_{i,J}}, d_{I,j} = \frac{A_{I,j}}{a_{I,j}} \tag{4.23}$$

方程（4.21）和式（4.22）通过式（4.15）和式（4.16）描述了用于速度计算的校正项，因此：

$$u_{i,J} = u^*_{i,J} + d_{i,J}(p'_{I-1,J} - p'_{I,J}) \tag{4.24}$$

$$v_{I,j} = v^*_{I,j} + d_{I,j}(p'_{I,J-1} - p'_{I,J}) \tag{4.25}$$

同理，$u_{i+1,J}$和 $v_{I,j+1}$的表达式为

$$u_{i+1,J} = u^*_{i+1,J} + d_{i+1,J}(p'_{I,J} - p'_{I+1,J}) \tag{4.26}$$

$$v_{I,j+1} = v^*_{I,j+1} + d_{I,j+1}(p'_{I,J} - p'_{I,J+1}) \tag{4.27}$$

式中：

$$d_{i+1,J} = \frac{A_{i+1,J}}{a_{i+1,J}}, d_{I,j+1} = \frac{A_{I,j+1}}{a_{I,j+1}} \tag{4.28}$$

到目前为止，本章仅仅考虑了动量方程，但是，正如前面所述，速度场也受到应满足连续性方程（4.3）的约束。图 4.7 中，用离散形式表示了满足连续性的标量控制单元：

$$[(\rho uA)_{i+1,J} - (\rho uA)_{i,J}] + [(\rho vA)_{i,J+1} - (\rho vA)_{i,J}] = 0 \tag{4.29}$$

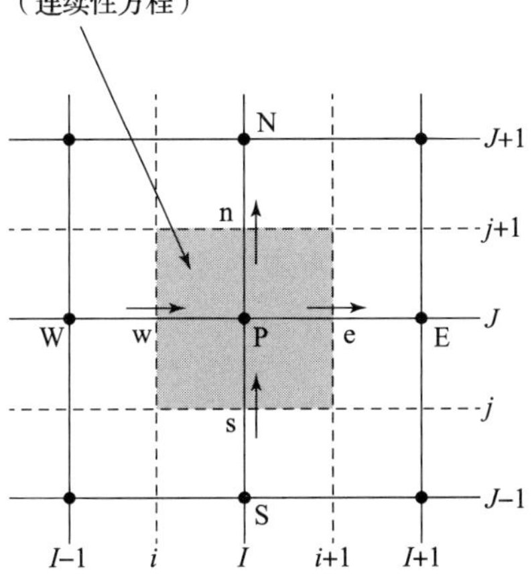

图 4.7　用于连续性方程离散化的标量控制单元

将校正后的速度方程（4.24）~式（4.27）代入离散连续性方程（4.29），可以得到

$$\begin{aligned}&[(\rho A)_{i+1,J}(u^*_{i+1,J} + d_{i+1,J}(p'_{I,J} - p'_{I+1,J})) - (\rho A)_{i,J}(u^*_{i,J} + d_{i,J}(p'_{I-1,J} - p'_{I,J}))] + \\ &[(\rho A)_{i,J+1}(v^*_{I,j+1} + d_{I,j+1}(p'_{I,J} - p'_{I,J+1})) - (\rho A)_{i,J}(v^*_{I,j} + d_{I,j}(p'_{I,J-1} - p'_{I,J}))] = 0\end{aligned} \tag{4.30}$$

重新整理后，方程（4.30）可写为

$$a_{I,J}p'_{I,J} = a_{I+1,J}p'_{I+1,J} + a_{I-1,J}p'_{I-1,J} + a_{I,J+1}p'_{I,J+1} + a_{I,J-1}p'_{I,J-1} + b'_{I,J} \quad (4.31)$$

式中：$a_{I,J} = a_{I+1,J} + a_{I-1,J} + a_{I,J+1} + a_{I,J-1}$，$a_{I+1,J} = (\rho dA)_{i+1,J}$，$a_{I-1,J} = (\rho dA)_{i,J}$，$a_{I,J+1} = (\rho dA)_{i,J+1}$，$a_{I,J-1} = (\rho dA)_{i,J}$，$b'_{I,J} = (\rho u^* A)_{i,J} - (\rho u^* A)_{i+1,J} + (\rho v^* A)_{I,j} - (\rho v^* A)_{I,j+1}$。

方程（4.31）以**压力校正项 p' 方程**的形式给出了离散化连续性方程。方程中的输入源项 b' 速度场 u^* 和 v^* 存在误差带来的连续性不平衡。通过求解方程（4.32），可得到所有节点的压力校正场 p'。一旦得到压力校正场，由式（4.14）和速度分量，通过校正公式（4.24）~式（4.27）就可以得到实际的压力场。推导过程中省略 $\sum a_{nb}u'_{nb}$ 和 $\sum a_{nb}v'_{nb}$，并不会影响最终解，因为如果解收敛，则压力校正项和速度校正项都将为零，此时 $p^* = p$，$u^* = u$，$v^* = v$。

迭代过程中，除非使用某些**欠松弛**方法，否则压力校正方程容易发散，由此可得到新的压力 P^{new} 方程：

$$P^{new} = p^* + a_p p' \quad (4.32)$$

式中，a_p 为压力欠松弛因子。如果设 $a_p = 1$，猜测的压力场 p^* 由 p' 进行校正。但是，校正项 p' 通常太大，导致计算出现不稳定，特别是当猜测的压力场 p^* 与最终解相差较大时尤为如此。如果设 $a_p = 0$，则不会引入任何校正，这也是不期望的情形。将 a_p 数值取为 0 和 1 之间，可在猜测压力场中增加部分校正压力场 p'，校正压力场 p' 既要足够大，以推动改进的迭代过程向前计算，又要足够小，以确保计算稳定。

速度校正也采用欠松弛方法。改进的迭代速度分量 u^{new} 和 v^{new} 由式（4.33）和式（4.34）给出：

$$u^{new} = a_u u^* + (1 - a_u)u^{(n-1)} \quad (4.33)$$

$$v^{new} = a_v v^* + (1 - a_v)v^{(n-1)} \quad (4.34)$$

式中，a_u 和 a_v 为 u - 速度和 v - 速度的欠松弛因子；u 和 v 为没经过松弛校正的速度分量；$u^{(n-1)}$ 和 $v^{(n-1)}$ 为前一次迭代得到的数值。

经过代数运算后可以看出，基于欠松弛校正可得到以下形式的离散化 u - 动量方程：

$$\frac{a_{i,J}}{a_u}u_{i,J} = \sum a_{nb}u_{nb} + (p_{I-1,J} - p_{I,J})A_{i,J} + b_{i,J} + \left[(1 - a_u)\frac{a_{i,J}}{a_u}\right]u_{i,J}^{(n-1)} \quad (4.35)$$

离散化 v - 动量方程为：

$$\frac{a_{I,j}}{a_v}v_{I,j} = \sum a_{nb}v_{nb} + (p_{I,J-1} - p_{I,J})A_{I,j} + b_{I,j} + \left[(1 - a_v)\frac{a_{I,j}}{a_v}\right]v_{I,j}^{(n-1)} \quad (4.36)$$

压力校正方程还受到欠松弛速度的影响，研究表明，压力校正方程中的 d 项成为

$$d_{i,J} = \frac{A_{i,J}a_u}{a_{i,J}}, d_{i+1,J} = \frac{A_{i+1,J}a_u}{a_{i+1,J}}, d_{I,j} = \frac{A_{I,j}a_u}{a_{I,j}}, d_{I,j+1} = \frac{A_{I,j+1}a_u}{a_{I,j+1}}$$

正确选择欠松弛因子 a 对经济而有效的模拟仿真至关重要。a 过大可能导致数值解振荡，甚至使迭代过程发散；a 过小则会导致收敛速度过慢。遗憾的是，欠松弛因子的最优值依赖于流体流动，且对每种不同情形要单独对待。

SIMPLE 算法为求解压力和速度提供了方法手段。这种方法属于迭代算法，如果其他标量耦合到动量方程中，计算时需要按顺序进行。SIMPLE 算法求解过程如图 4.8 所示。

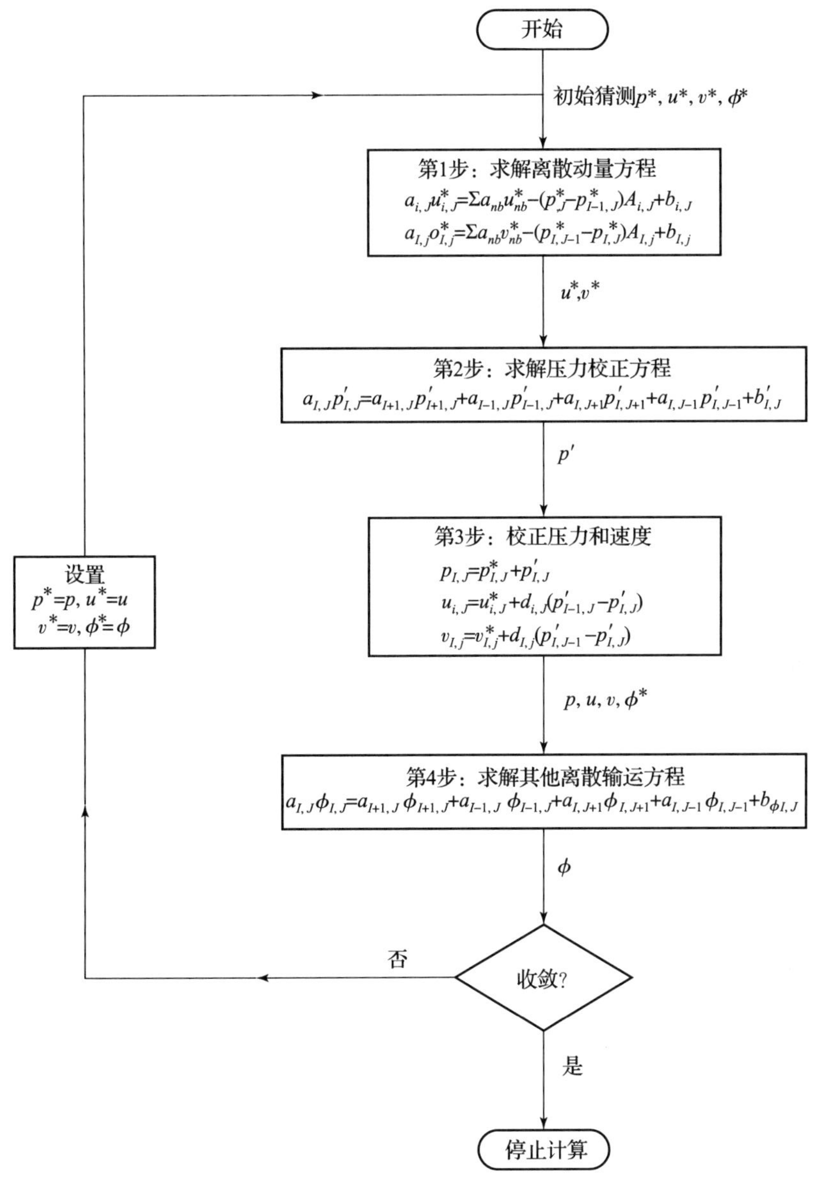

图 4.8　SIMPLE 算法求解过程

帕坦卡于 1980 年提出了 SIMPLE 算法的改进版 SIMPLER 算法。在这种算法中，离散化连续性方程（4.29）用于推导**离散化压力方程**，而不像 SIMPLE 算法那样推导压力校正方程。因此可在没有校正的情况下直接得到中间压力场。

SIMPLEC 算法（一致 SIMPLE 算法）由范·门马尔（Van Doormal）和赖斯比（Raithby）于 1984 年提出，这种算法的步骤和 SIMPLE 算法相同，区别在于对动量方程进行处理，速度校正方程忽略了相比 SIMPLE 算法不是很重要的项。

伊萨（Issa）于 1986 年提出压力隐式算子分割（pressure implicit with splitting of operators）算法，简称 PISO 算法。该算法最初用于非稳态可压缩流体非迭代压力与速度计算。PISO 算法经过改进已成功应用于稳态问题的迭代式求解。PISO 算法由一个预测步骤和两个校正步骤组成，可视为 SIMPLE 算法的扩展，此外，还用一个进一步校正步骤进行强化。

PISO 算法两次求解压力校正方程，因此这种方法需要额外的存储空间，以计算二次压力校正方程的输入源项。和前面一样，上述求解过程需要引入欠松弛校正，以稳定计算过程。尽管这种方法意味着计算量显著增加，但研究表明，该算法计算效率高、计算速度快。例如，对基准层流后向台阶问题，伊萨等人于 1986 年得出计算结果，和标准 SIMPLE 算法相比，PISO 算法的 CPU 时间可缩短两倍。

各种算法进行对比可以发现，SIMPLE 算法相对比较直接，在大量 CFD 计算软件中都获得了成功应用。其他 SIMPLE 改进算法由于改善了收敛特性而节省了计算时间。在 SIMPLE 算法中，压力校正 p'对修正速度较为理想，但在修正压力方面表现并不是很好。因此，改进的 SIMPLER 算法通过校正压力只能对速度进行修正。通过求解独立的、更为有效的压力方程获得真实的压力场。由于 SIMPLER 算法在推导离散压力方程时不忽略任何项，由此得到的压力场与速度场相对应。因此，利用 SIMPLER 算法求解时，采用实际的速度场可得到实际的压力场，而 SIMPLE 算法则无法得到这样的结果。由此可以看出，SIMPLER 算法在正确计算压力场时非常有效，求解动量方程时可更加突显这种算法的优势。尽管 SIMPLER 算法的计算量比 SIMPLE 算法多出 30%，但 SIMPLER 算法收敛速度快，可减少约 30% ~50% 的计算机计算时间。

研究证明，SIMPLEC 算法和 PISO 算法在某些类型流体问题的求解上和 SIMPLE 算法一样有效，但还不能明确地认为这两种算法要比 SIMPLE 算法优异。通过比较发现，每种算法的性能取决于流体流动的条件、动量方程与标量方程之间的耦合程度（如对燃烧流，耦合程度取决于局部密度对浓度和温度的依赖性）和欠松弛因子使用的数量，有时甚至受求解代数方程数值方法具体细节的影响。Jang 等人在 1986 年发表的一篇文献中对 PISO 算法、SIMPLER 算法和 SIMPLEC 算法进行了全面比较，结果表明，对动量方程和标量变量不发生耦合的问题，PISO 算法比 SIMPLER 算法和 SIMPLEC 算法表现出更强的收敛性，所需计算时间也更短。从中还发现，如果标量变量与速度紧密相关，PISO 算法比其他算法并没有显著优势。利用 SIMPLER 算法和 SIMPLEC 算法的迭代计算法在解决强耦合问题时表现出很强的收敛特性，但无法确定 SIMPLER 算法和 SIMPLEC 算法这两者哪个更优异。

4.5 SIMPLE 算法实例

为了解释 SIMPLE 算法的工作原理，这里给出详细实例。出于限制单个计算量的考虑，这里仅限于讨论一维流体，例子研究无摩擦不可压缩流体通过一个平面收敛喷嘴。通过假设流体单向流动以及所有流动变量在垂直于流向的每个横截面上都均匀分布，可推导出该问题的一组一维控制方程。这些方程和二维及三维 Navier - Stokes 方程一样存在压力与速度耦合问题。需要采用迭代法求解离散动量方程和压力校正方程，以获得速度场和压力场。

实例 4.1：图 4.9 给出了一个平面二维喷嘴。流动为稳态流动且无压缩，流体密度恒定。

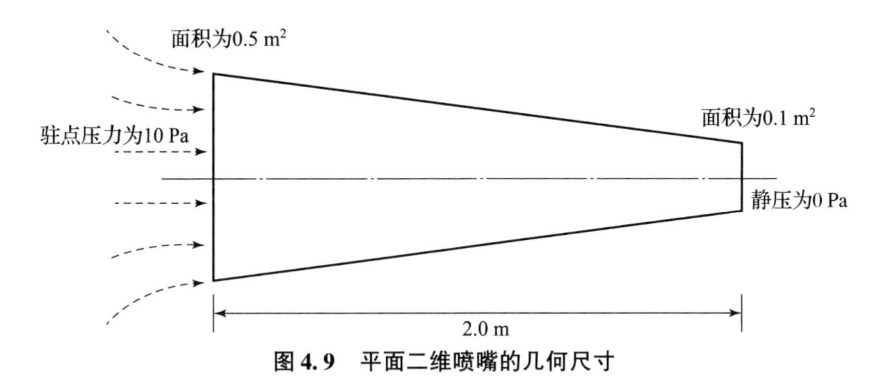

图 4.9　平面二维喷嘴的几何尺寸

如图4.10（a）、（b）所示，采用具有 5 个压力节点和 4 个速度节点的后向交错网格。给出入口处的驻点压力和出口处的静压。由 SIMPLE 算法写出离散动量方程和压力校正方程，并求解节点 $I=B$，C，D 处的压力以及节点 $i=1$，2，3 处的速度。检查计算得出的速度场是否满足连续性，并比较计算得出的压力场和速度场与精确解的偏差。

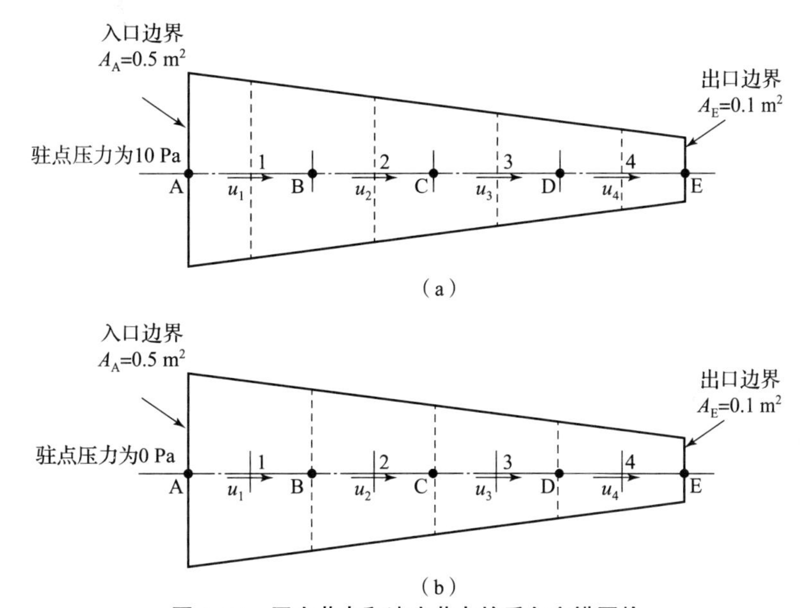

图 4.10　压力节点和速度节点的后向交错网格

（a）压力控制单元内的网格；（b）速度控制单元内的网格

基本数据

- 流体密度为 1.0 kg/m^3。
- 网格间距：喷嘴长度 $L=2.00$ m；网格为均匀网格，因此 $\Delta x=L/4=2.00/4=0.5$ m。
- 入口处截面积 $A_A=0.5$ m^2，出口处截面积 $A_E=0.1$ m^2。截面积变化是到喷嘴入口距离的线性函数。表 4.1 给出了所有速度节点和压力节点处的横截面积。
- 边界条件：假设喷嘴的流量来自一个大的增压室；在入口处，流体动量为零，驻点压力为 $p_0=10.0$ Pa。出口处静压为 $p_E=0.0$ Pa。
- 初始速度场：为了生成该问题的初始速度场，假设质量流量 $\dot{m}=1.0$ kg/s，由 $u=\dot{m}/(\rho A)$ 及速度节点处横截面积计算初始速度场：

$$u_1 = \dot{m}/(\rho A_1) = 1.0/(1.0 \times 0.45) = 2.222\,22 \text{ m/s}$$
$$u_2 = \dot{m}/(\rho A_2) = 1.0/(1.0 \times 0.35) = 2.857\,14 \text{ m/s}$$
$$u_3 = \dot{m}/(\rho A_3) = 1.0/(1.0 \times 0.25) = 4.000\,00 \text{ m/s}$$
$$u_4 = \dot{m}/(\rho A_4) = 1.0/(1.0 \times 0.15) = 6.666\,67 \text{ m/s}$$

注：整个算例中显示了 5 个小数位；采用双精度进行计算。

- 初始压力场：为了生成初始猜测压力场，假设节点 A 和节点 E 之间的压力满足线性变化。因此，$p_A^* = p_0 = 10.0$ Pa，$p_B^* = 7.5$ Pa，$p_C^* = 5.0$ Pa，$p_D^* = 2.5$ Pa 且 $p_E = 0.0$ Pa（给定的边界条件）。

由伯努利方程可得到这个一维稳态不可压缩无摩擦流动问题的精确解：$p_0 = p_N + \frac{1}{2}\rho u_N^2 = p_N + \frac{1}{2}\rho\, \dot{m}^2/(\rho A_N)^2$。其具体数据由表 4.1 给出。

表 4.1　喷嘴几何尺寸以及由伯努利方程得到的精确流场

节点	A/m^2	p/Pa	节点	A/m^2	$u/(\text{m}\cdot\text{s}^{-1})$
A	0.5	9.600 00	1	0.45	0.993 81
B	0.4	9.375 00	2	0.35	1.277 75
C	0.3	8.888 89	3	0.25	1.788 85
D	0.2	7.500 00	4	0.15	2.981 42
E	0.1	0			

求解：流经平面喷嘴的一维稳态不可压缩无摩擦流动控制方程为

$$\text{质量守恒：}\quad \frac{\mathrm{d}}{\mathrm{d}x}(\rho + u) = 0 \tag{4.37}$$

$$\text{动量守恒：}\quad \rho u + \frac{\mathrm{d}u}{\mathrm{d}x} = -\frac{\mathrm{d}p}{\mathrm{d}x} \tag{4.38}$$

离散化 u – 动量方程

动量方程的离散化形式为

$$(\rho u A)_e u_e - (\rho u A)_w u_w = \frac{\Delta p}{\Delta x}\Delta V$$

式中，右侧项代表控制单元 ΔV 上的压力梯度，且 $\Delta p = p_w - p_e$。

对该一维问题，离散动量方程用标准格式可写为

$$a_P u_P^* = a_W u_W^* + a_E u_E^* + S_u$$

如果采用**迎风差分格式**，方程系数可由下式给出

$$a_W = D_w + \max(F_w, 0)$$
$$a_E = D_e + \max(0, -F_e)$$
$$a_P = a_W + a_E + (F_e - F_w)$$

流体无摩擦，因此控制方程中无黏滞扩散项，从而有 $D_w = D_e = 0$。F_w 和 F_e 为 u – 控制单元内通过左右两侧界面的质量流量。由跨越界面的速度平均值并使用表 4.1 给出的左右界面面积实际值计算 F_w 和 F_e 所需界面速度。计算开始时，采用猜测质量流量生成的初始速度场。在随后的迭代过程中，使用求解压力校正方程得到的校正速度。

源项 S_u 包含在控制单元内积分得到的压力梯度：

$$S_u = \frac{\Delta p}{\Delta x} \times \Delta V = \frac{\Delta p}{\Delta x} \times A_{av} \Delta x = \Delta p \times \frac{1}{2}(A_w + A_e)$$

由于横截面积发生变化，这里用平均面积来计算 ΔV。乍看起来，这似乎是一种非常粗略的近似，但 S_u 的精度可能并不比计算动量通量的迎风差分格式低。

总之，离散化 u – 方程的系数由下式给出：

$$F_w = \rho A_w u_w \text{ 及 } F_e = \rho A_e u_e$$

$$a_W = F_w$$

$$a_E = 0$$

$$a_P = a_W + a_E + (F_e - F_w)$$

$$S_u = \Delta p \times \frac{1}{2}(A_w + A_e) = \Delta p \times A_P$$

压力校正方程所需参数 d 用下式计算：

$$d = \frac{A_{av}}{a_P} = \frac{(A_w + A_e)}{2a_P}$$

压力校正方程

该一维问题连续性方程的离散形式为

$$(\rho uA)_e - (\rho uA)_w = 0$$

与之相对应的压力校正方程为

$$a_P p'_P = a_W p'_W + a_E p'_E + b'$$

式中：

$$a_W = (\rho dA)_w, a_E = (\rho dA)_e$$

$$b' = (F_w^* - F_e^*)$$

参数 d 的数值来自离散化动量方程（参见上述内容及 4.4 节）。

对 SIMPLE 算法，根据下式，压力校正 p' 用于计算速度校正 u' 和校正压力以及速度场：

$$u' = d(p'_I - p'_{I+1})$$

$$p = p^* + p'$$

$$u = u^* + u'$$

动量方程数值解

首先，考虑内部节点 2、3。

- 节点 2 速度

$$F_w = (\rho uA)_w = 1.0 \times [(u_1 + u_2)/2] \times 0.4$$
$$= 1.0 \times [(2.222\,22 + 2.857\,14)/2] \times 0.4 = 1.015\,87$$

$$F_e = (\rho uA)_e = 1.0 \times [(u_2 + u_3)/2] \times 0.3$$
$$= 1.0 \times [(2.857\,14 + 4.0)/2] \times 0.3 = 1.028\,57$$

$$a_W = F_w = 1.015\ 87$$

$$a_E = 0$$

$$a_P = a_W + a_E + (F_e - F_w) = 1.015\ 87 + 0 + (1.028\ 57 - 1.015\ 87)$$
$$= 1.028\ 57$$

$$S_u = \Delta P \times A_2 = (p_B - p_C) \times A_2 = (7.5 - 5.0) \times 0.35 = 0.875$$

节点 2 处的离散动量方程为

$$1.028\ 57u_2 = 1.015\ 87u_1 + 0.875$$

还需要计算该节点的参数 d，后续求解压力校正方程将用到这个参数：

$$d_2 = A_2/a_P = 0.35/1.028\ 57 = 0.340\ 28$$

- 节点 3 速度

作为练习，请读者检查节点 3 附近控制单元内怎样应用上述计算过程，得出的结果是：

$$1.066\ 67u_3 = 1.028\ 57u_2 + 0.625$$

且

$$d_3 = A_3/a_P = 0.25/1.066\ 67 = 0.234\ 37$$

接下来看动量控制单元 1、4，这需要特殊处理，因为这两个控制单元都包含边界面。

- 节点 1 速度

驻点压力 $p_0 = 10.0$ Pa 由入口上游的增压室给出，流体在增压室内静止。为了进行求解，需要知道动量控制单元 1 处实际入口平面的条件，这个条件和节点 A 压力相一致。在这个位置，速度并不为零，且实际压力低于驻点压力，这是因为流体进入喷嘴时获得加速。节点 A 处的速度为 u_A（尽管此时该速度未知），并用伯努利方程表示节点 A 的静压，源项 S_u 中根据 p_0 和 u_A 需要这个速度：

$$p_A = p_0 - \frac{1}{2}(\rho u_A^2) \tag{4.39}$$

接下来，由连续性用速度 u_1 给出 u_A：

$$u_A = u_1 A_1 / A_A \tag{4.40}$$

将式（4.39）和式（4.40）结合在一起可得

$$p_A = p_0 - \frac{1}{2}\rho u_1^2 \left(\frac{A_1}{A_A}\right)^2 \tag{4.41}$$

现在，由迎风差分格式，对 u－动量控制单元 1 可写出离散化动量方程：

$$F_e u_1 - F_w u_A = (p_A - p_B) \times A_1 \tag{4.42}$$

由方程（4.40），根据估计得到的 u_A 可计算 F_w：如 $F_w = \rho u_A A_A = \rho u_1 A_1$。

将式（4.40）和式（4.41）代入式（4.42），可得

$$F_e u_1 - F_w u_1 A_1 / A_A = \left\{ \left[p_0 - \frac{1}{2}\rho u_1^2 (A_1/A_A)^2 \right] - p_B \right\} \times A_1 \tag{4.43}$$

重新整理式（4.43），且将所有包含压力的项移到方程右侧，将包含速度的项移到方程左侧，可以得到

$$\left[F_e - F_w A_1/A_A + F_w \times \frac{1}{2}(A_1/A_A)^2 \right] u_1 = (p_0 - p_B) A_1 \tag{4.44}$$

因此，该节点的中心系数 a_P 为 $a_P = F_e - F_w A_1/A_A + F_w \times 1/2(A_1/A_A)^2$。公式右边前两项来自离散动量方程（4.42）左侧的质量流量项。第三项来自指定入口的驻点压力（如果指定入口处静压值，则可以省略这个额外项）。

表达式（4.45）可以这种形式使用，但在这些计算中，选择对方程右侧系数 A_1 的贡献量为负，因此：

$$\left[F_e + F_w \times \frac{1}{2}(A_1/A_A)^2\right]u_1 = (p_0 - p_B)A_1 + F_w A_1/A_A \times u_1^{old} \tag{4.45}$$

式中，u_1^{old} 为前一次迭代得到的节点速度。

这就是所谓的延迟校正，且如果初始速度场建立在非常粗糙的猜测基础之上，这种延迟校正在稳定迭代过程时也会非常有效。

现在可计算出：

$$u_A = u_1 A_1/A_A = 2.222\,22 \times 0.45/0.5 = 2.0$$

$$F_w = (\rho u_A)_w = \rho u_A A_A = 1.0 \times 2.0 \times 0.5 = 1.0$$

出口质量流量 F_e 的计算方法和内部节点的计算方法一样：

$$F_e = (\rho u_A)_e = 1.0 \times [(u_1 + u_2)/2] \times 0.4$$

$$= 1.0 \times [(2.222\,22 + 2.857\,14)/2] \times 0.4 = 1.015\,87$$

$$a_W = 0$$

$$a_E = 0$$

$$a_P = F_e + F_w \times \frac{1}{2}(A_1/A_A)^2 = 1.015\,87 + 1.0 \times 0.5 \times (0.45/0.5)^2$$

$$= 1.420\,87$$

对源项，将 $p_0 = 10$ Pa 和初始速度 $u_1^{old} = 2.222\,22$ m/s 代入可得

$$S_u = (p_0 - p_B)A_1 + F_w(A_1/A_A) \times u_1^{old}$$

$$= (10 - 7.5) \times 0.45 + 1.0 \times (0.45/0.5) \times 2.222\,22$$

$$= 3.125$$

因此，节点1处的离散动量方程为

$$1.420\,87 u_1 = 3.125$$

该节点处的参数 d 为

$$d_1 = A_1/a_P = 0.45/1.420\,9 = 0.316\,70$$

- 节点4速度

$$F_w = (\rho u A)_w = 1.0 \times [(u_3 + u_4)/2] \times 0.2 = 1.066\,67$$

动量控制单元4的右侧边界压力固定，但没有跨越右侧边界的两个速度。为了计算通过这个边界的质量流量，强制给出连续性：

$$F_e = (\rho u A)_4$$

第一次迭代时，可使用假设的质量流量，设 $F_e = 1.0$ kg/s，从而有

$$a_W = F_w = 1.066\,67$$

$$a_E = 0$$

$$a_P = a_W + a_E + (F_e - F_w) = 1.066\,67 + 0 + (1.0 - 1.066\,67) = 1.0$$

在动量源项中，使用给定的出口边界压力 $p_E = 0$ Pa，则

$$S_u = \Delta P \times A_{av} = (p_D - p_E) \times A_4 = (2.5 - 0.0) \times 0.15 = 0.375$$

节点 4 的离散动量方程为

$$1.0u_4 = 1.066\,7u_3 = 0.375$$

该节点的参数 d 为

$$d_4 = A_4 / a_P = 0.15/1.0 = 0.15$$

总之，采用迎风差分格式的 u - 动量方程如下：

$$1.420\,87u_1 = 3.125$$

$$1.028\,57u_2 = 1.015\,87u_1 + 0.875$$

$$1.066\,67u_3 = 1.028\,57u_2 + 0.625$$

$$1.000\,00u_4 = 1.066\,67u_3 + 0.375$$

这些方程可从节点 1 开始，用前向替换进行求解。得到数值解为

$u_1/(\mathrm{m \cdot s^{-1}})$	$u_2/(\mathrm{m \cdot s^{-1}})$	$u_3/(\mathrm{m \cdot s^{-1}})$	$u_4/(\mathrm{m \cdot s^{-1}})$
2.199 35	3.022 89	3.500 87	4.109 26

这是用于 SIMPLE 压力校正算法的猜测速度，因此，用上标（*）表示后续给出公式压力校正计算中的 u - 值。

d 值如下所示：

d_1	d_2	d_3	d_4
0.316 70	0.340 27	0.234 37	0.150 00

压力校正方程数值解

内部节点为 B、C 和 D。

- 节点 B 压力

$$a_W = (\rho dA)_1 = 1.0 \times 0.316\,7 \times 0.45 = 0.142\,52$$

$$a_E = (\rho dA)_2 = 1.0 \times 0.340\,27 \times 0.35 = 0.119\,09$$

$$F_w^* = (\rho u^* A)_1 = 1.0 \times 2.199\,352 \times 0.45 = 0.989\,71$$

$$F_E^* = (\rho u^* A)_2 = 1.0 \times 3.022\,894 \times 0.35 = 1.058\,01$$

$$a_P = a_W + a_E = 0.142\,52 + 0.119\,09 = 0.261\,61$$

$$b' = F_w^* - F_e^* = 0.989\,71 - 1.058\,01 = -0.068\,30$$

节点 B 处的压力校正方程为

$$0.261\,61p'_B = 0.142\,51p'_A + 0.119\,09p'_C - 0.068\,30$$

- 节点 C 和节点 D 的压力

请读者思考怎样确定节点 C 和节点 D 的压力校正方程：

$$0.177\,69p'_C = 0.119\,09p'_B + 0.058\,593p'_D + 0.182\,79$$

$$0.081\,093p'_D = 0.058\,593p'_C + 0.022\,49p'_E + 0.258\,82$$

节点 A 和节点 E 为边界节点，因此需要特别处理。

- 节点 A 和节点 E 的压力

对这两个节点，将压力校正设为零：

$$p'_A = 0.0$$
$$p'_E = 0.0$$

在节点 E 处，其方法和实例4.1 相同，这是因为喷嘴出口处的静压是给定的。如果给定入口处的静压 p_A，这也可以用在节点 A 处。然而，对这个问题而言，用到的是给定的驻点压力，因此需要小心谨慎。通过观察可以发现，如果驻点压力 p_0 和速度 u_1 已知，根据方程(4.45)，p_A 固定不变。在 SIMPLE 算法开始求解压力校正方程的阶段，由离散动量方程的解可得到猜测的速度 u_1^*。与此同时，随着迭代的不断进行，这个速度不断得到更新，这样便可以认为，每次迭代时静压 p_A 根据 p_0 和 u_1^* 当前值暂时保持不变，这就证实了 $p'_A = 0.0$ 的使用。

将 $p'_A = 0.0$ 和 $p'_E = 0.0$ 代入内部节点 B、C 和 D 的压力校正方程，可得到以下方程：

$$0.261\,61p'_B = 0.119\,09p'_C - 0.068\,30$$
$$0.177\,69p'_C = 0.119\,09p'_B + 0.058\,593p'_D + 0.182\,79$$
$$0.081\,093p'_D = 0.058\,593p'_C + 0.258\,82$$

求解这三个方程便可以得到节点 B、C 和 D 的压力校正。数值解为

p'_A	p'_B	p'_C	p'_D	p'_E
0.0	1.639 35	4.174 61	6.208 05	0.0

由这些压力校正便可以开始计算校正的节点压力：

$$p_B = p_B^* + p'_B = 7.5 + 1.639\,35 = 9.139\,35$$
$$p_C = p_C^* + p'_C = 5.0 + 4.174\,61 = 9.174\,61$$
$$p_D = p_D^* + p'_D = 2.5 + 6.208\,05 = 8.708\,05$$

第一次迭代结束时的校正速度为

$$u_1 = u_1^* + d_1(p'_A - p'_B) = 2.199\,35 + 0.316\,70 \times [0.0 - 1.639\,35] = 1.680\,17\ \text{m/s}$$

$$u_2 = u_2^* + d_2(p'_B - p'_C) = 3.022\,89 + 0.340\,27 \times [1.639\,35 - 4.174\,61] = 2.160\,22\ \text{m/s}$$

$$u_3 = u_3^* + d_3(p'_C - p'_D) = 3.500\,87 + 0.234\,37 \times [4.174\,61 - 6.208\,05] = 3.024\,29\ \text{m/s}$$

$$u_4 = u_4^* + d_4(p'_D - p'_E) = 4.109\,26 + 0.15 \times [6.208\,05 - 0.0] = 5.040\,47\ \text{m/s}$$

由方程（4.45）还可以计算校正后的节点压力：

$$p_A = p_0 - \frac{1}{2}\rho u_1^2 (A_1/A_A)^2 = 10 - \frac{1}{2} \times 1.0 \times (1.680\,15 \times 0.45/0.5)^2 = 8.856\,72$$

首先检查速度场是否满足连续性。u – 节点处计算得到的质量流量 ρuA 为

连续性检查				
节点	1	2	3	4
ρuA	0.756 07	0.756 07	0.756 07	0.756 07

由伯努利方程得到的精确质量流量为0.447 21 kg/s，因此，计算得到的质量流量误差百分比为69%。这还并不成为一个问题，因为不要寄希望于经过一次迭代得到精确解。尽管如此，全部4个速度节点的质量流量完全相等，这突显了SIMPLE算法的重要特性（可将这个特性用于更复杂的多维问题）：算法的目标是每次迭代周期结束时给出满足连续性的速度场。与这个关键守恒原理紧密关联是SIMPLE算法及其改进算法的重要优势所在。

每次迭代结束时计算得到的速度解还无法与计算得到的压力场保持平衡，如动量仍不能守恒。当然，这是由于离散动量方程的项是根据假设的初始速度场计算得出的。因此，需要不断进行迭代计算，直到连续性方程和动量方程都得到满足。

欠松弛

迭代过程中，SIMPLE算法需要欠松弛。对下一次迭代，在速度和压力的计算中采用欠松弛因子（两种情况松弛因子都取0.8），且以下面的速度场和压力场为起点开始下一次求解周期：

$$u_{新}=(1-0.8)\times u_{旧}+0.8\times u_{计算}$$
$$p_{新}=(1-0.8)\times p_{旧}+0.8\times p_{计算}$$

下次迭代的速度场为：

$u_1/(\mathrm{m\cdot s^{-1}})$	$u_2/(\mathrm{m\cdot s^{-1}})$	$u_3/(\mathrm{m\cdot s^{-1}})$	$u_4/(\mathrm{m\cdot s^{-1}})$
1.788 56	2.299 59	3.219 42	5.365 71

正如4.4节所阐述的，方程（4.36）和式（4.37）以及离散动量方程的a_P、S_u和d值也是欠松弛的。需要注意的是，出于解释问题的目的，这些欠松弛测量并不包括在离散动量方程a_P、S_u和d值中。实际上，计算开始时就开始使用欠松弛，因此上述欠松弛测量下得到的数值解将和前面给出的解相差无几。

迭代收敛和残差

如果把欠松弛速度场和压力场代入离散动量方程中，这些速度场和压力场将不满足方程的要求，除非偶然地在一次迭代中计算出最终的解（如初始速度场和压力场的选择恰好符合要求）。举例来说，节点1的离散动量方程在下一次迭代时为

$$1.204\ 25u_1=1.985\ 92$$

任意一个速度节点处离散动量方程左右两侧的差值称为**动量残差**。将当前速度值$u_1=1.788\ 56$代入方程可得

$$节点1的u-动量残差=1.204\ 25\times 1.788\ 56-1.985\ 92=0.167\ 95$$

如果迭代收敛，这个残差应逐渐减小，以表明计算得到的速度场和压力场之间的平衡逐渐得到提高。理想情况下，如果离散压力校正方程和动量方程中的质量和动量达到精确平

衡，这时希望停止迭代过程。实际应用中，计算机中数字表示的精度有限，是不可能出现这种理想情况的，且即使有可能以极高的精度进行计算，也将消耗大量的计算时间。我们的目标是当足够接近精确平衡时截断迭代序列，再计算下去已经没有太大实际应用价值。

求解：将 u 和 p 的欠松弛因子设为 0.8，且允许动量残差的绝对值相加和最大为 10^{-5}，此时经 19 次迭代后达到收敛。表 4.2 给出了数值解。

表 4.2　19 次迭代后收敛的压力场和速度场

压力/Pa				速度/(m·s^{-1})			
节点	数值解	解析解	误差/%	节点	数值解	解析解	误差/%
A	9.225 69	9.600 00	−3.9	1	1.382 65	0.993 81	39.1
B	9.004 15	9.375 00	−4.0	2	1.777 75	1.277 75	39.1
C	8.250 54	8.888 89	−7.2	3	2.488 85	1.788 85	39.1
D	6.194 23	7.500 00	−17.4	4	4.148 08	2.981 42	39.1
E	0	0	—				

5 个节点网格的收敛质量流量为 0.622 21 kg/s，其比解析解高出 39%。细化网格后，数值解的精度有所提高，逐渐逼近解析解。网格节点分别为 10、20 和 50 时，得到的质量流量分别为 0.520 5 kg/s、0.480 5 kg/s 和 0.459 7 kg/s。这就解释了通过有系统地细化网格，可怎样减小数值解的误差。如果进一步将网格节点数量细化为 200、500 和 1 000，计算得到的质量流量收敛到解析解 0.447 21 kg/s。图 4.11 给出了这一收敛过程的图示。

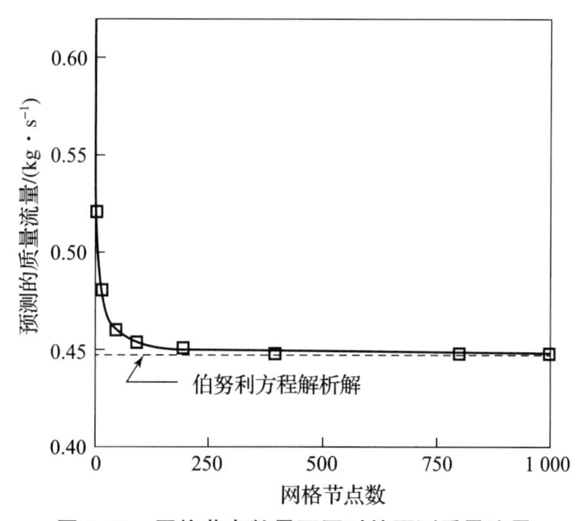

图 4.11　网格节点数量不同时的预测质量流量

4.6　小结

本章讨论了基于有限体积法的求解压力与速度问题的最常用算法。这些算法的共性如下。

（1）用迭代算法解决动量方程存在非线性以及输运方程之间存在耦合所带来的各种问题。

（2）将速度分量定义在交错网格上，避免高空间频率压力场振荡带来的问题。

（3）基于交错网格排列，速度存储在标量控制单元的网格界面上。离散动量方程在交错控制单元内求解，其单元格界面包含压力节点。

（4）SIMPLE 算法在计算压力场和速度场时是一个迭代过程，计算过程以猜测的初始压力场 p 为起点，主要步骤包括：

①求解离散动量方程，得到中间速度场（u，v）。

②以压力校正 p' 方程的形式求解连续性方程。

③根据以下方法校正压力和速度：

$$p = p^*_{I,J} + p'_{I,J}$$

$$u_{i,J} = u^*_{i,J} + d_{i,J}(p'_{I-1,J} - p'_{I,J})$$

$$v_{I,j} = v^*_{I,j} + d_{I,j}(p'_{I,J-1} - p'_{I,J})$$

④求解所有其他离散输运方程，获得标量解。

⑤重复以上步骤，直到 p、u、v 和 ϕ 场收敛。

第 5 章

湍流模拟方法

工程实践中遇到的所有水流，包括简单的水流，如二维射流、尾流、管流和平板边界层，也包括更复杂的三维水流，在一定雷诺数以上会变得不稳定。在低雷诺数下，水流是层流。在较高的雷诺数下，水流会变为湍流。湍流是一种混沌和随机的运动状态，其中流速和压力在水流的实质区域内随时间不断变化。许多工程中的流动都是湍流流动，因此湍流流态不仅具有理论的意义，而且具有实际的工程价值。

5.1　湍流的基本特征

首先简要介绍湍流的主要特征。流体中通常采用雷诺数（$Re=\rho VL/\mu$）表示惯性力（与对流效应相关）和黏性力的比值。如图 5.1 所示，在低于所谓的临界雷诺数的情况下，流体是平滑的，相邻的流体层以有序的方式相互滑动，此时为层流流动。当流体的雷诺数逐渐增大，流动会发生一系列变化，流动逐渐变得无序、随机和混沌。此时即使在恒定的边界条件下，流动也会本质上变得不稳定。速度、压力等特性以随机和混沌的方式变化的流动被称为湍流。

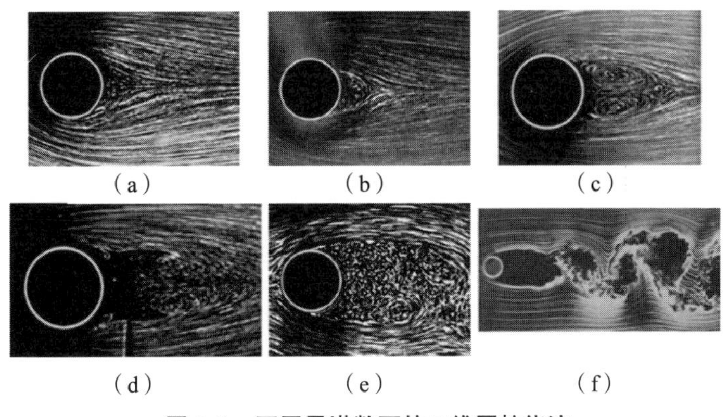

图 5.1　不同雷诺数下的二维圆柱绕流

(a) $Re=9.6$；(b) $Re=13.1$；(c) $Re=26$；

(d) $Re=30.2$；(e) $Re=2\ 000$；(f) $Re=10\ 000$

湍流的一个特征是不规则性或随机性，完全确定是非常困难的。湍流通常用统计方法描述。湍流是一种混乱的流动，但并非所有的混沌流动都是湍流。例如，海洋中的波浪可以是混沌的，但不一定是湍流。

湍流的扩散性导致快速混合，动量、热量和质量传递速率增加。一个看似随机但没有速度波动向周围流体扩散的流动也不是湍流。一架喷气式飞机留下的痕迹看起来很混乱，但几英里（1 英里 =1 609.344 米）内都没有扩散，因此也不是湍流。它们是由动量方程中黏性项和惯性项之间的复杂相互作用引起的。湍流总是在高雷诺数下发生。

湍流是耗散性的流动。湍流中的流动由于黏性应力的作用，将动能转化为热量。当没有能量供应时，湍流很快就会消失。黏性损失不明显的随机运动，如随机声波，不是湍流运动。

湍流充斥着不同尺度的涡，也就是说其具有非零涡度。三维涡的拉伸等机制在湍流中起着关键作用。湍流旋涡具有广泛的长度尺度（图 5.2），湍流中大涡从平均流中获得能量，并分解为小涡，而小涡在黏性耗散的作用下将动能转换为热能。然而有时较小的涡流可以相互作用，并将能量转移到（即形成）较大的涡流，这一过程被称为后向散射。湍流中的涡旋转轴的方向是任意的，因此湍流呈现为三维特性。

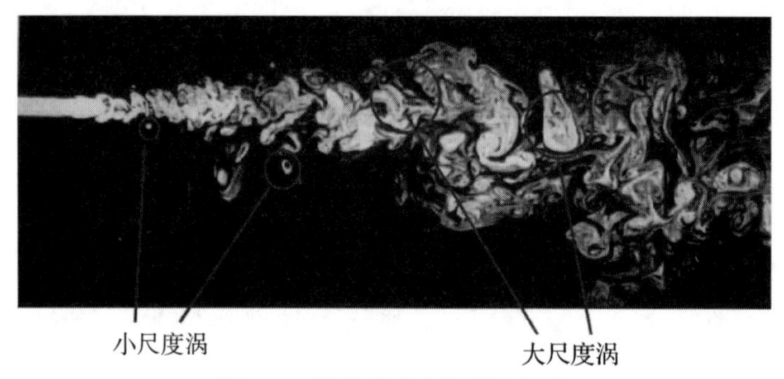

图 5.2　烟流试验中的湍流结构

湍流中大涡的特征速度 ϑ 与特征长度 l 与时均流中的速度标度 U 和长度标度 L 的量级相当。因此，将这些涡流尺度与运动黏度相结合形成的大涡雷诺数 $Re = \vartheta l/\nu$ 在所有湍流中都会很大。因为它与本身很大的 UL/ν 在量级上没有太大区别。这表明这些大涡主要受惯性效应控制，黏性效应可以忽略不计。

因此，大尺度涡体现为无黏流动，角动量在旋涡拉伸过程中是守恒的。这会导致旋转速率增加，其横截面半径减小。因此，该过程在较小的横向长度尺度和较小的时间尺度上产生运动。在这些事件中，大尺度旋涡上的平均气流所做的拉伸功提供了维持湍流的能量。较小尺度的旋涡本身被稍大尺度的旋涡强烈拉伸，而平均流量则较弱。通过这种方式，动能从大尺度旋涡传递到越来越小尺度的旋涡，这就是所谓的能量级联。湍流的所有流动特性都包含了在很宽的频率或波数范围内的能量（ $=2\pi f/U$，其中 f 是频率）。

图 5.3 给出了网格点下游湍流的能量谱。湍流的能量谱 $E(k)$ 表示为波数 $k=2\pi/\lambda$ 的函数，其中 λ 是湍流涡的波长。能量谱 $E(k)$ （单位：m^3/s^2）表示不同尺度湍流涡对湍流动能的贡献。如图 5.3 所示，能量含量在低波数处达到峰值，因此较大的旋涡能量最强。$E(k)$ 值随波数的增加而迅速减小，因此最小的旋涡具有最低的能量含量。

湍流中的最小运动尺度（典型湍流工程水流的长度约为 0.01～0.1 mm，频率约为 10 kHz）主要受黏性影响。最小涡流的雷诺数 Re_η 等于 1（$Re=\vartheta\eta/\nu=1$），因此湍流中存在的最小尺度是惯性和黏性效应强度相等的尺度。该比例尺被命名为 Kolmogorov 微比例尺，是根据俄罗斯科学家在 20 世纪 40 年代对湍流结构进行的开创性研究而命名的。因此与小尺度涡流运动相关的能量被耗散并转化为热内能，这种耗散导致与湍流有关的能量损失增加。

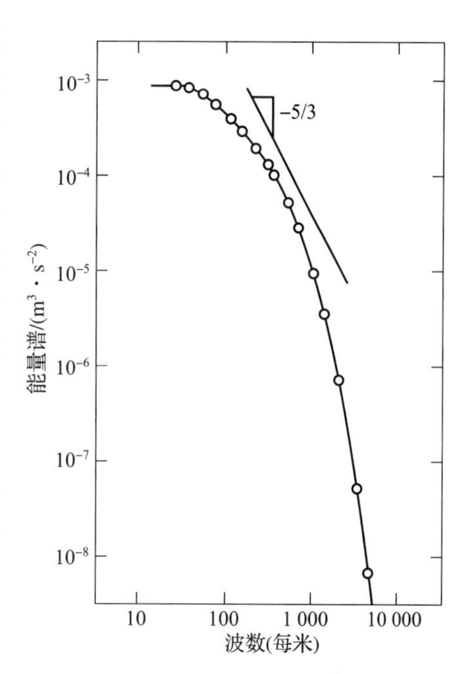

图 5.3　网格点下游湍流的能量谱

量纲分析可以获得大小旋涡的长度、时间和速度尺度的比值。Kolmogorov 微尺度可以用湍流的能量耗散率和流体黏度来体现。其表示在每个湍流中，湍流能量的产生率必须与其耗散率大体平衡，以防止湍流能量的无限增长。这就得到了小尺度的长度、时间和速度标度 η、τ、υ 与大尺度的长度、时间和速度标度 l、T、ϑ 的比值估计：

$$\text{长度尺度之比}\frac{\eta}{l}\approx Re_l^{-3/4}$$

$$\text{时间尺度之比}\frac{\tau}{T}\approx Re_l^{-1/2}$$

$$\text{速度尺度之比}\frac{\upsilon}{\vartheta}\approx Re_l^{-1/4}$$

典型的 Re_l 范围在 $10^3\sim10^6$，因此与小耗散旋涡相关的长度、时间和速度尺度比大的高能旋涡小得多，并且这种所谓的尺度分离差异随着 Re_l 的增加而增加。

大涡的特性与黏性无关，应取决于速度尺度 ϑ 和长度标度 l。因此，基于量纲的理论，我们期望这些旋涡的光谱能量含量应表现为 $E(k)\ \propto\vartheta^2 l(k=1/l)$。由于长度尺度 l 与湍流产生过程的长度尺度有关，如边界层厚度 δ、障碍物宽度 L、表面粗糙度高度 k_s 等，所以最大涡流的结构具有高度的各向异性并受到边界条件的影响。

Kolmogorov 认为，小尺度旋涡结构的能量谱 $E(k)$ 只应取决于湍流能量的耗散率 ε（单位：m^2/s^3）和流体的运动黏度 ν。量纲分析可以得到能量谱的比例关系 $E(k)\propto\nu^{5/4}\varepsilon^{1/4}$。因此小尺度旋涡的能量谱 $E(k)$ 仅与能量耗散率相关。黏性耗散的扩散作用在小尺度上趋向各向同性。因此在高平均流速雷诺数下，湍流中的小尺度涡流是各向同性的。

最后，Kolmogorov 导出了中等尺寸涡流的普遍光谱特性，这些涡流的特性足够大，不受黏性作用的影响（作为较大尺度的涡流）。但是，这些涡的细节可以表示为能量耗散率 ε（作为小尺度的涡流）的函数。小尺度旋涡的长度尺度为 $1/k$。这些小尺度旋涡的能量谱满足以下关系：

$$E(k)=1.5k^{-3/5}\varepsilon^{2/3}$$

鉴于湍流在工程应用中的重要性，大量的研究工作致力于发展数值方法，以捕捉湍流产生的影响。这些方法可分为以下三类。

（1）直接数值模拟（DNS）：这类方法模拟计算平均流速和所有湍流流速。非定常 Navier - Stokes 方程是在空间网格上求解的，这些网格能够很好地解决能量耗散发生时的 Kolmogorov 长度尺度，并且时间步长非常小，可以解决最快的波动周期。就计算资源而言，这类方法计算成本很高，因此不用于工业流量计算。

（2）大涡模拟（LES）：这是一种中间形式的湍流计算，跟踪较大涡流的行为。该方法包括在计算之前对非定常 Navier - Stokes 方程进行空间滤波，该方程通过较大的涡并拒绝较小的涡。通过所谓的子网格比例尺模型，包括了最小未解决涡对解决涡（平均流加上大涡）的影响。非定常水流方程必须求解，因此对计算资源的存储和计算量的需求很大。

（3）雷诺平均 Navier - Stokes（RANS）方程的湍流模型：重点关注平均流量和湍流对平均流量特性的影响。在应用数值方法之前，Navier - Stokes 方程是时间平均的（或具有时间相关边界条件的系综平均）。由于各种湍流之间的相互作用，时间平均（或 Reynolds average）流量方程中出现了额外的项。这些附加项是用经典湍流模型建模的，其中最著名的是 $k-\varepsilon$ 模型和雷诺应力模型。合理准确的流量计算所需的计算资源是有限的，因此在过去 30 年中，这种方法一直是工程流量计算的主要方法。

5.2 直接数值模拟方法

直接数值模拟是 CFD 的一个分支，旨在获得高保真度的湍流解。DNS 不对 N - S 方程进行简化，直接采用数值方法进行求解，因此 DNS 得到的解包括最细小尺度在内的所有尺度，在模拟过程的所有时刻提供对流动中所有点的完整认知，不受近似的影响。DNS 是处理关于湍流现象和湍流模型基本方程的理想方法。然而这个能力是以极其昂贵的计算能力为代价的，并且对于最大雷诺数有着严格的限制，这使得 DNS 不能被作为通用的设计工具。

5.2.1 雷诺数限定

湍流包含各种尺度不同的旋涡。这些旋涡通过其诱导的速度场以非线性的形式相互作用，改变相邻旋涡的方向和形状。形状改变的净效应是将湍流大尺度的动能分散到小尺度动能。最大的涡能量最高，涡的大小、形状和速度由流动构型的细节决定，并不直接受流体黏性的影响。最小的涡由大涡进入级联的能量和黏性共同影响。黏性的作用就是明确能量耗散的尺度。因此，流动的雷诺数决定了相对于大涡而言最小尺度的涡。

这一特性称为雷诺数相似性，可以由图 5.4 观察得到。图 5.4 是相同边界层流动在两个不同雷诺数时的 DNS 结果，两个雷诺数相差一倍。这描述了 DNS 面对的挑战，既要使用能够包含最大旋涡的区域，也要使用能够完全求解耗散尺度的网格。即使利用当今最好的计算机，所能够求解的雷诺数也要低于航空流动中的雷诺数。

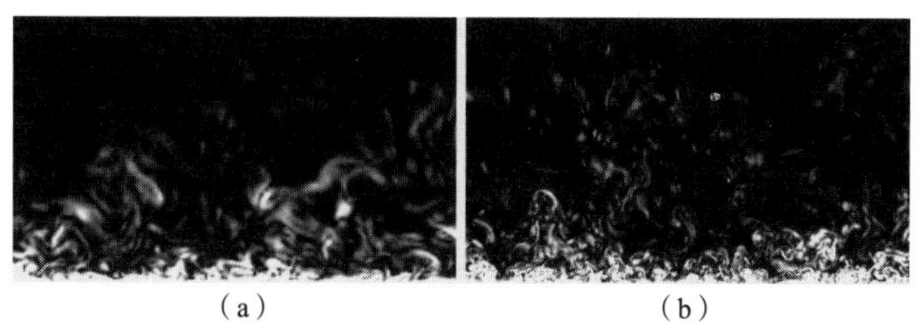

（a）　　　　　　　　（b）

图 5.4　两个雷诺数 Re_E 下由 DNS 得到的涡量等值线

（a）$Re_E=1\ 414$；（b）$Re_E=2\ 828$

在均质各项同性湍流中，DNS 的代价可以被精确地确定。对于这种流动，最大旋涡的尺寸和速度可以分别由长度尺度 l_{LE}和时间尺度 t_{LE}描述。因为最大的旋涡对湍流动能（单位质量）的贡献最大，为 $k_T=q^2/2$，其特征速度与 $q=\sqrt{2k_T}$成比例，最大旋涡的能量减小率 $\dot{e}_{LE}$由 q^2/t_{LE}度量。此外，这种流动的 $\dot{e}_{LE}$与 ε 成比例，ε 是最小旋涡的能量耗散率，可以合理地假设 t_{LE}按 q^2/ε 变化，因此（因为 $q\sim l_{LE}/t_{LE}$），l_{LE}与 q^3/ε 成比例。得到湍流的固有雷诺数 $Re_T=ql/\nu=q^4/\nu\varepsilon$。根据 Kolmogorov 假定湍流最小尺度的旋涡是通用的且是各项同性的，因此只取决于 ε 和运动黏度 ν，由此得到湍流微尺度的定义 $\eta=(\nu^3/\varepsilon)^{1/4}$。均质各项同性湍流 DNS 中，每个方向的网格点数为 N 的量级为

$$\frac{l_{LE}}{\eta}=\frac{q^3}{\varepsilon}\frac{\varepsilon^{1/4}}{\nu^{3/4}}=\left(\frac{q^4}{\nu\varepsilon}\right)^{3/4}=Re_T^{3/4}。$$

对于网格点总数：

$$N^3\sim O\left[\left(\frac{l_{LE}}{\eta}\right)^3\right],$$

将以 $Re_T^{9/4}$ 度量。考虑步时的改变（如为了保证 CFL 数），总的计算工作量为 $O[Re_T^3]$。从每个网格点来看，计算步数变为 $O[Re_T^3(3/4\log Re_T)^3]$，这是对于每个空间方向需要 $N\log N$ 步操作的谱方法而言的。

因此雷诺数加倍，计算花费（如 CPU 时间）要增加 11 倍。假设计算能力每 18 个月翻一倍，那么也意味着要 5 ~6 年才能计算雷诺数翻倍的流动。因为流动与流动之间雷诺数产生的花费不同，对于均值各项同性湍流，雷诺数的严格程度也不相同，所以对于完整的工程应用，DNS 无法应用于相应的雷诺数。雷诺数的限制我们至今还无法突破，在可预见的未来也无法突破。

5.2.2　空间离散

DNS 的主要成功之处在于，它能够如实地展现因变量的空间变化情况。为了实现这一点，人们利用了大量的策略，包括有限体积、有限元、离散涡和 B 样条方法。然而，由于一些原因，DNS 目前主要利用谱方法和有限差分方法。

1. 谱方法

雷诺数限定以及利用有效数值方法开发高性能计算资源的需求，使得 DNS 最初的实践者（如 Orszag and Patterson）选择谱方法对空间变化进行描述。谱方法将流动变量近似为基本函数的线性组合。

谱方法的缺点是：不能够处理复杂流型，而且对于入流/出流边界条件要特殊对待。由于基函数的使用以及对于整个区域的存取，谱方法并不适用于大型分布式并行系统。这种方法并不能精确地表示流动间断，因此不适用于包含激波的高速可压缩流动的DNS。这些缺点导致了高阶有限差分格式的发展，如下所述。

2. 有限差分方法

因为易于实现、适于并行、具有高阶精度，DNS的有限差分（FD）格式变得非常的流行，特别是对于计算气动声学（CAA）（图5.5）。多种方案都可供利用。低阶FD方法适用于复杂几何形体和不规则网格，从这个意义上来讲与有限体积法类似。四低阶（特别是迎风格式）FD近似（FDA）的计算效率通常并不理想，需要比谱方法更多的网格点数才能达到相同的精度。

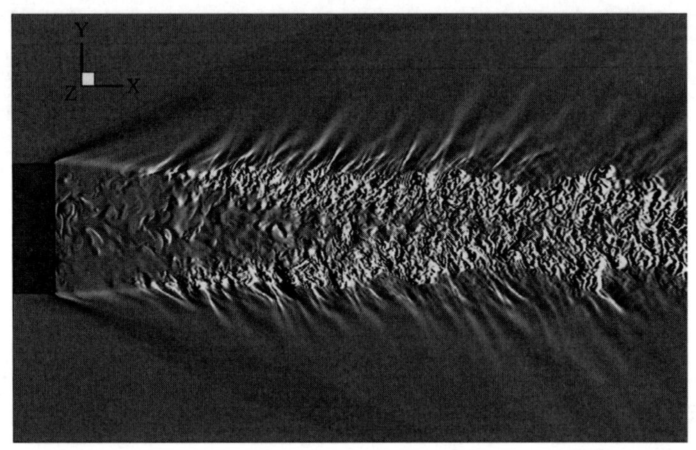

图5.5　高阶有限差分DNS得到的超声速轴对称尾迹顺流方向的密度梯度等值线

5.2.3　时间离散

无论是显式格式还是隐式格式，时间离散的精度都是最为重要的，因为湍流中广泛的长度尺度与时间尺度相关。最大尺度和最小尺度涡的时间尺度 t_{LE} 和 t_η 分别与 q^2/ε 和 $(\nu/\varepsilon)^{1/2}$ 成比例，湍流雷诺数 $Re_T = q^4/\nu\varepsilon$ 与 $(t_{LE}/t_\eta)^2$ 成比例，拥有不同时间尺度的解的微分方程系统具有数值刚性。当处理刚性系统时，精度和稳定性都要求步时和半离散系统最大特征值的乘积低于某一临界值。这一临界值取决于所应用的空间和时间推进格式。

5.2.4　边界条件和初始条件

湍流的三维非定常本质使得对DNS定义或附加边界条件时产生一些特殊的问题。考虑到最适当的边界条件为N－S解，那么对于在空间上发展的流动具有特殊的挑战性，如入流区域的湍流边界层，需要入流平面内每一点因变量的所有值才能进行描述。傅里叶谱方法最吸引人的一点是其回避上述问题的能力：谱方法应用于湍流具有统计学均匀性的方向上（如充分发展的管道或通道下游），很自然地假设空间周期性，自动地生成入流/出流边界条件，这些条件的历史和空间结构满足控制方程。

然而，对于入流边界条件必须以显式格式表达的流动，傅里叶谱方法并不可行。一种选择是在流动区域内使其转捩为湍流，通过入口的基本流动（如层流）与适当的扰动叠加而成。相反地，可以利用 DNS 得到入流湍流数据，或引入独立的循环技术，提取、重新调整并明确入流平面内每个步时的湍流解。

外流和远场边界条件也需要关注，特别是对于表面流动，对于这种流动，实际的物理区域通常远大于能够负担的计算区域。挑战在于提出边界条件，使得扰动（旋涡、声音、熵波）跨越有限的/截断的边界区域而不会产生反射波。

DNS 需求的初始条件质量不同。对于定常流动，明确完整的湍流初始条件的好处在于，使克服初始瞬变的时间最小化，因为长时间的流动统计并不依赖于初始条件，需要说明的完全是非物质条件。需要物理条件和湍流初始条件的流动可以利用上述湍流入流生成策略。

5.3　大涡模拟方法

大涡模拟是捕捉在一定物理尺度内的湍流动力学特性。正如其名，LES 旨在捕捉给定的计算网格上的大尺度流体运动，对于小尺度运动及其相互作用则利用模型来模拟其效应。模型或是显式地加入离散的流动方程，或是隐式地嵌入离散方程的数值方法中。从严格的数学角度来讲，这是对精确的纳维尔 – 斯托克斯解的调整。

对 LES 有以下几种诠释。

（1）LES 是一种数值技术。实际上，LES 被用于在相对粗糙的网格上求解 N – S 方程，为了捕捉湍流所有的物理尺度。为了找到可靠的解，在离散方程中加入了（耗散的）源项。从物理的角度，解释了未知尺度对已知尺度的影响。以更加正式的数学和数值观点来看，其目的是稳定与离散问题相关的离散混沌动力系统。

（2）LES 是一种物理模型。数值上求解的方程可以被理解为大尺度湍流流动的物理模型。通过受控的数学运算符得到尺度分离，最著名的一项是 Leonard 在 20 世纪 70 年代提出的卷积过滤范例。代表不同尺度之间相互耦合的非线性项被分为直接计算和间接求解（利用计算过程中的数据）以及子滤波项。相当于未知尺度，因此需要用亚格子模型代替。

（3）LES 既是物理模型又是数值技术。利用一种特殊的数值方法，被称为高精度方法，我们可以求解（未过滤的）N – S 方程，或根据物理环境求解欧拉方程，得到大尺度的动力学特性，以及已知尺度和未知尺度之间的非线性相互作用。这种情况下，高阶精度固有的耗散性将隐式地模拟未知小尺度的影响。这种方法被称为隐式 LES（ILES），与显式 LES 形成对比，显式方法中利用显式（添加）亚格子模型来模拟小尺度。

在显式 LES 中，我们利用了 Kolmogorov 提出的框架内的均匀各项同性湍流理论来定义亚格子模型。这些模型与理想的无耗散欧拉方程相耦合。选择理想的欧拉方程，以至于数值方法不会因为不受控制的耗散而影响最终解。

在 ILES 中模型和数值计算共存。ILES 中使用的数值格式有等熵弱解的理论基础。高精度和非线性稳定性通过大量的数学条件而实现，包括单调性、总变差减小、总变差跳跃和本质上的无振荡方法。以上条件也能够获得空间和时间的二阶甚至高阶精度。

LES 是当今学术界关于湍流模拟最流行的方法，空气动力学、航空声学和燃烧流动等学科也越来越注重其使用。

5.3.1 显式 LES

显式 LES 方法基于对流动（N－S）方程的滤波。对于紧凑格式的控制方程

$$\frac{\partial \mathbf{u}}{\partial t} + \nabla \cdot F(\mathbf{u},\mathbf{u}) = 0$$

应用时空滤波（通常是空间滤波），得到

$$\frac{\partial \bar{\mathbf{u}}}{\partial t} + \nabla \cdot F(\bar{\mathbf{u}},\bar{\mathbf{u}}) = \nabla \cdot \left(F(\bar{\mathbf{u}},\bar{\mathbf{u}}) - \overline{F(\mathbf{u},\mathbf{u})}\right) = F_{\mathrm{LES}}$$

亚格子尺度项 F_{LES}不能够被精确地求解，因此必须建模处理。为了亚格子项 F_{LES}而发展得到的模型有数百种，其可以被分为两类：函数模型和结构模型。

5.3.2 隐式 LES

流动方程中非线性（双曲）输运项所诱导的相互作用自然地造成了不同尺度间的能量传递，最终在小尺度通过黏性产生熵增。在惯性范围内的大尺度时，流动几乎与黏性无关。除了黏性耗散，反向散射将能量由小尺度传递给大尺度。

在数值框架下，能量由小尺度向大尺度传递只能通过控制方程中的双曲项。这一过程表现在存在自相似的亚格子模型中而不表现在仅有耗散的湍流模型中。相反地，这种效应自然地存在于双曲项中，表现出了自然尺度的不变性。通过非线性耗散项的使用，自相似性被嵌入高精度的方法中。这些项提供了使数值方法稳定的大部分耗散。正是输运项的支配地位才导致了湍流。随着双曲项逐渐地重要起来，在流体力学不稳定性存在时，问题会对初始条件变得更加敏感。在可压缩流动中，尺度改变现象也会使波动陡峭并产生激波。

在流动求解时，适当地和局部地使用高精度方法与限制器，会有较高的精度，然而还是需要将守恒形式和熵增结合才能得到唯一的弱解。十几年间，有不断增加的证据表明，对于双曲型偏微分方程的高精度数值方法有嵌入式（或隐式）的湍流模型，以至于自由剪切流和壁面约束流能得到高保真度的结果。

高精度方法的数值耗散调整了流动，因此，即使是对于没有模拟的网格，也能够捕捉到正确的激波和波的传播。这些调整是数值方法需要正确再现的物理条件的本质。ILES 方法就是为上述内容所设计的，因此产生有限的耗散率并有局部特性。实际上，高精度方法有包含局部特性的嵌入式亚格子模型，同时与尺度相似亚格子模型（与非线性涡黏性相耦合）具有共性。这将现代高精度离散、激波捕捉准则和亚格子模型联系起来。

5.3.3 LES 的应用

LES 已经逐渐应用于包括外流、内流、声学和燃烧等在内的湍流模拟。其中典型的算例包括在大迎角下机翼的流动分离。图 5.6 展示了隐式 LES 对于后掠翼绕流模拟的应用。流动与后掠翼的迎角为 9°，雷诺数接近 210 000，马赫数为 0.3。模拟基于三阶特征方法和显式二阶 Runge－Kutta 格式。后掠翼绕流的拓扑结构与尖缘三角翼类似，前缘剪切流卷起开始

形成独特的前缘涡（LEV）系统，在向后缘发展的过程中变得不稳定。大约在 50% 的翼根弦之后，LEV 向内侧弯曲并离开表面，速度不断增加。在后缘附近主涡核仍然可见。它们并没有前缘处的清晰，同时受到翼尖附近湍流的影响，因此表现出很强的波动。上述 ILES 在包含 C – block 和 O – block 的结构网格上进行，网格点有 1 270 万，y^+ 在分离流区域为 1，在前缘为 5。

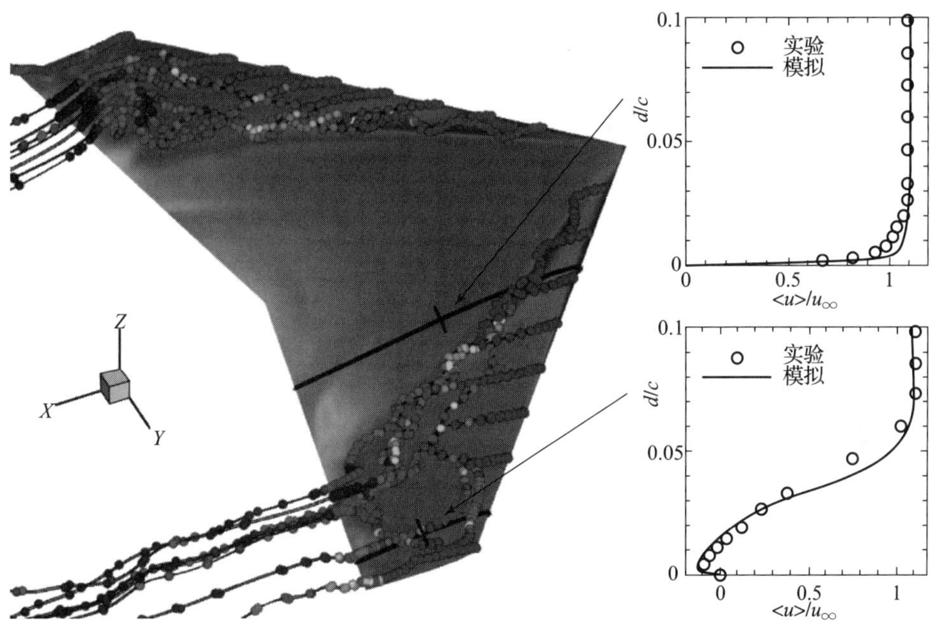

图 5.6　后掠翼绕流的隐式大涡模拟

5.4　雷诺平均 N – S 方程模型

雷诺平均 N – S 方程模型的出现较 LES 方法要早约 70 年。它假设流动中所有湍流尺度带来的湍流效应都能够通过某种湍流模型来进行描述。

雷诺在 1895 年向伦敦皇家学会提交的具有里程碑意义的一篇报告中对这种湍流模型的结构进行了定义。如图 5.7 所示，将湍流中某点的速度 u 进行了分解，分为时均速度 $\overline{u}$ 和脉冲速度 u'之和。具体形式如下：

$$u = \overline{u} + u' \tag{5.1}$$

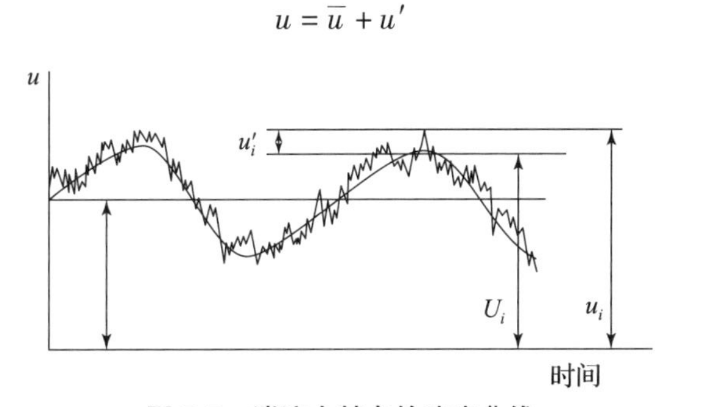

图 5.7　湍流中某点的速度曲线

式中，$\overline{u}$ 为密度加权平均速度。

雷诺对三维速度分量和压力做了如公式（5.1）形式的分解，并且将它们代入 N－S 方程，从而推导出了所谓的“时均运动方程”，即

$$\rho\frac{\mathrm{d}\overline{u}}{\mathrm{d}t}=\frac{\mathrm{d}}{\mathrm{d}x}(\overline{p}_{xx}+\rho\overline{u}\,\overline{u}+\rho\overline{u}'\overline{u}')$$
$$-\frac{\mathrm{d}}{\mathrm{d}x}(\overline{p_{yx}}+\rho\,\overline{uv}+\rho\,\overline{u'v'})$$
$$-\frac{\mathrm{d}}{\mathrm{d}x}(\overline{p_{zx}}+\rho\,\overline{uw}+\rho\,\overline{u'w'})\tag{5.2}$$

其中，$\overline{p_{xx}}$等为单位面积上 3 个方向力的分量，即压力和黏性应力的合力。“相对时均运动”，即速度波动，所产生的“相对时均运动能量”的方程为

$$2\,\overline{E'}=\rho(\overline{u'^2}+\overline{v'^2}+\overline{w'^2})\tag{5.3}$$

式（5.3）中的能量是湍动能的 2 倍，通常由 ρk 贡献而来。方程（5.2）中时间导数的保留体现出了雷诺的“尺度分离”的概念，而这一概念也是现今采用 RANS 模型对时间尺度较大于湍流尺度的非定常流动问题进行求解的基础。

时至今日，出现的所有 RANS 模型的理论方程基本上都是由雷诺推导得来的，即使存在差异也是略微改变了方程的形式，使之表现得更加紧凑，通常采用笛卡儿张量形式。因此，对于统计定常流动，其方程形式如下：

$$\frac{\partial(\rho U_i)U_j}{\partial x_j}=\frac{\partial P}{\partial x_i}+\frac{\partial}{\partial x_j}(\tau_{ij}-\rho\overline{u_iu_j})+\rho B_i\tag{5.4}$$

式中，U 和 P 分别为时间平均速度和平均压力；τ_{ij}为黏性应力张量；B_i 为每单位体积上的体积力（由浮力或电磁效应而来）；$\rho\,\overline{u_iu_j}$为雷诺应力。类似地，对于其他标量 Φ，如比内能，也有如下形式：

$$\frac{\partial(\rho U_i)\Phi}{\partial x_i}=\frac{\partial}{\partial x_i}(J_i-\rho\,\overline{u_i\varphi})+\rho S_\Phi\tag{5.5}$$

式中，J_i 为分子流量矢量；S_Φ 为单位体积内 Φ 的生成率和破坏率。

值得注意的是，这些带有时间导数的时均方程相对于 N－S 方程和标量输运方程具有同样的精确性，即它们的解析解能够表示真实的时均流动，得到精确的时均流动边界条件。雷诺时均模型最突出的优势在于它不必去求解复杂烦琐的多尺度湍流效应，而主要求解流场中的时均流动。时均流动往往在真实的流动当中处于主导地位，甚至有些情况下流动中只包含时均流动，另外工程计算上获得时均流动即可满足工程需要。此外，这还是一种较节约计算资源的方法。从统计学的角度来讲，如果流动在某一方向，甚至两个方向上是均匀的，那么时均方程的维数就可以相应地减少。这些都是 RANS 模型在工程流动的计算与预测上能够占据重要地位的原因。尽管 RANS 模型具有诸多优势，但是它也有需要完善的地方。目前 RANS 模型面临的问题是它不能提供雷诺应力与湍流标量流量。更严重的是，RANS 模型的计算精度取决于它的模型理论与所求解流动之间的匹配度和兼

容性。

原则上，封闭模型由代数或微分方程组成，这些方程将雷诺应力和标量通量与已知或可以测定的量相关联。对于大多数模型，需要确定的应力和通量之间往往是隐式耦合的，因此会得到复杂的非线性系统，求解这样的系统会比求解 RANS 方程本身更加复杂。

众所周知，湍流是一个非局部的过程，也就是说，任何一点处湍流的状态取决于其周围流动区域的流动状态，包括这一点自身能影响到的流动区域。湍流的局部性可以通过湍流的长度尺度与时均流动的时间尺度之间的比值进行表述。这两种湍流尺度分别为 $L = k^{3/2}/\varepsilon$ 和 $T = k/\varepsilon$，k 表示湍流能，ε 表示耗散率（通过黏性来表现）。对于时均流动［$U(s)$］，定义流动扭曲率的相应的长度尺度和时间尺度为

$$L_D = \frac{|\nabla U|}{|\nabla(\nabla U)|}, T_D = |\nabla U| / \left(\frac{\partial}{\partial s}|\nabla U|\right) \tag{5.6}$$

过大的 L/L_D 和 T/T_D 意味着流动发生了明显的扭曲变形，这种情况多出现在快速变形区域和大规模的流动分离区域，这时湍流是非局部性的。相反，在厚度较薄速度较慢的剪切流动（包括边界层流动）中，这一比值相对很小，这说明湍流能够快速对自身进行调整从而获得并保持平衡状态，在这种情况下湍流是具有部分局部性的并且更容易达到平衡状态。

上述关于局限性的讨论是非常重要的，因为它是大多数用来做实际计算预测的湍流模型的一个关键制约因素：许多模型都基于单点闭合，也就是说，湍流的压力和流量都与同一点的条件有关。但是，当考虑平流和扩散时，例外就出现了，即湍流流量不止与一点的条件有关了，不过即便如此，通过参考局部条件和局部梯度其他许多对闭合过程有贡献的未知项还是可以被近似。接下来的部分将进一步讨论。

闭合注定只是一个近似的过程，而且要实现这一过程可以有很多路径。但它们需要遵循一些通用约束。因此，模型需要满足以下条件。

（1）基于合理的原则和物理概念，而不是直觉；

（2）遵循量纲一致性、矢量/张量一致性，以及结构不变性原理；

（3）被约束住，确保不会产生不切实际的解；

（4）有一个广泛的适用范围；

（5）数学上是简洁的；

（6）涉及与边界条件相关的变量；

（7）计算稳定。

没有模型能够满足上述所有条件，都涉及一些折中的做法，总要舍弃一些要求（只要不是大多数）。但上述第二条为基本原则，必须遵守，不能舍弃。

5.5　常用的湍流模型

有无数种不同的湍流模型，然而大多数都可以归属于以下三种模型的范畴。

（1）线性涡黏性模型（LEVM）。

（2）非线性涡黏性模型（NLEVM）。

（3）雷诺应力模型（RSM）。

一些模型并不是恰好属于上述哪一种类型，而是跨越了两种类型或者包含不止一类的元素。

（1）显式代数雷诺应力模型（EARSM），结合了 NLEVM 和雷诺应力输运模型（RSTM）的元素。

（2）Durbin 的“V^2F”模型本质上讲是一种 LEVM，但包含了一个简化的输运方程，因为正应力垂直于流线（或壁面），在涡黏性中充当湍流速度尺度，优先于湍流能量。

也有其他类型的模型存在，但在实际计算中并没有大量地应用。它们包括：

（1）Kassinos 等人的“基于结构的模型”。

（2）由两点关联函数导出的各种各样的模型（如 Cambon and Scott）。

（3）“多尺度”模型，基于对湍流能量频谱的分割，每个分区都对应不同尺度范围的涡（如 Schiestel）。

上述主要分类中的任何一种都有几十种变形，它们来源于数百次想要与实验数据达成一致的尝试。其中 LEVM 系列模型是最简单的，包括代数模型、单方程模型和两方程模型，同时其变量密度很高，许多不同的项是由较小的“修正项”、现实性限制、模型系数的不同函数形式或模型常数的数值差异形成的。在相当的程度上，模型的增加反映了一种趋势，首先坚持采用简单的湍流模型来建模，接着“打补丁”来“治疗”具体的设定条件所带来的问题。另一个微不足道的因素是不够仔细和过度验证，从而导致了对于预测模型能力的错误估计。

5.5.1 线性涡黏模型

LEVM 基于如下线性应力应变关系：

$$-\rho\,\overline{u_i u_j}=\mu_t\left(\frac{\partial U_i}{\partial x_j}+\frac{\partial U_j}{\partial x_i}-\frac{2}{3}\frac{\partial U_k}{\partial x_k}\delta_{ij}\right)-\frac{2}{3}\rho k\delta_{ij} \tag{5.7}$$

并且加入用来确定涡黏度 μ_t 和湍流能 k 的方程。任何的湍流标量都可以通过式（5.8）来确定：

$$-\rho\,\overline{u_j\varphi}=\frac{\mu_t}{\sigma_{t,\varphi}}\frac{\partial\Phi}{\partial x_j} \tag{5.8}$$

式中，$\sigma_{t,\varphi}$为湍流普朗特数或施密特数。

对于一维情况，涡黏度被分为两部分：速度尺度和长度尺度。前者几乎是不变的，为 $k^{1/2}$，而后者常常是一个 k 与其他物理量的组合变量，如湍流能耗散率 ε、湍流涡度 $\omega=\varepsilon/k$ 或者 $\tau=k/\varepsilon$。当 $L=k^{3/2}/\varepsilon$ 时，涡黏度变为

$$\mu_t=\rho c_\mu\frac{k^2}{\varepsilon} \tag{5.9}$$

上述形式的涡黏模型其实存在很多严重的缺陷，其中之一即是当流动中有分离现象时，它们在确定 μ_t 的过程中忽略了很多影响因素。

（1）没有分析正应力的各向异性。

（2）没有解释雷诺应力的输运，而是将应力和应变僵硬地联系在一起。

（3）高估了高应变率下的应力。

（4）对弯曲应变、正应变和旋转的响应不正确（尽管 ad hoc 补丁在一定条件下有所帮助）。

（5）适用于这样的流动：剪应力是湍流和平均流动之间主要的动态链接。

（6）当联合使用涡扩散/梯度扩散近似时，严重地歪曲了热通量，除了垂直于剪应力层的通量分量，剪应力层中存在支配性的跨层温度梯度。

尽管有这些局限性，但是 LEVM 到目前为止是 CFD 学科中使用最广泛的。一个原因是，大多数气动流涉及的边界层薄而且演化较慢，在边界层中剪应力是唯一的动态应力分量。另一个原因甚至比第一个原因更为重要，就是这些模型的简易性和经济性在计算具有高度扭曲网格的复杂外形时非常具有吸引力。

LEVM 中的代数模型现已过时，它是基于代数近似来表达 μ_t 或相关的速度尺度和长度尺度。其中大多数都使用了混合长度理论，这一理论是用来求解薄剪切流动的，对于流动分离并不适用。所有模型中都假定有局部湍流能量平衡，$-\overline{uv}(\partial U/\partial y)=\varepsilon$（湍流能量的生成率 = 耗散率），意味着湍流时间尺度（k/ε）与平均流时间尺度成固定比例，即

$$\frac{k}{\varepsilon}\frac{\partial U}{\partial y}\approx 3.3 \tag{5.10}$$

多数的单方程模型都通过湍流能输运方程对速度尺度进行了定义，输运方程的形式如下：

$$\frac{\partial k}{\partial t}+\frac{\partial U_j k}{\partial x_j}=P_k-\varepsilon+\frac{\partial}{\partial x_j}\left[\left(\frac{\nu_t}{\sigma_k}+\nu\right)\frac{\partial k}{\partial x_j}\right] \tag{5.11}$$

其中，σ_k 为湍流普朗特/施密特数，同时方程（5.11）还考虑到了流动偏离局部平衡（$P_k=\varepsilon$）的影响因素。雷诺早在 1895 年就已推导出和方程（5.11）非常近似的方程，最主要的不同在于，方程中含有的扩散项已经通过可确定的类梯度项获得了近似的描述。然而，雷诺方程中的耗散率是利用代数关系 $L=k^{3/2}/\varepsilon$ 和流动特征长度（如边界层内相对壁面的距离或部分剪切层的厚度）得到。后者的方法在模型通用性上有着严重的局限性，因为在加减速壁面流动中这一模型为纯代数形式，除非为了满足壁面流动的需要对模型进行了专门的修正。

这种专门修正的单方程模型中就包括 S－A（Spalart－Allmaras）模型，尽管没有基于方程（5.11）。其基本形式为

$$\frac{\partial \nu_t}{\partial t}+\frac{\partial U_j\nu_t}{\partial x_j}=C_1\nu_t S+\frac{1}{\sigma}\frac{\partial}{\partial x_j}\left(\nu_t\frac{\partial \nu_t}{\partial x_j}\right)+\frac{C_2}{\sigma}\left(\frac{\partial \nu_t}{\partial x_j}\right)^2-C_w f_w\left(\frac{\nu_t}{d}\right)^2 \tag{5.12}$$

模型在很大程度上要依靠大量的实验数据来进行修正。这一模型相对于其他模型不同之处是它包含了许多经验项，这是模型（5.12）在模拟接近分离的复杂边界层流动时具有的优势，也是其得到广泛应用的原因之一。

另一种两方程模型来自 Menter，它的意义在于提出了湍流黏性输运方程。模型在湍流能方程（k – equation）和扩散方程（ε – equation）的基础上加入了约束条件 $-\overline{uv}=ak$，来源于 Bradshaw、Ferris 和 Atwell 在 1967 年的实验观察，其中 $a=(c_\mu^{1/2})=0.3$。这一约束条件在高应变率情况下对模型有很大的影响，如满足线性应力应变关系的薄剪切流动。以 k 和 ε 来进行描述的涡黏度为

$$P_k = -\overline{uv}\frac{\partial U}{\partial y} \Rightarrow -uv = c_\mu \frac{k^2}{\varepsilon}\left(\frac{\partial U}{\partial y}\right)$$

$$\Rightarrow -\overline{uv} = c_\mu^{1/2}\sqrt{\frac{P_k}{\varepsilon}k} \tag{5.13}$$

这样约束条件就限制了剪切应力和 k 之间的平衡，同时需要 $P_k=\varepsilon$。

当远离壁面时，湍流长度尺度不应再按照距壁面的距离来确定。事实上，不光是长度尺度，所有全局流动量（如剪切层厚度）都应根据当地的情况进行度量。长度尺度由当地湍流机制所决定，这就意味着确定长度尺度需要基于当地的输运方程。

对于两方程模型有许多种提议，但是这些变种基本上都是基于几种基本模型。在方程中最重要的就是如何选取变量来对湍流长度尺度进行描述。无一例外，模型都采用了变量 $\zeta=k^n\varepsilon^m$。当 $\zeta=\varepsilon$ 时，工程实践中会出现很大的问题，特别是在求解近壁流动时。在计算流体力学中，湍流涡度表示为 $\omega=\varepsilon/k$，而它的倒数即为湍流时间尺度 τ。

结合了 k – 输运方程和表达式（2.27）的扩散方程的基本形式为

$$\frac{\partial \varepsilon}{\partial t} + \frac{\partial U_j\varepsilon}{\partial x_j} = C_{\varepsilon 1}\frac{\varepsilon}{k}P_k + \frac{\partial}{\partial x_j}\left(\left(\frac{\nu_t}{\sigma_\varepsilon}+\nu\right)\frac{\partial \varepsilon}{\partial x_j}\right) - C_{\varepsilon 2}\frac{\varepsilon^2}{k} \tag{5.14}$$

对于低雷诺数和壁面流动，还应当引入黏性相关阻尼函数，将 c_μ、$C_{\varepsilon 1}$ 耦合在一起，常常也会加上 $C_{\varepsilon 2}$。其耦合形式一般为 $1-\alpha e^{(-\beta \mathrm{Arg}\mu)}$。这些附加项保证了求解近壁流动的正确性。

$$\mathrm{Arg}\mu = \left\{y^+ \equiv \frac{yu_\tau}{\nu}, y^* \equiv \frac{yk^{1/2}}{\nu}, R_t \equiv \frac{k^2}{\nu\varepsilon}\right\} \tag{5.15}$$

正是这些扩展的需要，以及保证壁面渐进特性的附加项的引入，才产生了众多的模型变式（如 Patel，Rodi and Scheuerer）。

就预测的特性而言，$k-\varepsilon$ 模型的不同变式得到的气动量（除了表面摩擦）并没有较大的差异，除非引入特殊的修正。修正系数的精确值，特别是 $C_{\varepsilon 1}$ 和 $C_{\varepsilon 2}$，对双方程模型的预测性能十分重要，同时这也是在评估模型变式的固有特性时其不确定性的来源。确实，系数的微小变化比模型公式的大幅变化更具有影响力。同时，具有较大影响力的还有附加修正。这些修正使 ε 方程中至少有一个系数对“梯度”或“通量”Richardson 数很敏感，表明了相对于应变而言曲率及其方向的强度。

困难总是伴随着 $k-\varepsilon$ 模型，其预测性较弱，同时受到黏性影响的 ε 方程的近壁特性出现数值困难，这些都激励着人们不断努力，用可替换的长度变量来表示、检验和改进模型，特别是在 20 世纪 90 年代。如前所述，最著名的替换变量为涡度 $\omega=k/\varepsilon$。Wilcox 最初提出的方程为

$$\frac{\mathrm{D}\omega}{\mathrm{D}t}=C_{\omega1}\frac{\omega}{k}P_k+\frac{\partial}{\partial x_j}\left(\left(\nu+\frac{\nu_t}{\sigma_\omega}\right)\frac{\partial\omega}{\partial x_j}\right)-C_{\omega2}\omega^2 \tag{5.16}$$

模型（5.16）最具吸引力的地方是它基于经验对近壁流动能够给出良好的描述，特别是在有逆压梯度存在的情况下。对于支持 ε 的 ω 的选择没有什么帮助，但对 Wilcox 的常数选择很有帮助，同时在方程（5.14）重构为式（5.16）的形式后省略 $(\partial k/\partial x_j)(\partial\omega/\partial x_j)$，这一过程就可以被完成。与吸引力相反的是对于 ω 的边界条件的确定。首先，在壁面处，有

$$\omega\rightarrow\frac{2\nu k/y^2}{k}\Big|_{y\rightarrow0}\rightarrow\infty \tag{5.17}$$

这要求距壁面一定距离处的边界条件是明确的。其次，$k-\omega$ 模型在剪切流动的无旋边界处对 ω 值非常敏感，这意味着对复杂剪切流的弱剪切区内的值也很敏感。这些缺点促使 Menter 提出了混合模型，即在近壁面处使用 $k-\omega$ 模型，而在远离壁面区域使用 $k-\varepsilon$ 模型。这就是现在 CFD 工程应用中被广泛采用的两方程模型之一，特别是存在弱分离的流动。$k-\omega$ 模型和 $k-\varepsilon$ 模型之间的结合是通过加权平均来实现的，其加权平均的形式如下：

$$C_{\mathrm{eff}}=FC_{k-\omega}+(1-F)C_{k-\varepsilon} \tag{5.18}$$

其中 F 是已知的混合函数，确保在 $y^+<70$ 的区域由 $k-\omega$ 模型占主导地位，而在其他区域由 $k-\varepsilon$ 模型主导。另外，混合模型中还加入了一项修正项，用以限制剪切应力，即 Bradshaw 关系 $-\overline{uv}=ak$，其含义由方程（5.13）表示。限制方程为

$$\nu_t=\frac{ak}{\max(a\omega,\alpha(\partial U/\partial y))} \tag{5.19}$$

这里 $a=c_\mu^{1/2}$。α 是一个函数，对于边界层流动 α 取极值 1，对于剪切流动 α 取极值 0。转换发生于：

$$c_\mu^{1/2}\omega=\frac{\partial U}{\partial y}\rightarrow c_\mu^{1/2}=\frac{k}{\varepsilon}\frac{\partial U}{\partial y}=-\frac{\overline{u\nu}}{k} \tag{5.20}$$

式（5.20）相当于平衡条件 $P_k/\varepsilon=1$。因此，应变很高超过平衡态时，方程（5.19）变为

$$\nu_t=\frac{c_\mu^{1/2}k}{\partial U/\partial y}\rightarrow-\overline{u\nu}=c_\mu^{1/2}k \tag{5.21}$$

上面所提到的混合模型即为剪切应力输运模型（shear－stress－transport model，SSTM）。由于它对逆压梯度有良好的适应性，因此被广泛应用在流动计算中。对于减速边界层，限制器被激活并且相对于无限制器的 $k-\omega$ 模型减小其剪切应力，这样就促进了流动的分离，包括激波诱导分离。事实上，这一模型也会在一些亚、跨、超声速的分离流动中起到过分促进的作用，致使流动过早地分离，结果表现为流动中出现更大的回流区域。

弯管流动外形图如图 5.8 所示。图 5.9 给出了采用 S－A 湍流模型、标准 $k-\varepsilon$ 模型、RNG $k-\varepsilon$ 模型和雷诺应力模型模拟如图 5.8 所示弯管的流函数分布云图。由图 5.9 可以看出，四种典型的湍流模型得到的弯管下方的分离涡不尽相同。图 5.10 对比了四种湍流模型计算得到的横截面上的压力系数分布。由图 5.10 可以看出，由于 RSM 较为准确地模拟了弯管的分离流动，因此其得到的压力系数与试验结果吻合。

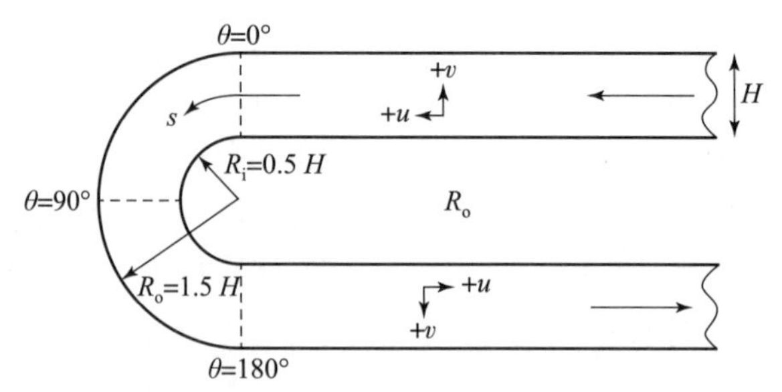

图 5.8　弯管流动外形图

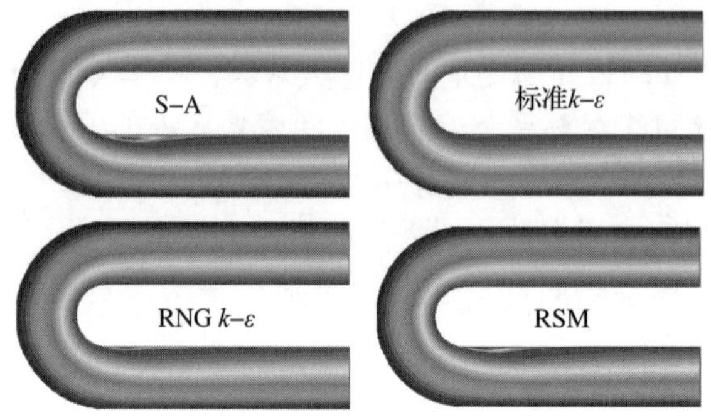

图 5.9　弯管内的流函数分布云图

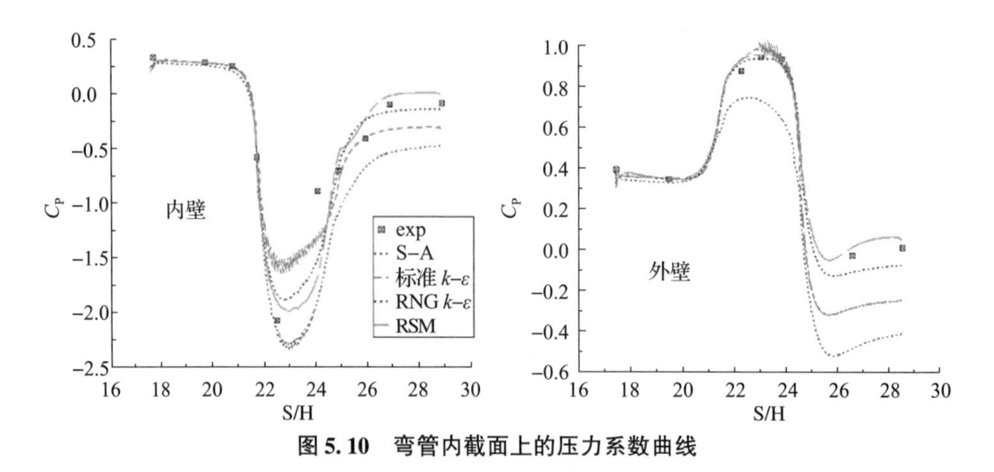

图 5.10　弯管内截面上的压力系数曲线

5.5.2　非线性涡黏性模型

对于复杂的分离流动，除构建涡黏性架构以外，还需要二阶矩封闭条件。这个架构可以容许在没有涡黏性理论的情况下确定雷诺应力，直接来源于可以控制应力的一套合理的方程：

$$\underbrace{\frac{\mathrm{D}\,\overline{u_i u_j}}{\mathrm{D}t}}_{C_{ij}} = \underbrace{-\left\{\overline{u_i u_k}\frac{\partial U_j}{\partial x_k} + \overline{u_j u_k}\frac{\partial U_i}{\partial x_k}\right\}}_{P_{ij}} + \underbrace{(\overline{f_i u_j} + \overline{f_j u_i})}_{F_{ij}} - \underbrace{2\nu\overline{\frac{\partial u_i}{\partial x_k}\frac{\partial u_j}{\partial x_k}}}_{\varepsilon_{ij}} + \underbrace{\overline{\frac{p}{\rho}\left(\frac{\partial u_i}{\partial x_j} + \frac{\partial u_j}{\partial x_i}\right)}}_{\Phi_{ij}} -$$

$$\underbrace{\frac{\partial}{\partial x_k}\left\{\overline{u_i u_j u_k}+\frac{\overline{pu_j}}{\rho}\delta_{ik}+\frac{\overline{pu_i}}{\rho}\delta_{jk}-\nu\frac{\partial\overline{u_i u_j}}{\partial x_k}\right\}}_{d_{ij}} \tag{5.22}$$

式中，C_{ij}、P_{ij}、F_{ij}、ε_{ij}、Φ_{ij}和 d_{ij}分别代表应力对流、压力乘积、力的乘积、耗散、压力应力重新分配以及扩散。最后三项需要建模，二阶矩封闭条件的一个重要优点就是可以在它们的精确形式中得到应力产生项，因为它们只涉及应力和应变的乘积。应力产生项主要来负责各项异性，以及对于不同的应变类型的湍流的选择性响应。另外一个优点就是其对流应力输运的描述非常精确。在这里设计了一个巨大的扰流体来对方程（5.22）中的最后一项进行建模。还有一个优点是只涉及了其中非常小的一部分。

在高雷诺数情况下，远离壁面，通常假设耗散为各项同性的，表达式为

$$\varepsilon_{ij}=\frac{2}{3}\varepsilon\delta_{ij} \tag{5.23}$$

该近似不能充分地靠近壁面，本质上来说，壁面附近在小尺度上是各向异性的，已经做出了很多提案来说明这个现象。广泛使用的模型为

$$\varepsilon_{ij}=\frac{2}{3}f_\varepsilon\delta_{ij}\varepsilon+(1-f_\varepsilon)\varepsilon_{ij}^* \tag{5.24}$$

这里的 ε_{ij}^* 是 ε 的壁面极限值。可以对方程（5.22）中的耗散张量进行泰勒级数展开，从而可以很容易地得到它。“弯曲” 函数 f_ε 随着模型的不同而不同。它至少有五种形式。

各项同性的耗散率的取值是关于涡黏性模型的讨论的一个课题，其中大多数说法在这里都可以应用。长度尺度方程仍然是模型缺陷的一个主要来源。极少例外，ε 由输运方程（5.14）的变异来确定，无论是否修正。唯一的主要差别就是下面的替换：

$$\frac{\partial}{\partial x_j}\left(\left(\frac{\nu_t}{\sigma_\varepsilon}+\nu\right)\frac{\partial\varepsilon}{\partial x_j}\right)\leftarrow\frac{\partial}{\partial x_j}\left(c_\varepsilon\,\overline{u_j u_k}\frac{k}{\varepsilon}\frac{\partial\varepsilon}{\partial x_k}\right) \tag{5.25}$$

它的暗示就是任意方向上的耗散的扩散流并不只是简单地与该方向上的耗散梯度有关，而是与加权所有方向上的耗散梯度的总和有关。每一个加权都由相应的雷诺应力来控制。这就是所谓的广义梯度耗散假设（GGDH）。同样，应力耗散（是一个非常罕见的控制过程）通常也由 GGDH 来近似：

$$d_{ij}=\frac{\partial}{\partial x_k}\left(c_s\,\overline{u_k u_l}\frac{k}{\varepsilon}\frac{\partial\,\overline{u_i u_j}}{\partial x_l}\right) \tag{5.26}$$

还有更复杂的形式，但并不是非常优秀。

除了耗散，变形和压应变项 Φ_{ij}出现在模型中，在二阶矩封闭中，该模型是最大的难题。它的重要性在大量的关于该难题的文献中都有反映，这些文献在这里就不一一列举了。当缩小到 $k=0.5\,\overline{u_i u_j}\delta_{ij}$时，该项就会消失（严格意义上，只在不可压缩流动中），那么这样它就变得与基于湍流能量或者其他量的封闭条件无关。然而，在二阶矩封闭中，该项控制着法向应力之间的湍流能量的重新分布。

对于大多数压力应变过程，经过分析表明，原则上，重新分布过程由两个部分构成：一个只涉及湍流之间的相互作用程度（Φ_{ij1}，被称为缓慢项或“Rotta” 项）；另一个与湍流变动量和平均应变之间的相互作用有关（Φ_{ij2}，被称为快速项，因为其与快速形变相关）。这个事实使得大多数模型对这两个部分都做出了各自的提案。从下面的一般形式开始：

$$\Phi_{ij} = \varepsilon A_{ij}(a)_{ij} + kM_{ijk1}(a)_{ij}\frac{\partial U_k}{\partial x_1} \tag{5.27}$$

在式（5.27）中，这两项分别代表慢和快的过程。简单形式与雷诺应力呈线性关系，但是要做出一定范围的修正，以确保安全可靠性和正确的近壁面表现。特别是，重新分布过程要对强烈的不均匀性保持敏感，这种不均匀性与巨大的应变梯度有关，并对各向异性不变量也要敏感，尤其是在低雷诺数形式中，它可以容许将模型使用到壁面里面。

尽管以上的所有近似非常精妙，但是是局部的。而任意一个过程肯定是非局部的，那就是 Φ_{ij}，因为它涉及传播的压力波动，并且被反射穿过整个流动区域。这使得 Durbin 提出了一个建模因素，主要目标是阐明椭圆过程都与整个流动区域里面的压力波动的传播有关。这个因素就是一个椭圆松弛方程，其形式如下：

$$L^2\ \nabla^2\frac{\Phi_{ij}^{c}}{k} - \frac{\Phi_{ij}^{c}}{k} = \frac{\Phi_{ij}}{k} \tag{5.28}$$

这里的 Φ_{ij}^{c} 是标准 Φ_{ij} 的壁面修正形式，L 是湍流长度尺度，∇^2 是椭圆操作数，方程（5.28）的设计考虑到了压力应变过程的非局域性，并且促使 Φ_{ij} 接近修正的壁面值，也就是规定的壁面条件。尽管已经表明，这个方法对几个具有挑战性的流动的处理结果都很好，但是它需要附加的 6 个微分方程的解［再加上方程（5.22）和耗散方程（5.14），合并方程（5.25）］，将会增加数值求解对计算资源的要求。

5.5.3 非线性涡黏性和显式代数应力模型

雷诺应力输运模型的复杂性以及对边界条件的要求，推动了进一步对模型进行简化，产生了非线性涡黏性模型和显式代数应力模型。这些模型将应力表示为应变的显式代数关系式，使用起来更为简单实用，而且同时保留了线性涡黏性模型的优点。

NLEVM 是建立在一般的张量展开的基础上：

$$a_{ij} \equiv \frac{\overline{u_i u_j}}{k} - \frac{2}{3}k\delta_{ij} = \sum_{\lambda} a_{\lambda} T_{ij}^{\lambda} \tag{5.29}$$

这里的 T_{ij} 是黏性和涡度张量的函数：

$$S_{ij} \equiv \frac{1}{2}\left(\frac{\partial U_i}{\partial x_j} + \frac{\partial U_j}{\partial x_i} - \frac{2}{3}\frac{\partial U_k}{\partial x_k}\right) \tag{5.30}$$

$$\Omega_{ij} \equiv \frac{1}{2}\left(\frac{\partial U_i}{\partial x_j} - \frac{\partial U_j}{\partial x_i} + \varepsilon_{ijk}\Omega_k\right) \tag{5.31}$$

这里的 Ω_k 代表了任意系统转动，a_λ 取决于湍流的时间尺度，一般而言，也取决于应变和涡量的约束条件。方程（5.29）的展开形式是以 Cayley – Hamilton 定理为前提推导的，该定理规定，至多有 10 个张量的单独的、对称的、迹等于零的二级张量乘积为 S_{ij} 和 Ω_{ij}，没有张量能将以上都包含进去，立方模型使用的是前六组：

$$\begin{aligned}\mathbf{a} = {} & a\mathbf{s} + \\ & \beta_1\left(\mathbf{s}^2 - \frac{1}{3}\{\mathbf{s}^2\}\mathbf{I}\right) + \beta_2(\mathbf{ws} - \mathbf{sw}) + \beta_3\left(\mathbf{w}^2 - \frac{1}{3}\{\mathbf{w}^2\}\mathbf{I}\right) + \\ & \gamma_1(\mathbf{s}^2)\mathbf{s} - \gamma_2(\mathbf{w}^2)\mathbf{s} +\end{aligned}$$

$$\gamma_3\left(\mathbf{w}^2\mathbf{s}+\mathbf{s}\mathbf{w}^2-\{\mathbf{w}^2\}\mathbf{s}-\frac{2}{3}\{\mathbf{wsw}\}\mathbf{I}\right)+$$
$$\gamma_4(\mathbf{w}^2\mathbf{s}-\mathbf{s}^2\mathbf{w}) \tag{5.32}$$

右手边的第一项对应着线性涡黏性模型（应力正比于应变），很明显，线性模型满足 $\lambda=1$，$T_{ij}=S_{ij}$，$\mathbf{a}_1=-2\mu_t/\varepsilon k=-2c_\mu k/\varepsilon$。然后，方程（5.29）的特殊选择受制于张量的约束。非线性项的系数通常由基准流动的相关实验和 DNS 数值来确定。

已经证明 EARSM 与方程（5.29）具有相同的形式，但是来源于前面部分讨论的雷诺应力输运模型的简化形式的一个翻转。关键的简化是 Rodi 的对流和扩散应力输运的“代数”近似：

$$\frac{\mathrm{D}\,\overline{u_iu_j}}{\mathrm{D}t}-d_{ij}\approx\frac{\overline{u_iu_j}}{k}\left(\frac{\mathrm{D}k}{\mathrm{D}t}-d_k\right)=\frac{\overline{u_iu_j}}{k}(p_k-\varepsilon) \tag{5.33}$$

这致使应力方程为隐式的代数方程组，利用 k 和 ε 方程来分别给出 p_k 和 ε，对方程（5.33）中对流项的代数近似等于

$$\frac{\mathrm{D}a_{ij}}{\mathrm{D}t}=0 \tag{5.34}$$

这样，各向异性的变化就消失了，那么假设表述为湍流结构是平衡的。

原则上，将方程（5.28）代入隐式雷诺应力方程组中，就可以推导出 EARSM，并遵守强加的限制条件方程（5.33）。然后由方程组给出湍流尺度 k 和 ε 或者 ω 的封闭条件。除了线性应力应变模型的限制以外，EARSM 依靠耗散与应力之间的线性关系。假设耗散是各向同性的，那么这个就是不合理的。然而，更多精妙的近壁面近似，如方程（5.24），由于 f_ε 是应力的函数，所以 EARSM 还存在很多问题。

5.6　小结

本章介绍了湍流的流动特点以及湍流的数值模拟方法，首先介绍了雷诺平均 N－S 方程，以及基于雷诺平均 N－S 方程推出的湍流模型，然后介绍了湍流模型的直接数值模拟方法以及更为实用的高精度 LES 方法。

第 6 章
网格生成技术

6.1 简介

对于任何外形的 CFD 求解最重要的一部分工作就是建立离散的网格。在网格点上，流场主控方程以有限的形式出现，以及相关边界条件都与离散策略有关，并将直接应用于数值求解。因此，网格生成就是将物理的场离散为有限点或者有限源的集合，在离散点上偏微分方程组被离散代数方程组替代，然后进行数值求解。网格提供了离散的空间框架，在其上展开数值求解和解的可视化。

如果用一些符合逻辑的矩形或者六面体代替点，以便在两个方向或者三个方向上能很容易地辨别相邻点，这样的网格被称为结构网格。这种自动的相邻关系的识别就会大大地简化，无论是数据结构还是微分的离散代替和积分，最终都会变为有序的系数矩阵问题。由于逻辑顺序，每一个空间点可以被明确地引用。然而，这种结构是以集合外形的灵活性为代价得到的，尽管人们已经对结构网格做了大量的研究，但复杂集合外形很难用这种方法处理。虽然要将它的物理场离散得逻辑有序非常困难，但是合理的形状以及子区域可以产生高质量的结构网格。

非结构网格就是相邻或者不相邻的点之间没有逻辑联系，也就是说每个点都是独立的。但是，必须得构建一个明显的相互关联的表格并保存，用于 PDE（偏微分方程）求解。微分和积分的代替也非常复杂，而产生的矩阵问题也越来越有序。因此，非结构网格中，PDE 的求解步骤相比于结构网格会变得更加复杂，但是它能够自动处理真正复杂的外形，而不会有结构网格生成过程中要保证逻辑顺序的问题。无网格技术可以控制偏微分方程的数值求解，而不需要任何类型的显式或者隐式网格点之间的联系。在流场中有一些列的点，并且基于计算谱半径内的每个点的邻域内的点，研究了数值离散方法。该项技术的发展仍然处于初期，且没有广泛地用于解决实际的航空航天结构问题。

网格点的分布影响计算精度、效率以及 PDE 的求解成本。网格空间应该足够精确，且网格线、面和体上的比例的变化应该缓慢平滑。还有，一个网格由相邻点构成，所以网格单元不能间断变化而且它的形状不应该太过歪斜。有时要依据计算结果的变化，对网格点的位置或者网格单元做适当的调整。网格生成是 CFD 过程中劳动强度高且步骤不断重复的程序，同时经常妨碍 CFD 模拟的输出效率。此外，由于工业推动了高精度模拟，近 10 年来，模拟中的网格规模急剧增加。在一个工作站上生成如此大规模的网格是一项可怕的任务，并行网络生成是必需的。

6.2　网格生成策略

下面将要讨论网格生成策略以及结构网格（笛卡儿网格和曲线网格）和非结构网格（四面体网格、混合网格和一般网格）。

6.2.1　结构网格

1. 笛卡儿网格

笛卡儿网格就是网格线构成的网格位于矩形内或者长方体内，每个格子的尺寸是由实体几何组件的尺寸函数来决定的，并用于 CFD 计算。与实体几何组件有关的离散化从网格中脱离，边界条件应用于靠近内部几何实体的网格线上，这也是离散给定场的最简单也最直接的方法。整个网格生成过程和边界条件的定义都可以自动实现。与之相关的非线性 PDE 可以利用基于单元格或者基于节点的高阶近似来离散。

Aftosmis、Berger 和 Melton 一直在研究无黏流动的切割单元笛卡儿网格生成方法。Nakahashi 提出了建立立方体的方法，利用大规模纯笛卡儿网格高效存储为基于四叉树/八叉树的数据结构。如图 6.1 所示的并行模拟结果。良好的单元位于边界面以避免使用切单元，并借此来避免生成边界层。计算资源的进一步改善，对建立立方体方法的实际应用至关重要。

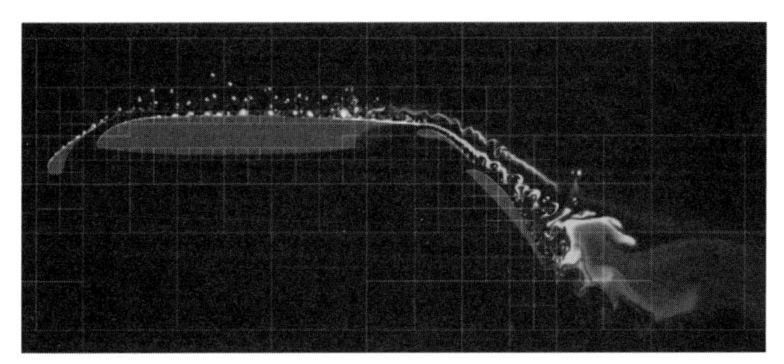

图 6.1　NASA 超临界四单元翼型周围的时间精确的 RANS 模拟的瞬态熵分布

2. 曲线网格

曲线网格就是在物理空间与计算域的均匀分布之间建立一一对应关系的弯曲坐标线网格。曲线网格点符合实体表面/边界，因此，提供了最经济、最精确的方法来定义边界条件。图 6.2 所示为 NACA0012 翼型周围的曲线网格实例。对于复杂的几何外形，就将物理空间划分为子区域，然后在每个子区域里面生成曲线网格，再将这些子网格在交界面处通过重叠或者遮盖（通常指镶嵌或者重置网格）连接在一起。每个区域边界上求解信息的转化对模拟是否成功非常关键。

20 世纪 70 年代到 80 年代，由于 Thompson、Warsi 和 Mastin 提出了突破性创新方法，曲线网格使得 CFD 在航空航天领域的应用取得了巨大的进展。曲线网格生成技术是基于代数插值方法和 PDE，包括椭圆系统和抛物系统。在使用一个三维插值的参数形式中利用无限插值（TFI）方法就可以产生曲线网格。在三个坐标方向上，通过对插值投影使用布尔和运算即可生成网格：

$$P_\xi \otimes P_\eta \otimes P_\zeta = P_\xi + P_\eta + P_\zeta - P_\xi P_\eta - P_\eta P_\zeta - P_\xi P_\zeta + P_\xi P_\eta P_\zeta \tag{6.1}$$

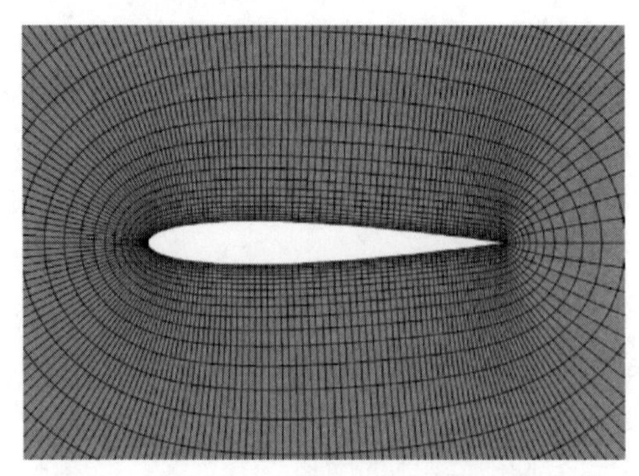

图 6.2　NACA0012 翼型周围的曲线网格实例

这里的（ξ，η，ζ）表示三个坐标方向。投影参数 P_ξ，P_η 和 P_ζ 是线性、拉格朗日、赫米特、贝塞尔、B 样条 NURBS（非均匀有理 B 样条）或者其他任意形式的差值或者近似方法，供研究人员在 ξ，η 和 ζ 三个方向上分别选择。

使用椭圆生成系统的关键因素就是合理地控制函数变化以达到网格平滑和正交。该项技术得到了很好的发展，并且可以对任意复杂区域生成高质量的网格。椭圆系统的公式为

$$\sum_{i=1}^{3}\sum_{j=1}^{3} g^{ij} r\xi^i\xi^j + \sum_{k=1}^{3}\phi_k r\xi^k = 0 \tag{6.2}$$

此处的 $r=(x, y, z)$ 是物理空间，$(i, j, k)=(\xi^1, \xi^2, \xi^3)$ 是计算空间，$g^{ij}=r_\xi^i \cdot r_\xi^j$ 是协变度量项，并且协变度量项的公式为

$$g^{ij}=\frac{1}{g}(g_{jm}g_{km}-g_{jn}g_{jn}),\quad i=1,2,3;$$
$$j=1,2,3;\quad (i,j,k),(l,m,n)\,\text{cyclic} \tag{6.3}$$

那么控制函数变化时，椭圆系统可以写成下面的形式：

$$\sum_{i=1}^{3}\sum_{j=1}^{3} g^{ij}(g_{iq})_{\xi^j} + \sum_{k=1}^{3}\phi_k g_{kq} - \sum_{i=1}^{3}\sum_{j=1}^{3} g^{ij} \times \left(\frac{(g_{ij})_{\xi^k}-(g_{jq})_{\xi^i}+(g_{iq})_{\xi^j}}{2}\right)=0,\quad q=1,2,3 \tag{6.4}$$

假设正交，控制函数可以变化为

$$\phi_k=\frac{1}{2}\frac{\mathrm{d}}{\mathrm{d}\xi^k}\ln\frac{g_{kk}}{g_{ii}g_{jj}},(i,j,k)\,\text{cyclic}$$
$$k=1,2,3 \tag{6.5}$$

控制函数的定义非常直接，并且已经发现在结构网格中是改善网格正交和平滑最有效的。如图 6.3 所示，几乎正交平滑的网格具有非常良好的分布控制和凸凹区域附近的黏性模拟。

在嵌入/重叠网格案例中，抛物生成方法非常有利于外部流动问题和组件网格的生成，下面的方程是线性化的，然后数值求解生成网格：

$$
\begin{aligned}
r_{\zeta} r_{\xi} &= \sqrt{g_{11} g_{22}} \cos \phi \\
r_{\zeta} r_{\eta} &= \sqrt{g_{22} g_{33}} \cos \varphi \\
r_{\zeta}(r_{\xi} \times r_{\eta}) &= V
\end{aligned}
\tag{6.6}
$$

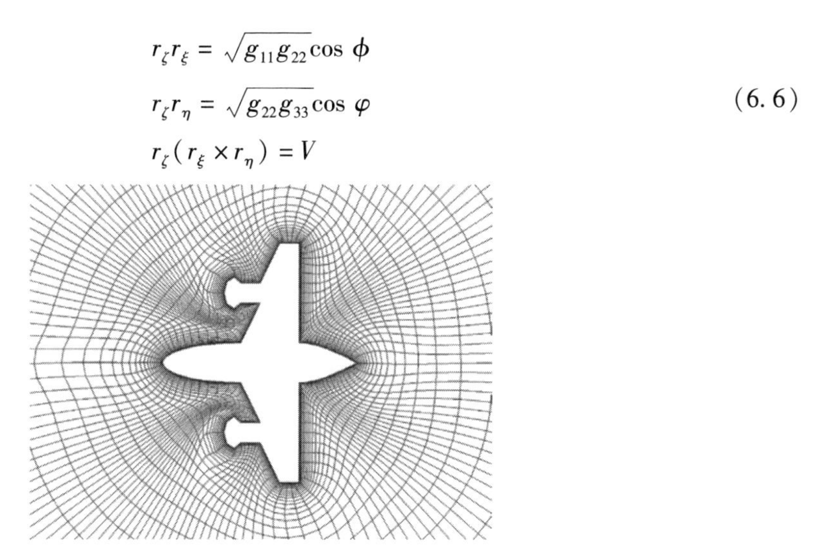

图 6.3　带有两个剧烈凹陷和突起拐角外形的飞机周围的曲率网格

在实际应用中将方程里面的 ϕ 和 φ 值定为 90°时，可以保证正交。

结合代数的椭圆抛物技术，使静态和自适应/动态网格生成质量达到良好。另外一个使用方法是基于可变函数的嵌入/重叠网格可以灵活解决移动体问题，这种多重网格在 CFD 实际引用中得到了广泛的应用，多重网格的灵活和适应性极高，尤其是对于非常复杂的几何外形。在网格生成中，用户思维和经验控制着响应时间。过去几年，已经进行了各种各样的研究活动来研究算法，以便开展与多重网格生成相关的自动网格划分，然而用户交流和图形界面在结构网格的生成中极其重要。

6.2.2　非结构网格

非结构网格放松了对节点关系的要求。在每个节点上有任意数量的单元实际上都是允许的，也容许边界协调网格的生成。网格信息由一系列节点的坐标和节点之间的关系来表达。相互关系表制定了节点和单元之间的关系以及相邻关系。以三角网格和混合网格为例，壁面上的四边形网格可以解析边界层，而 NACA0012 周围的其他三角网格分别如图 6.4 和图 6.5 所示。非结构网格对复杂几何体具有更大的几何灵活性。由此可见，现在在航空航天 CFD 应用中，非结构网格正在普及。然而，高质量网格的生成，尤其是那些高宽高比单元网格的模拟仍在研究中。非结构网格的规模随着几何外形的复杂程度呈几何增长，就产生了存储问题以及网格生成的运行时间。因此，并行网格生成、重叠网格和局部网格化技术经常是非结构网格生成中所期望的。

并行网格生成的一个很有前景的方法是，首先将代表物理空间的封闭网格表面分割，然后再用并行方法生成一套体网格。许多航空航天 CFD 应用，包括复杂几何体的移动体问题，这些不能简单地用结构网格代替，而是在模拟过程中动态划分网格。已经提出的非结构重叠/嵌入网格方法就是用来解决这个问题的。机翼和油箱周围的非结构重叠网格的截面如图 6.6 所示。当它们的相对位置发生变化时，通过修改现有的网格，局部网格化技术，在快速创建单独体网格时就会非常有用。对 DLR – F6 机身和机翼周围应用局部网格化方法得到的混合网格如图 6.7 所示，数据结构在高效处理非结构网格中起到非常重要的作用。非结构网格主要的优点是自动化趋势和更大的几何灵活性。

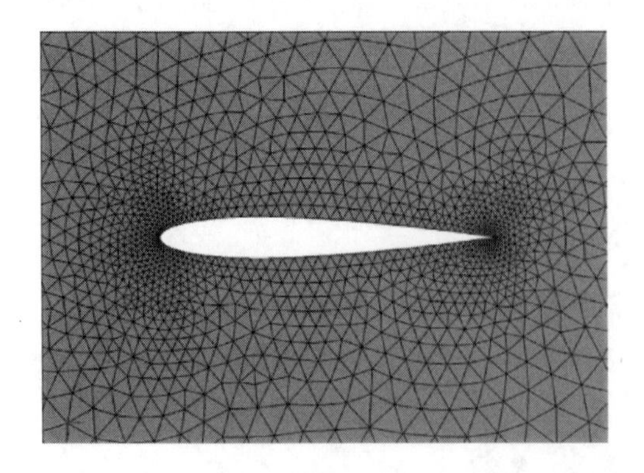

图 6.4　NACA0012 翼型周围的三角形网格实例

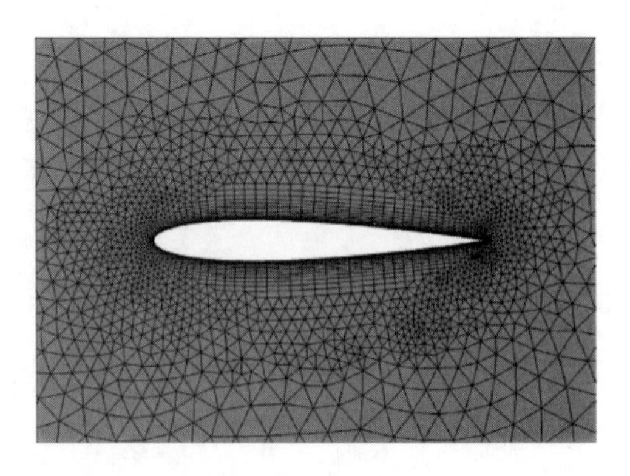

图 6.5　NACA0012 翼型周围的混合网格实例

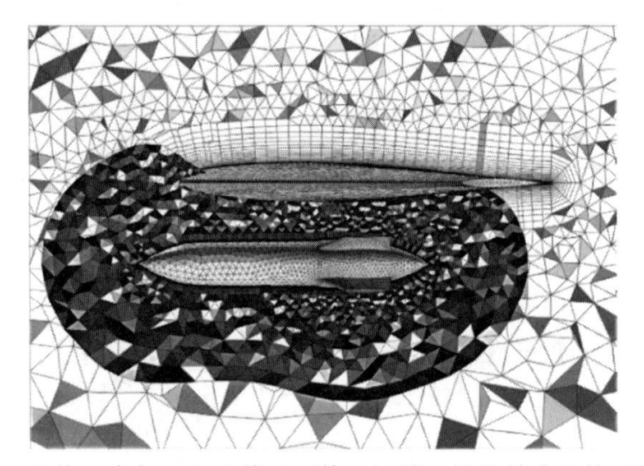

图 6.6　机翼（母体：浅灰）和油箱（子体：深黑）周围的非结构重叠网格的截面

图 6.7　对 DLR – F6 机身和机翼周围应用局部网格化方法得到的混合网格

有好几种方法可以用来生成非结构网格，如四面体/八面体方法、Delaunay 三角化方法、前沿推进算法、层推进法等，对于高雷诺数黏性流动模拟而言，非滑移壁面上需要用各非均匀网格，以便能正确解析边界层，层推进法和类似的方法广泛用于创建非均匀四面体网格（图 6.8）或者半结构单元网格（图 6.5）以满足要求。与结构网格方法相比，涉及网格细化的网格自适应方法应用于非结构网格，作为网格生成过程的一个部分，它们之间更容易协调。

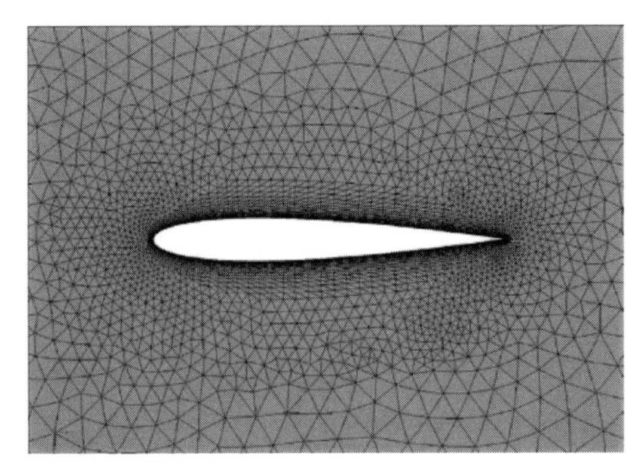

图 6.8　NACA0012 翼型周围的非均匀三角形网格实例

1. 四面体/八面体方法

四面体是二维叉树数据结构，在数据结构中，每一个节点都有 4 个规模相同的四面体，八面体是四面体的三维形式。可以采用简单可行的数值算法在任意级别上查询叉树数据结构，以便分辨该等级上相关子空间的特征。四面体和八面体可以用于网格生成，因为它们可以规范地离散计算域，四面体/八面体网格生成方法可以很容易地实现自动化并同时在三维空间内生成面网格和体网格。自从 Yerry 和 Shephard 第一次提出这个方法，四面体/八面体网格生成方法就一直在使用。然而，与笛卡儿方法相比，改善趋向自动化，边界协调，保存显著特点网格生成。

2. Delaunay 三角化方法

Delaunay 三角化方法基于 Dirichlet 拆分（维诺图）的概念而得，在该方法中，用一系列无重叠的凸多面体覆盖整个封闭的区域而得。在二维中，维诺图的线段长度等于被该线段分开的两点之间的距离，因此，维诺图的顶点与 3 个节点之间的距离必须相等（即著名的 Delaunay 三角形）。显然，可以以维诺图顶点为圆心创建一个圆，该圆通过构成三角形的 3 个点。同时，很明显，由于维诺线段和区域的定义，任何圆都不能包含任何点，该条件就是内切圆准则。因此，当给定一系列任意节点，这些点就可以被三角化，以便没有其他点被包含在二维网格三角形的外接圆（或者空间四面体网格的外接球）中，这个数学标准是 Delaunay 方法的强势构架。该方法已经成功用于复杂飞行器外形周围的网格生成。然而，内接圆/球对实际计算中的截断误差很敏感。特别是三维空间中的边界恢复是另外一个问题，需要被解析以满足 Delaunay 三角形限制条件。

3. 前沿推进算法

前沿推进算法通过从前沿逐步向内推进的方式生成三角形或者四面体。定义初始前沿为用于生成面网格的曲线段或者用于生成体网格的面网格。通过估算计算域内部的新点而在前沿上创建单元。这使得网格的生成会随着人们所期望的伸长量而改变大小。初始前沿附近的局部网格密度控制很容易。与 Delaunay 三角化方法相比，初始前沿的连通性可以很自然地得到保留。然而，前沿推进算法比 Delaunay 三角化方法所需的计算时间更多，通常是由于在网格生成中需要几何关系检索。为了避免创建低质量的网格，在网格生成的后期很需要一种平滑方法，如拉普拉斯算子，基于角度的或者基于优化的平滑方法。前沿推进算法和

Delaunay 三角化方法都可以用来改善网格质量。

4. 层推进法

层推进法是由 Pirzadeh 首次提出的，作为对前沿推进法的延伸，用于创建非滑移壁面上的非均匀四面体网格，该方法也可以用于创建半结构网格单元。基本上，非滑移壁面上的每一个节点依据视觉条件向内推进。然而，三维空间中的点，为了避免创建负体网格，可以有多个推进方向。这些点通常被称为奇点。该问题可以通过多方向推进法得到解决，多方向推进法可以改善尖顶点拐角周围的单元质量，如图 6.9 所示。利用这种方法，即使在奇点周围，半结构单元也可以很容易地放置。

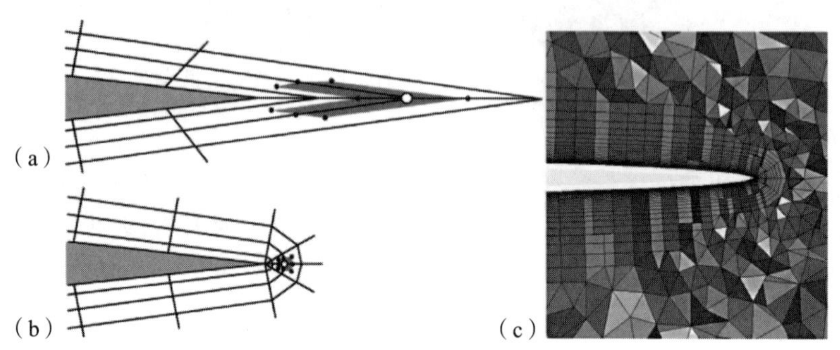

图 6.9　机翼后缘附近的单元与控制体

利用赖斯的方法，普通多面体单元容许创建四面体、金字塔、棱柱、六面体和 n 面多面体。多面体单元的主要优点是，它们都有很多相邻的单元，所以，与四面体单元相比，它的梯度可以得到较好的近似。然而这样的普通网格，对于许多用于航空航天的 CFD 程序来说，都不能得到广泛的接受。普通多面体网格的例子如图 6.10 所示。

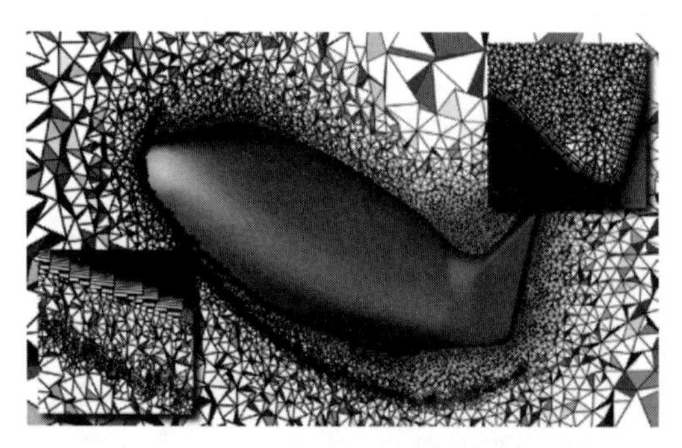

图 6.10　概念飞行器 X－38 周围的一般网格和激波区域的细网格

6.2.3　网格生成过程

不论是考虑哪一种网格策略，计算网格的创建要求如下。

（1）计算映射：建立一个从物理空间到计算空间的合理映射，在结构网格案例中容许合适的多重网格策略或者在结构网格案例中建立一个合适的节点顺序。

（2）几何离散：所有实体组件（面）的数值离散连同计算映射准则和期望的点分布，这些几何组件位于几何数据库中。

（3）计算模型：依据一定的准则，在结构网格案例中，在面周围生成合适的网格一般使用多重网格策略、点分布、平滑和正交，在非结构网格案例中，用期望的背景网格代替点分布。

网格生成过程中的几何关系类似于边界条件和流体控制方程的解之间的关系。利用合适的点分布构建一个精确的几何外形需要消耗 85%~90% 的整个网格生成过程的时间。与网格生成有关的几何详情包括如下几点。

（1）确定期望的网格点分布，这取决于所期望的流动特征。

（2）对边界区域和面块的值已经确定，为了解决将要处理的几何问题的精确数学描述，对边界区域评估并定义曲面。

（3）选择要使用的几何工具来定义这些边界区域和面块。

（4）上述的任务遵循一个合理的逻辑途径，利用合理的点分布得到几何体的期望的离散数学描述。

基于参数的曲面曲线非均匀有理 B 样条模型，广泛应用于 CAD（计算机辅助设计）/CAM（计算机辅助制造）/CAE（计算机辅助工程）系统里的几何实体建模。凸包、局部支持、保守形状形式、仿射变换和 NURBS 的变化减小属性，在工程设计应用中极具吸引力。在实际宇航问题中，大多数有意义的几何外形都是在 CAD/CAM 系统里设计的，并且将 IGES（初始化图形交换规范）或者 STEP（产品模型数据交换规范）格式的文件应用于分析。在 CFD 过程中，几何外形的准备被认为是最关键且劳动强度最高的，同时还包括我们所关心区域的期望的点分布，平滑和正交准则对多有边界和面的离散定义。

6.3　自适应网格

自适应网格有三种基本方法，在动态自适应网格以及物理问题的 PDE 中用到。第一种方法就是重新分配一定数量的点，在该方法中，点从误差相对小的区域移动到误差大的区域。但是通过这种点的移动，总的近似阶数没有增加。它可能会改善局部近似程度。只要重新分布点的数量不要严重耗尽其他区域的点的数量，这个方法就是一个切实可行的方法。第二种方法是局部细化法。在该方法中，在误差相对比较大的区域中，可以在该区域固定点集结构上添加或删除点。这里就不存在其他区域上的点耗尽的问题了，误差也没有增加。然而计算时间和存储空间会随着细化操作而有所增加，并且数据结构也比较困难，该方法非常适合于非结构网格。自适应网格是基于细化和重新分布法而发展来的，它是建立在解特征的变化基础上的，对于复杂外形，自适应网格已经显示出了很好的潜力。一个自适应网格的重建依据图 6.11 所示的解的变化情况。第三种方法中，求解方式会在相对误差较大的区域变为局部高阶近似。这又增加了正式全局精度，但是涉及求解器，实现起来更为复杂。这种方法在多尺度 CFD 中没有明显的应用。

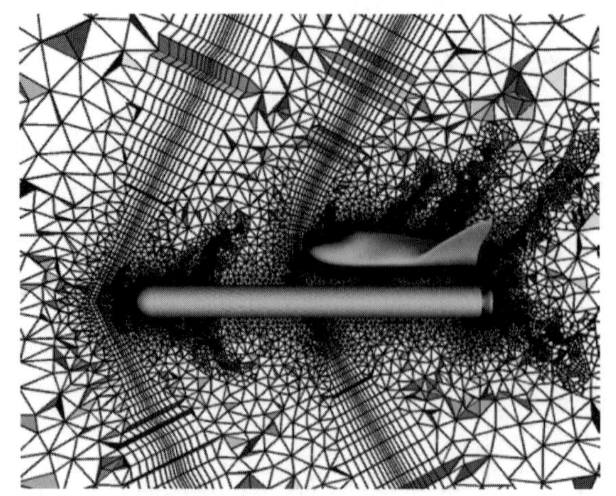

图 6.11　概念飞行器 X－38/发射器外形的带有嵌入面和细化的自适应网格求解

6.4　网格生成技术的发展趋势

网格生成策略，尤其是在结构非结构领域，得到了很好的发展和验证。对于 CFD 而言，快速周转、几何的灵活性、精度成本和稳定性是要解决的关键问题，它需要在支持工业航空航天外形设计中起到应有的作用。然而，目前的网格生成过程需要解决各种各样的问题，以达到这些要求，并且在过去、现在和未来的终极目标如图 6.12 所示。

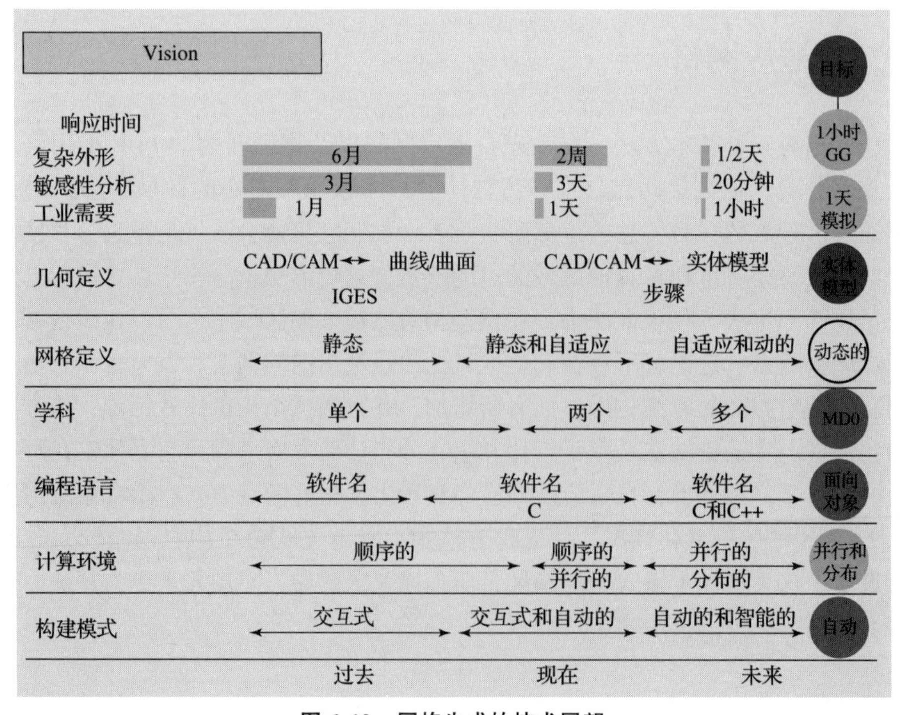

图 6.12　网格生成的技术展望

网格生成技术主要关心的问题就是响应时间。一般而言，仅仅对于最简单的应用来说，几何体的创建和网格的生成很快或者很容易实现工业需求。最终的工业目标是在 1 小时内实现复杂的网格生成，同时流场模拟只需要 1 天就能完成。利用所期望的格式中的明确几何定义，复杂飞行器周围的机构多重网格（用于 N－S 模拟）需要两周到三周才能完成。然而，一个非结构网格，在 1 天内就可以完成（用于欧拉模拟），而笛卡儿网格只是 1 小时的事情（用于欧拉模拟）。对于欧拉模拟来说，非结构的和笛卡儿的网格策略满足了工业需求，然而，对于具有化学反应的复杂湍流 N－S 模拟和多项多种类物理问题，这些都是模拟系统通过利用结构多重网格实现的。非结构正交技术，以流场模拟的观点来看，仍然处于复杂物理问题的研究中，响应时间表代表了执行网格生成、敏感性分析（具有较小的几何分布干扰的网格生成）以及工业预期所需要的时间。

从成本和效益方面来看，研究基于场分布特征（自适应网格）或者基于流场中几何组件的移动的高质量网格非常重要。对动（自适应/运动）网格的需求在逐渐增长。目前，动网格算法仅仅局限于简单外形。有关复杂外形的自适应方法的适用性技术仍然需要提高。然而，动网格划分的能力，是非结构正交网格所固有的特点。

工业环境也随着面向对象的环境正在快速地进入并行/分布计算。在这样的计算环境下，通过致力于工业多学科设计和优化分析应用，CFD 有着非常重要的作用。与多学科优化分析应用有关的网格重生成的一个目标应该是发展关于复杂外形的自动化智能网格算法。

6.5　小结

本章简要介绍了 CFD 数值模拟所用网格的生成策略包括：基于笛卡尔坐标和曲线坐标的结构化网格生成方法；四面体/八面体方法，Delaunay 三角化方法，层推进法，前沿推进算法等四种非结构网格生成方法；动态自适应网格网格生成过程以及网格生成技术的一般发展趋势。

第7章
边界条件处理

7.1 概述

有限体积法用于流体流动和传热问题的计算时，这类问题除了流动或传热现象的控制微分方程外，还由其初始条件和边界条件一起构成定解问题。对非稳态问题，所有计算变量在开始计算之前应有初始值，即所有网格节点上各变量应有一个计算起点，这样才有可能依时间步长计算场变量随时间的变化，这就是初始条件。对数值计算来讲，初始条件的给定并不影响计算过程的实施，给定初始值即可，一般不需额外处理。因此这里不讨论初始条件，而大多数边界条件则会对离散方程的形式和计算方法产生一定的影响，下面来讨论边界条件的处理过程。

一般来讲，流动和传热问题的边界条件主要有入口边界条件、出口边界条件、固定壁面边界条件、常压边界条件、对称边界条件和周期或循环边界条件。

不同的边界条件，有限体积法计算式的处理略有不同。对于交错网格系统，在划分网格时一般在边界边外侧设置一层额外的节点，如图7.1所示。计算是在内部节点（$J=2$，$I=2$）处，边界控制容积也是如此。最外一层节点只是为了给定边界值之用。其可总结为：

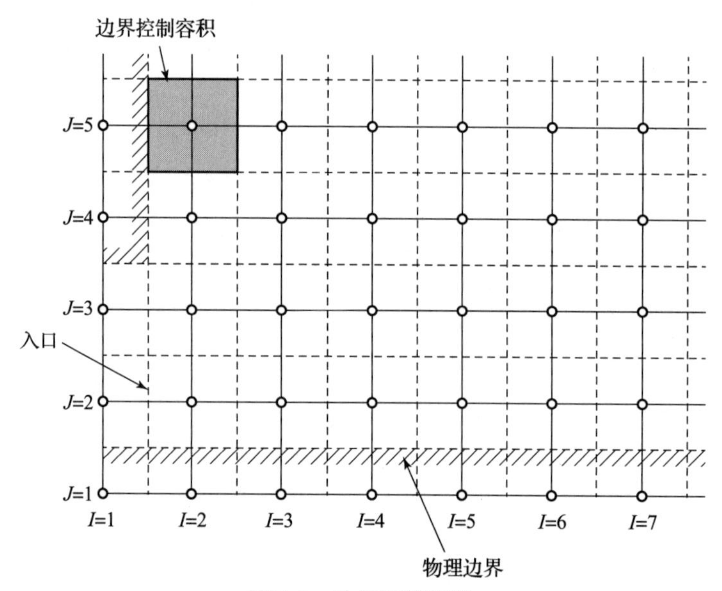

图7.1 边界网格配置

（1）物理边界与边界控制容积的外边界重合。

（2）外层节点值用于存储给定的边界值。

这样布置网格可使边界条件对离散方程和边界控制容积积分的改动最小。

前几章算例中我们处理边界条件时是通过切断离散方程与边界边的联系并对方程源项进行修正来实现的，即令离散方程中边界边的系数为零，同时边界条件为给定流量（对流量或扩散量）时可用这种方法处理，若边界条件为给定场变量值，可以用更简单的方法处理。例如，给定场变量 ϕ 的值为 $\phi=\phi_{\text{fix}}$，可以采用一种称为置大数法的方法处理边界条件。令

$$S_p=-10^{30},\quad S_u=10^{30}\phi_{\text{fix}} \tag{7.1}$$

将上述源项加入离散方程中，成为

$$(a_p+10^{30})\phi_p=\sum a_{nb}\phi_{nb}+10^{30}\phi_{\text{fix}} \tag{7.2a}$$

显然

$$\phi_p=\frac{\sum a_{nb}\phi_{nb}}{a_p+10^{30}}+\frac{10^{30}\phi_{\text{fix}}}{a_p+10^{30}}\approx 0+\phi_{\text{fix}}=\phi_{\text{fix}} \tag{7.2b}$$

因为 $\sum a_{nb}\phi_{nb}$ 有界，10^{30} 相对于它是一个极大数，而 $\frac{10^{30}}{a_p+10^{30}}\approx 1$。

这一方法不仅用于边界上给定节点值的计算，对于计算域内任意点给定节点值的求解都可以采用这种办法处理。例如流场内有固定障碍物体或（固体）固定温度热源，固体壁面处的 ϕ 值（$u=0$ 或 $T=T_{\text{w}}$）为一定值，采用上述方法处理可不修改计算程序，不改变方程阶数，不对代数方程组产生消极影响，仅在希望的节点处解出给定的值。

7.2 进出口边界条件处理

我们以二维压力速度耦合问题求解作为边界条件讨论的基础。要求解的至少是 3 个方程，即 x 方向和 y 方向的动量方程以及压力修正方程。如果还有其他场变量需求解（如温度），还要加上它们的方程。采用交错网格系统时，u 动量方程采用一种网格，v 动量方程采用一种网格，其余场变量采用主控制容积网格。边界条件处理时也会在不同的网格中涉及不同的节点。

7.2.1 入口边界条件

入口处要指定流动变量在入口边界节点处的值。这里为简单起见，讨论入口边界与 x 坐标方向垂直的情况。图 7.2 ~ 图 7.5 表示了边界处计算第一个内点的起始控制容积位置和相关点的位置。入口边界值 u_{in}，v_{in} 和 $p'_{\text{in}}=0$ 给定，从紧挨入口边界的下游开始求解离散方程，起始控制容积在图中用阴影表示。

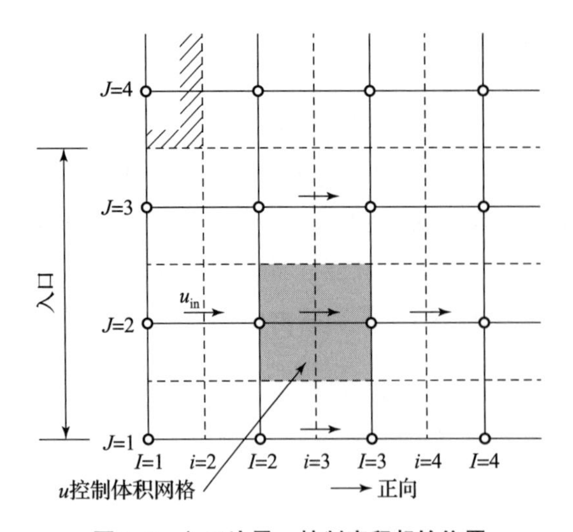

图 7.2　入口边界 u 控制容积起始位置

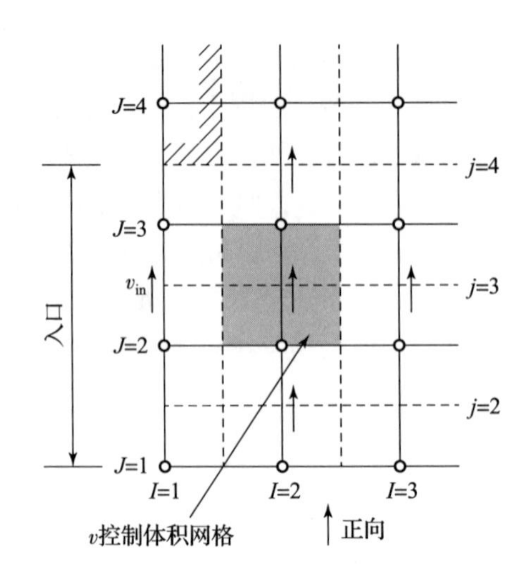

图 7.3　入口边界 v 控制容积起始位置

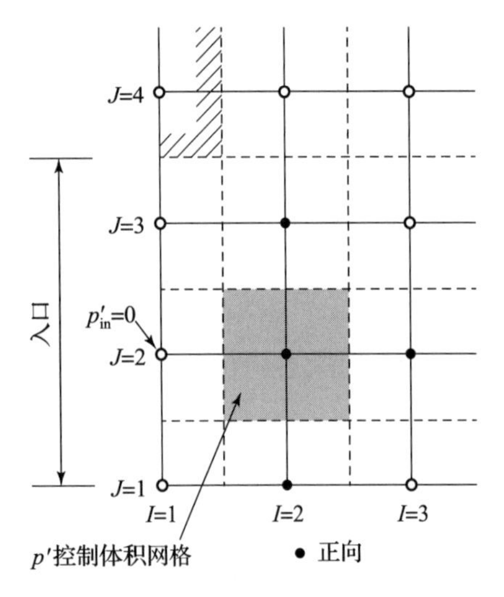

图 7.4　入口处 p' 控制容积起始位置

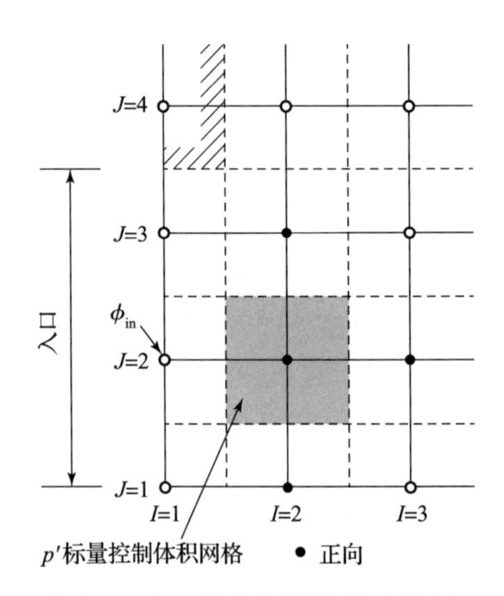

图 7.5　入口处主控制容积起始位置

图中用箭头表明求解动量方程时的邻近速度分量 u 或 v 的位置，用实心圆点表示求解压力修正方程和其他场变量离散方程时邻近相关 p'_{in} 或 ϕ 的位置。求解 u、v 和 ϕ 方程时，u_{in}，v_{in} 和 ϕ_{in} 即为入口边界值，直接代入方程（或采用置大数法）；对于压力修正方程，将 $p'_{in}=0$ 代入方程即可。

7.2.2　出口边界条件

出口边界条件的处理与入口边界条件处理类似。通常出口边界条件应设置在远离流场内引起扰动的部位（如固体障碍物、热力源）。此时，出口处的流动状态达到充分发展状态，在流动方向上各参数梯度变化为零，即出口处应为平滑流动。为简单计算，我们讨论出口平面与 x 坐标方向垂直的情况。图 7.6 ~ 图 7.9 表示了出口边界最后一个控制容积的位置，它紧挨出口边界的上游。

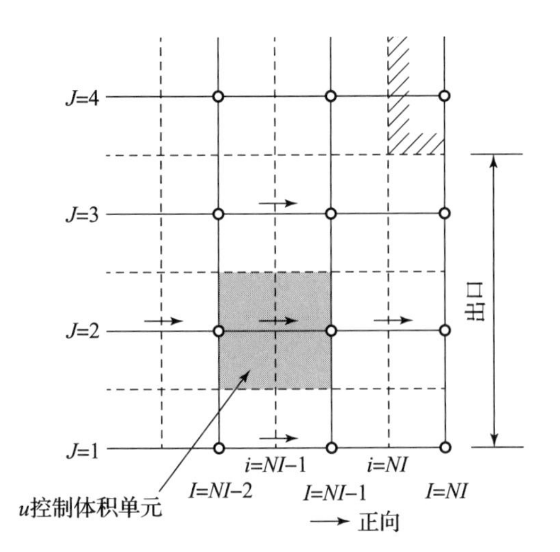

图 7.6　出口边界 u 控制容积位置

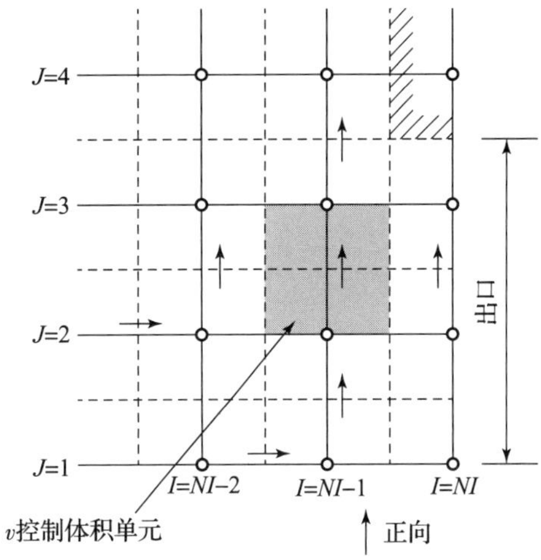

图 7.7　出口边界 v 控制容积位置

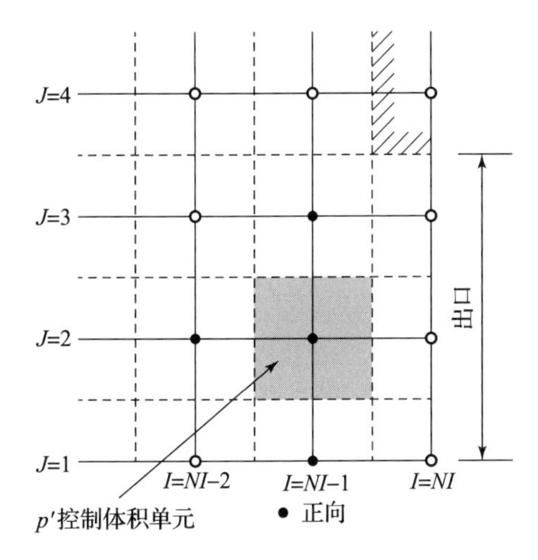

图 7.8　出口边界 p' 控制容积位置

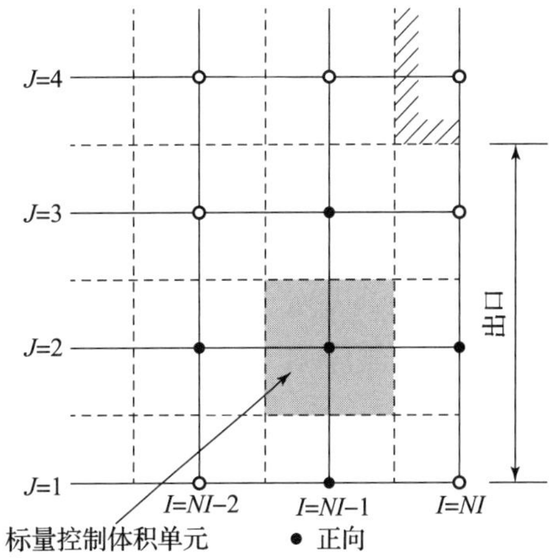

图 7.9　出口处其他变量控制容积位置

图中仍用箭头和实心圆标出了相应方程求解时所涉及的变量位置。若 x 方向总节点数为 NI，则最后一个控制容积计算在 $I=NI-1$（或 $i=NI-1$）位置。后续计算若用到边界点的 u_{NI}，可按照梯度变化为零的条件外插获得。对于 v 和其他场变量求解，出口边界意味着 $v_{NI,j}=v_{NI-1,j}$ 和 $\phi_{NI,I}=\phi_{NI-1,j}$。所以，将此条件直接代入方程即可求解。

值得注意的是，出口流动方向 u 的计算若按梯度为零的条件有 $u_{NI,j}=u_{NI-1,j}$。但在 SIMPLE 算法迭代计算中采用这一条件不能保证整个计算区域的流量守恒。常用的解决办法是：有 $u_{NI-1,j}$ 按外插先计算 $u_{NI,j}=u_{NI-1,j}$，由此计算出出口边界的总流量 M_{out}，然后在上述外插公式中乘以修正因子 $M_{\text{in}}/M_{\text{out}}$（$M_{\text{in}}$ 为入口总流量）：

$$u_{NI,j}=u_{NI-1,j}\frac{M_{\text{in}}}{M_{\text{out}}} \tag{7.3}$$

出口边界的速度值无须用压力修正方程解出的 p' 修正，因此，将控制容积东侧界面系数 $a_{\text{E}}=0$，源项中 $u_{\text{E}}^{*}=u_{\text{E}}$，其余不用做修正。

7.3 固体壁面边界条件处理

固壁边界条件是流动和传热计算中最常见的边界条件，但是处理起来因要涉及流动状态问题，相对比较复杂。为简单计算，讨论固壁边界与 x 坐标方向平行的情况。此时近壁处速度 u 平行于壁面，v 垂直于壁面。图 7.10 ~ 图 7.12 表示了近壁处网格和控制容积的细节。

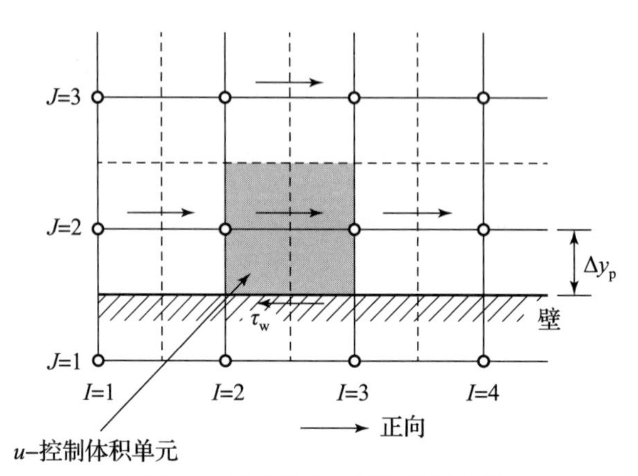

图 7.10　固壁边界 u 控制容积位置

无滑移条件是固壁处的速度边界条件，即在壁面上 $u=v=0$。设图 7.11（a）中 $j=2$［或图 7.11（b）中 $j=NJ$］处垂直于壁面的速度分量 $v=0$，则紧邻控制容积（$j=3$ 或 $j=NJ-1$）的动量方程可以不做修正。同时，因为壁面速度为已知，此处的压力修正也是不必要的。设置 $a_s=0$（或 $a_N=0$）和 $v_s^*=v_s$（或 $v_N^*=v_N$）即可求解最接近壁面的 v 控制容积的压力修正方程。

其他场变量的求解则取决于近壁处流体的流动状态是层流还是湍流。若整个流场的流动状态是层流，则计算按层流处理；若流场的流动状态为湍流，则取决于近壁网格的密度。因主流为湍流流动的流体在近壁处存在层流底层，若近壁处网格足够密，则贴近壁面的网格内流体流动可能处于层流状态。而判断湍态流动流体近壁处的流态要用到所谓无量纲距离 y^+。y^+ 的计算公式为

$$y^+ = \frac{\Delta y_p}{\nu}\sqrt{\frac{\tau_w}{\rho}} \tag{7.4}$$

式中，Δy_p 为紧挨壁面的第 1 个节点到壁面的垂直距离（图 7.13）；ν 为流体的运动黏度；ρ 为流体密度；τ_w 为壁面黏性应力。

当 $y^+ \leqslant 11.63$ 时认为流动状态与层流一样，当 $y^+ > 11.63$ 时认为流动状态为湍流。层流状态流动近壁处速度从 0 变化到主流速度时呈线性变化，湍流时速度变化符合对数率。11.63 即为两种变化率的交点。这一数值的获得是通过求解方程（7.5）得到的，即

$$y^+ = \frac{1}{\kappa}\ln(Ey^+) \tag{7.5}$$

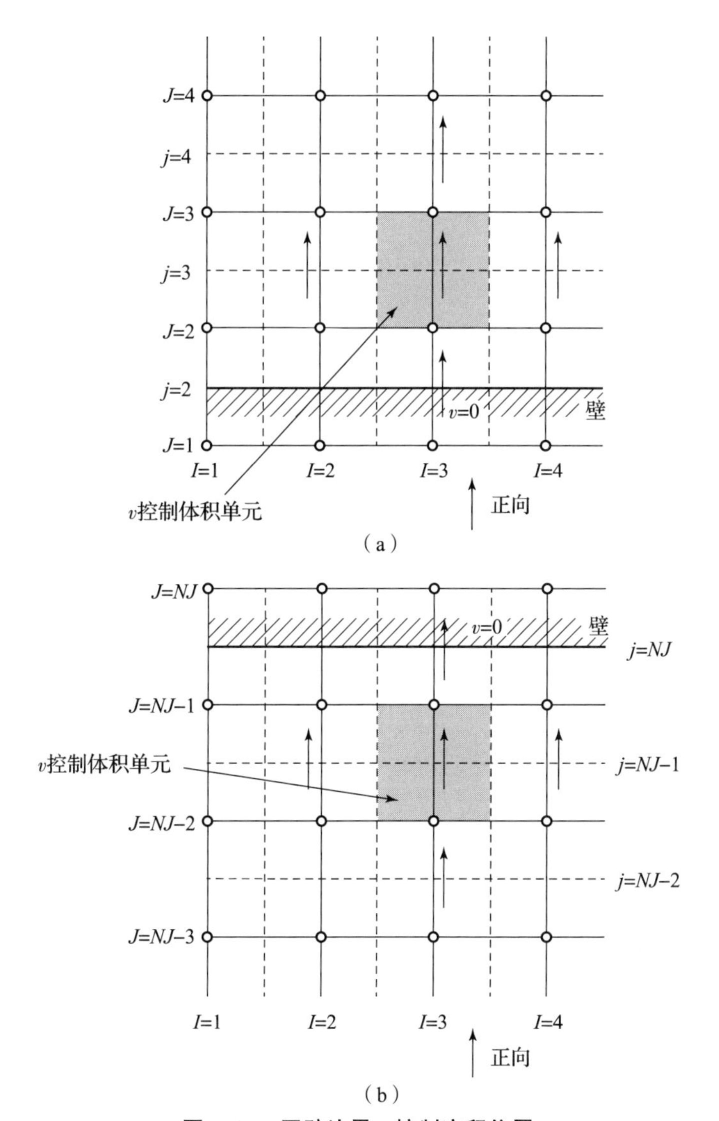

图 7.11　固壁边界 v 控制容积位置

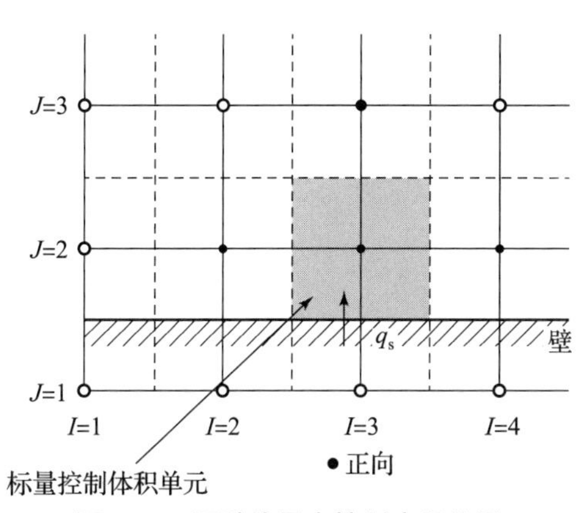

图 7.12　固壁边界主控制容积位置

式中，κ 为冯·卡门常数（0.415 7）；E 为与壁面粗糙度有关的积分常数，壁面光滑且壁面剪应力为常数时 $E=7.793$。

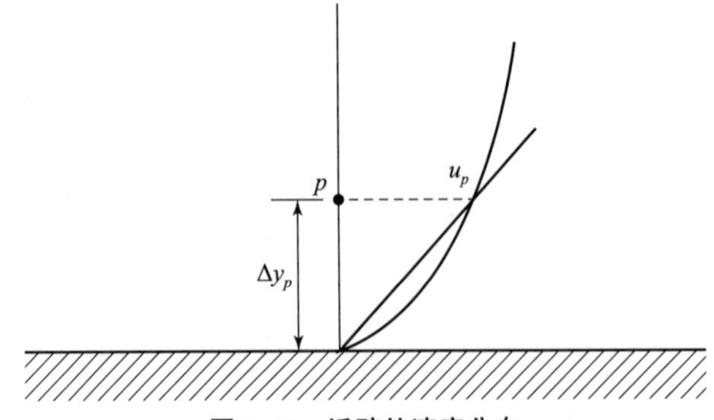

图 7.13　近壁处速度分布

所以，对主流为湍流态流动的固壁边界条件进行处理时首先要计算 y^+ 的值，对不同的流态要不同处理。下面不加证明地给出层流和湍流时的处理方法。

7.3.1　层流状态固壁边界条件处理

事实上层流流动和湍流流动的固壁边界条件处理方式是一样的。

1. 动量方程处理

层流状态壁面剪应力由式（7.6）计算：

$$\tau_w = \mu \frac{u_p}{\Delta y_p} \tag{7.6}$$

式中，u_p 为靠近壁面的网格点处流速。

p 点控制容积壁面边的剪力 F_s 可根据剪应力计算得出（图 7.10），即

$$F_s = -\tau_w A_{Cw} = -\mu \frac{u_p}{\Delta y_p} A_{Cw} \tag{7.7}$$

式中，A_{Cw} 为控制容积壁面边的面积。

因此，动量方程要加入源项：

$$S_p = -\frac{\mu}{\Delta y_p} A_{Cw} \tag{7.8}$$

2. 能量方程处理

（1）固体壁面温度 T_w 为已知，由壁面进入控制容积的热流量为

$$q_w = -\frac{\mu}{\sigma} \frac{C_p(T_p - T_w)}{\Delta y_p} A_{Cw} = \frac{\mu}{\sigma} \frac{C_p T_w}{\Delta y_p} A_{Cw} - \frac{\mu}{\sigma} \frac{C_p}{\Delta y_p} A_{Cw} T_p \tag{7.9}$$

式中，C_p 为流体比热容；T_p 为 p 点温度；σ 为层流普朗特（Prandtl）数。

从而能量方程需加入源项：

$$S_p = -\frac{\mu}{\sigma} \frac{C_p}{\Delta y_p} A_{Cw}, S_u = -\frac{\mu}{\sigma} \frac{C_p T_w}{\Delta y_p} A_{Cw} \tag{7.10}$$

（2）固体壁面处有固定热流 q_w 时，直接通过热流量线性化源项：

$$q_w = S_u + S_p T_p \tag{7.11}$$

若为绝热状态，则 $S_u = S_p = 0$。

7.3.2　湍流状态固壁边界条件处理

当 $y^+ > 11.63$ 时，近壁处第 1 个节点 p 被认为是在对数率的速度变化区中，此时由于壁面到 p 点的距离太大，无法真实反映它们之间的流动规律，因此，通常采用所谓壁面函数来近似模拟壁面到 p 点间的情况。此外，湍流状态的流体计算，工程上多采用时均方程加湍流模型计算法。常用的湍流模型为 $k-\varepsilon$ 两方程湍流模型，因此计算方程组中除动量方程和连续性方程外，还需额外求解两个方程：湍动能 k 方程和湍动耗散率 ε 方程。

采用 $k-\varepsilon$ 两方程湍流模型和壁面函数时近壁处参数间关系如下。

（1）与壁面相切的动量方程。

壁面剪应力为

$$\tau_w = \rho C_\mu^{1/4} k_p^{1/2} \frac{u_p}{u^+} \tag{7.12}$$

壁面剪力为

$$F_s = -\tau_w A_{Cw} = -\left(\rho C_\mu^{1/4} k_p^{1/2} \frac{u_p}{u^+}\right) A_{Cw} \tag{7.13}$$

（2）垂直于壁面的动量方程。速度分量为 0。

（3）湍动能 k 方程。

$$\text{单位体积 } k \text{ 方程源项} = (\tau_w u_p - \rho C_\mu^{3/4} k_p^{3/2} u^+) \Delta V / \Delta y_p \tag{7.14}$$

（4）湍动耗散率为 ε 方程。设置 p 点处的节点值：

$$\varepsilon_p = C_\mu^{3/4} k_p^{3/2} u^+ / \kappa \Delta y_p \tag{7.15}$$

（5）能量方程。壁面热流为

$$q_w = -\rho C_p C_\mu^{1/4} k_p^{1/2} (T_p - T_w) / T^+ \tag{7.16}$$

其中，u^+ 为无量纲速度，T^+ 为无量纲温度。分别定义为

$$u^+ = \frac{1}{\kappa} \ln(E y^+), T^+ = \sigma_{T,1}\left[u^+ + f\left(\frac{\sigma_{T,1}}{\sigma_{T,t}}\right)\right] \tag{7.17}$$

式中，$\sigma_{T,1}$ 为层流 Prandtl 数；$\sigma_{T,t}$ 为湍流 Prandtl 数（≈ 0.9）。

函数 $f\left(\frac{\sigma_{T,1}}{\sigma_{T,t}}\right)$ 称为 Pee 函数，Jayatilleke 给出的形式为

$$f\left(\frac{\sigma_{T,1}}{\sigma_{T,t}}\right) = 9.24\left[\left(\frac{\sigma_{T,1}}{\sigma_{T,t}}\right)^{0.75} - 1\right] \times \left\{1 + 0.28 \exp\left[-0.007\left(\frac{\sigma_{T,1}}{\sigma_{T,t}}\right)\right]\right\} \tag{7.18}$$

利用 Pee 函数由式（7.17）可求出 T^+ 和 u^+。有了这些关系式就可以利用它们对壁面处控制容积的离散方程进行修正，从而用壁面函数模拟近壁处湍流状态。

1. 平行于壁面的 u 速度动量方程

方程与控制容积南侧面（壁面）的联系切断，即 $a_s = 0$。因壁面剪力 F_s 的计算公式如式（7.13）所示，所以 u 动量方程的源项为

$$S_p = -\frac{C_\mu^{1/4} k_p^{1/2}}{u^+} A_{Cw} \tag{7.19}$$

2. 湍动能 k 方程

首先设 $a_s=0$，式（7.14）表示的单位体中源项的第 2 项中有 $k_p^{3/2}$，将其线性化成为 $(k_p^*)^{1/2}$，其中 k_p^* 作为前次迭代或初始设置的已知 k 值。从而 k 方程的源项为

$$S_p=-\frac{\rho C_\mu^{3/4}(k_p^*)^{1/2}u^+}{\Delta y_p}\Delta V, S_u=-\frac{\tau_w u_p}{\Delta y_p}\Delta V \tag{7.20}$$

3. 湍动耗散率 ε 方程

按式（7.15）给出近壁节点 p 处 ε 的固定值 ε_p。因此设置 ε 方程的源项为

$$S_p=-10^{30}, S_u=\frac{C_\mu^{3/4}k_p^{3/2}}{\kappa\cdot\Delta y_p}\times 10^{30} \tag{7.21}$$

4. 温度方程

首先设 $a_s=0$，壁面温度 T_w 为一定值时，壁面热流由式（7.16）计算。所以，设置温度方程的源项为

$$S_p=-\frac{\rho C_\mu^{1/4}k_p^{1/2}C_p}{T^+}A_{Cw}, S_u=\frac{\rho C_\mu^{1/4}k_p^{1/2}C_pT_w}{T^+}A_{Cw} \tag{7.22}$$

若壁面热流 q_w 为一定值，设 $q_w=S_u+S_pT_p$。

绝热边界为：$S_u=S_p=0$。

7.3.3 移动壁面边界

前面的讨论是立足于壁面固定不动的情况。如果壁面以 $u=u_{\text{wall}}$ 速度移动，则壁面剪力公式中 u_p 要用 (u_p-u_{wall}) 代替。层流流动时的剪力公式（7.7）变为

$$F_s=-\mu\frac{u_p-u_{\text{wall}}}{\Delta y_p}A_{Cw} \tag{7.23}$$

从而，u 动量方程的源项为

$$S_p=-\frac{\mu}{\Delta y_p}A_{Cw}, S_u=\frac{\mu}{\Delta y_p}A_{Cw}u_{\text{wall}} \tag{7.24}$$

湍流流动时壁面剪力公式（7.13）改为

$$F_s=-\left(\rho C_\mu^{1/4}k_p^{1/2}\frac{u_p-u_{\text{wall}}}{u^+}\right)A_{Cw} \tag{7.25}$$

移动壁面也将影响湍动能 k 方程的源项，式（7.14）变为

$$\text{单位体积 } k \text{ 方程源项}=(\tau_w(u_p-u_{\text{wall}})-\rho C_\mu^{3/4}k_p^{3/2}u^+)\Delta V/\Delta y_p \tag{7.26}$$

必须指出，壁面函数的应用是有一定条件的，具体如下。

（1）流体流动速度平行于壁面，速度的变化只能发生在垂直于壁面方向。

（2）流动方向上没有压力梯度。

（3）壁面上的流动无化学反应。

（4）流动为高雷诺数流动。

7.4　常压边界条件、对称边界条件和周期或循环边界条件

7.4.1　常压边界条件

常压边界条件一般用于流动速度不能确定地知道而压力值为已知的边界。典型的常压边界条件有绕固体的外流、自由表面流、浮升力驱动流（自然通风）和多出口内流。

在固定压力边界处，压力修正是不必要的。常压入口和常压出口边界条件的网格布置如图 7.14 和图 7.15 所示。

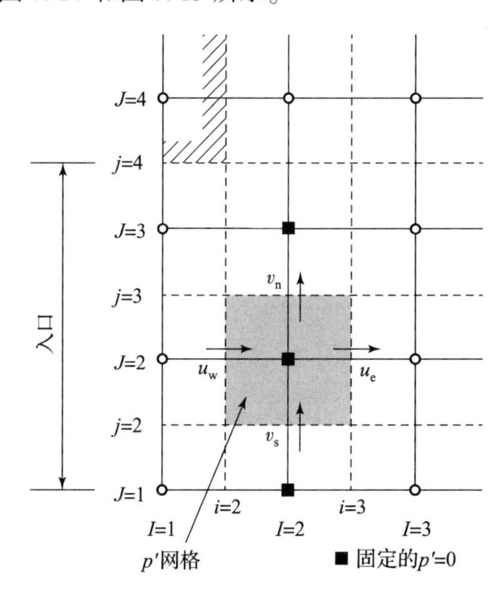

图 7.14　常压入口边界控制容积

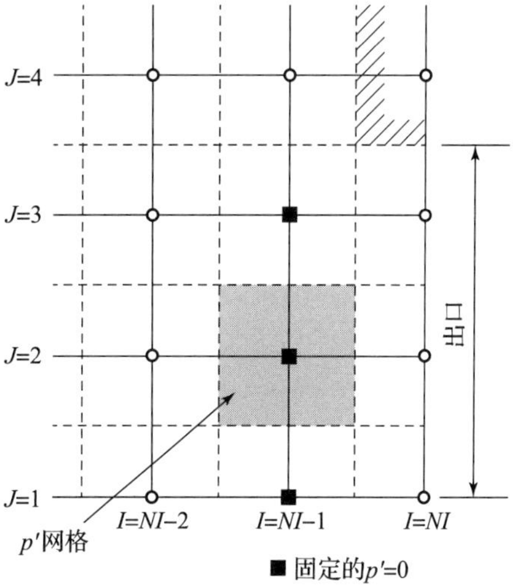

图 7.15　常压出口边界控制容积

最常见的处理常压边界条件的方法是在物理边界内侧的一排节点处给定压力值，如图 7.14和图 7.15 中的矩形黑点。这些点处给定压力 p_{fix}，并且使压力修正方程在此处 $S_u=0$，$S_p=-10^{30}$，u 动量方程从 $i=3$ 开始求解，v 动量方程和其他场变量方程从 $I=2$ 开始求解。这种边界条件的一个特殊的问题是边界内侧的流体流动方向未知，它由区域内流动条件所决定，即区域内流动满足连续性方程。如图 7.14 所示，u_e，u_n 和 u_s 由区域内求解 u 动量方程和 v 动量方程得到，为保证 p'控制容积流量守恒，可计算出

$$u_w=\frac{(\rho vA)_n-(\rho vA)_s+(\rho vA)_e}{(\rho A)_w}$$

这使得最接近常压边界的控制容积像一个源（或汇）发出（或吸收）质量。具体的处理方法很多，有些程序要求入口边界给定 $i=2$ 处的固定压力值，或出口边界采用外插求出其出口处流速 u。

7.4.2　对称边界条件

对称边界意味着没有流量或其场变量穿过此边界，或者说流入和流出此边界的场变量值

相等。具体处理边界值时一般是令垂直于对称边界的流体流速为零。如果流场满足对称边界条件的要求，采用对称边界条件可以有效地减小计算网格。如图 7.16 所示，在虚线所示的长方形流场中，流场的参数相对于对称面是面对称的。采用对称面边界条件后，计算域仅为原流场的 1/4。对于一些旋转几何体的流动，如果流场相对于几何体的中心轴是对称的，则可以采用轴对称边界条件，将三维流动简化为二维流动问题（图 7.17）。

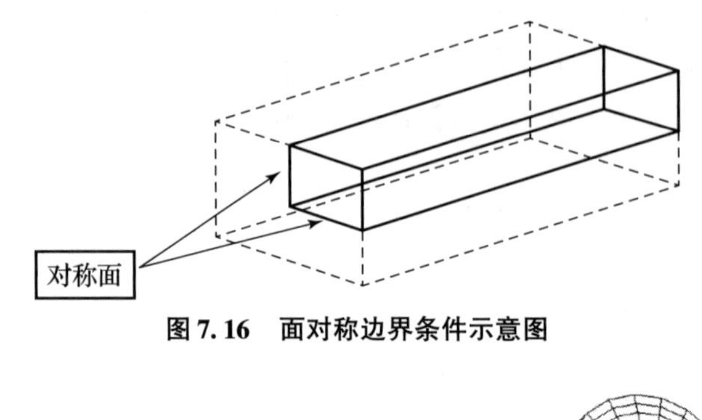

图 7.16　面对称边界条件示意图

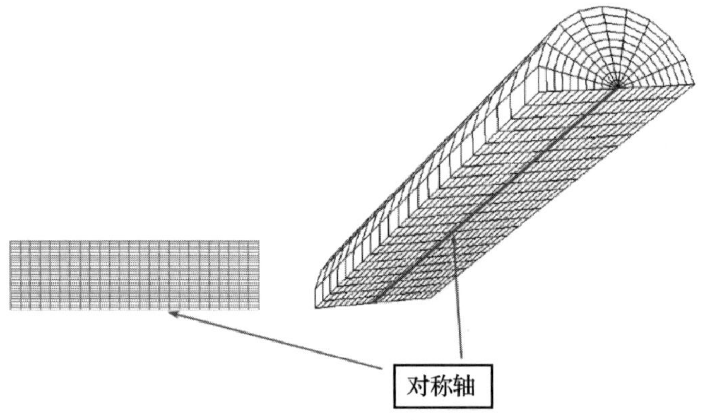

图 7.17　轴对称边界条件示意图

7.4.3　周期或循环边界条件

周期或循环边界条件可以看作另外一种对称边界条件。如图 7.18 所示圆筒形燃烧室，筒内有圆周上均匀布置的燃料喷嘴，它引起圆周方向的循环流动。由于均匀分布，流动相对于中间轴（垂直于纸面 O 轴）对称。因此，实际流动中 $k=1$ 平面和 $k=NK$ 平面有完全相同

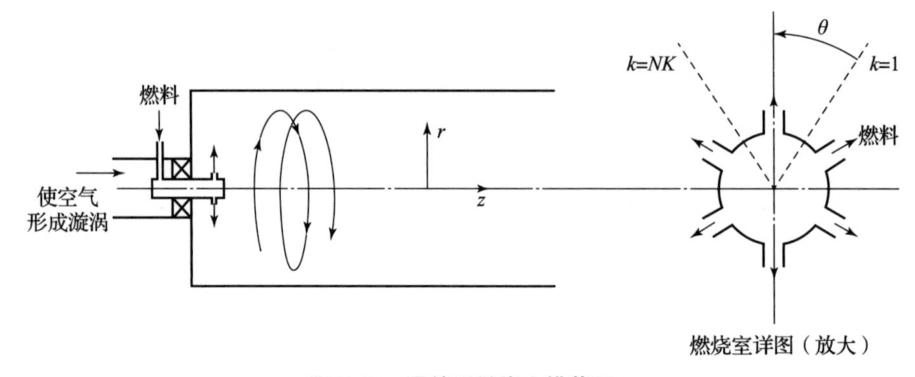

图 7.18　圆筒形燃烧室横截面

的流动参数。计算此流场时可取其中一部分作为计算域，如图中 θ 角范围的一个扇形域。这时扇形区域的两个直边一个作为入口边界，另一个作为出口边界。但两边界设为相等的边界参数，这就是周期或循环边界条件。即

$$\varphi_{1,J}=\varphi_{NK-1,J},\varphi_{NK,J}=\varphi_{2,J}$$

7.5　小结

（1）边界条件对有限体积法的计算结果有非常重要的影响。通常边界条件问题包括边界条件的类型、边界条件的位置、边界条件与离散网格的相互关系以及边界条件与离散方程守恒性之间的关系等。

（2）流体流动和传热问题的边界条件类型主要有入口边界条件、出口边界条件、固体壁面边界条件、常压边界条件、对称边界条件和周期或循环边界条件。

（3）边界条件位置选取中特别应注意的是出口边界条件、对称边界条件和周期性边界条件的位置，应根据流动特性仔细选择。

（4）边界条件与离散网格的关系主要考虑计算方便和计算误差小。这需要在划分网格时特别注意边界处节点的布置。

（5）边界条件的引入不能影响离散方程的守恒特性。如压力边界条件和流量边界条件的进出口值应保证流场内通量的守恒。

第 8 章

CFD 数值模拟应用实例

8.1　平板流动的数值模拟

问题描述：

温度为 T_0、压强为 P_0 的理想气体以均速 V_0 流过温度为 T_p、长为 L 的无限宽平板，如图 8.1 所示。试对平板绕流过程、热传导过程以及平板所受到的剪切应力分布等进行数值模拟计算。

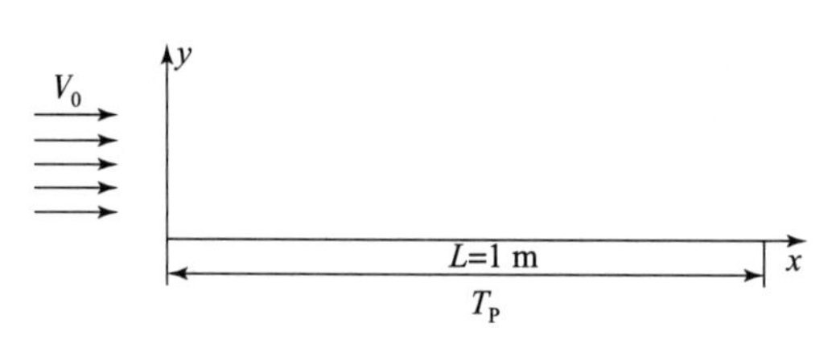

图 8.1　空气流过高温平板示意图

对于平板与来流存在大温差的情况，必须考虑流体的可压缩性，为此我们假设来流是可压缩的。设来流为空气，来流条件参数如下：

来流速度 $V_0=20$ m/s　　　　动力黏度 $\mu=1.89\times10^{-5}$

导热系数 $\lambda=0.0247$ W/(m·K)　　　　定压比热 $C_p=1\ 005$ J/(kg·K)

来流温度 $T_0=300$ K　　　　来流压强 $P_0=101\ 325$ Pa

由理想气体状态方程，来流气体的密度为

$$\rho_0=\frac{P_0}{RT_0}=\frac{101\ 325}{287\times300}=1.177\ \text{kg/m}^3$$

则来流的雷诺数为

$$Re_L=\frac{V_0L}{\mu/\rho_0}=1.266\times10^6$$

由流体力学的知识可知，这是一个混合边界层流动与热传导问题。由于 Fluent 软件不允许同时选择多种流动模型，故假设流动为紊流流动。下面我们用 Fluent 求解此问题，并通过绘制平板上的 y^+ 值来说明求解的有效性，然后绘制沿平板的剪切应力分布以及努塞尔特数与雷诺数的关系曲线图，并将数值计算结果与实验室导出的热传导系数进行对比。

第 1 步：在 Gambit 中创建流域结构、划分网格并确定边界类型

1. 启动 Gambit

首先在 D 盘根目录下建立一个名为 plate 的文件夹，双击桌面上的 Gambit 图标打开 Gambit Startup 窗口，在 Working Directory 右侧填入 D:\plate，如图 8.2 所示。选择 plate 文件夹为工作目录，点击 Run 按钮，启动 Gambit。

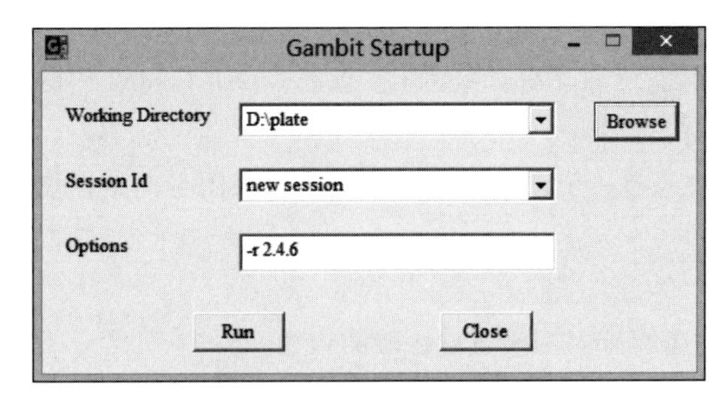

图 8.2　Gambit 启动对话框 1

分析：所创建的流域必须尽量接近真实的流动，沿平板的空气流动必须满足无滑动条件，即在平板上的流动速度必须为 0。由流动连续性原理，此条件的满足必须使气流产生一个 y 向的速度。尽管相比 x 向速度来说 y 向速度非常小，但在创建流场时，必须考虑到这一点，即沿 y 方向要有一定的流动区域。

由于假设平板为无限宽，故可将此问题简化为一个二维问题进行处理。选取一个长为 L 的矩形区域为流动计算区域，将坐标原点设置在矩形流场区域的左下角处（平板的前缘点），如图 8.3 所示。建立流动计算区域的方法是首先创建 4 个节点，然后连接成矩形的 4 条边，再由这 4 条边形成面，构成一个矩形的流动区域。

2. 创建节点

创建流动区域的 4 个节点。

点击 Geometry Command→Vertex Command→Creat Vertex，弹出对话框，如图 8.4 所示。

图 8.3　流动区域图

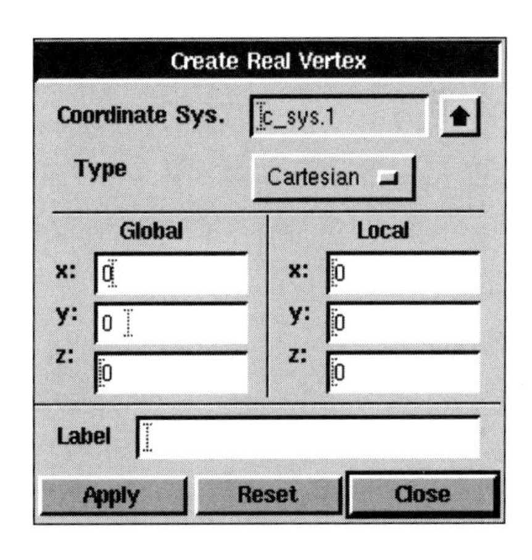

图 8.4　创建节点对话框 1

(1) 确定左下角坐标（节点 1）为

x = 0，y = 0，z = 0

(2) 重复上述过程，分别创建如下其他 3 个节点。

节点 2：x = 1，y = 0，z = 0

节点 3：x = 1，y = 1，z = 0

节点4：x = 0，y = 1，z = 0

注意：对于二维问题，z 轴坐标始终为0，点击 Global Control 中的 Fit to Window 按钮（图8.5），可使图形更清楚。

在 Global Control 中还有一个按钮很有用，即确定视图方向按钮，可使 z 轴重新垂直于图形。

3. 创建边

在两点之间连成一条直线，构成流动区域的边线。

点击 Geometry Command→Edge Command→Creat Vertex，弹出创建直线对话框，如图8.6所示。

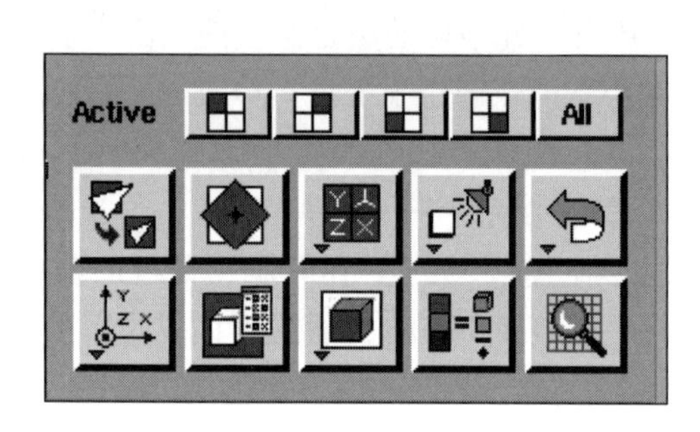

图8.5 工具箱

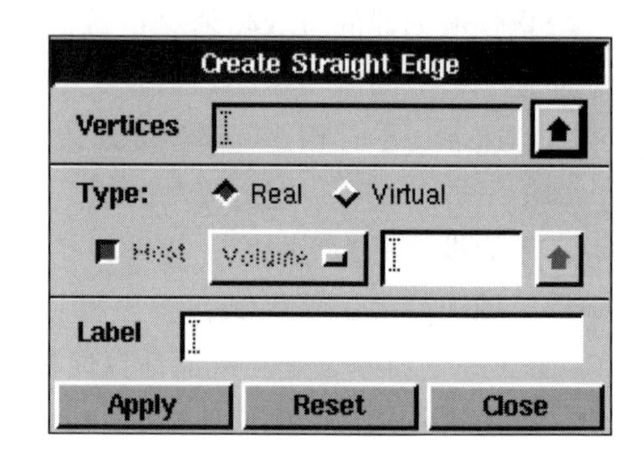

图8.6 创建直线对话框1

点击 Vertices 右侧的，弹出节点列表框，如图8.7所示。

（1）选择 vertex.1 和 vertex.2 两个节点，点击 ---> 按钮。

（2）点击 Close 按钮，关闭节点列表框。

（3）点击创建直线对话框下面的 Apply 按钮。

重复这一过程，可创建其他3条直线。

注意：也可以在按住 Shift 键的同时，通过点击节点来选择。

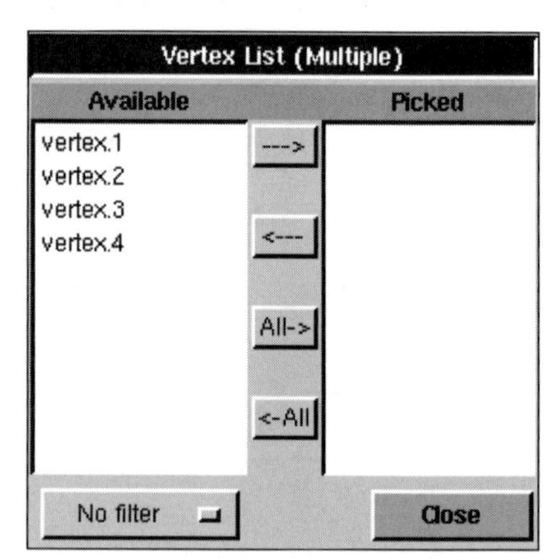

图8.7 节点列表框

4. 创建面

点击 Geometry Command→Face Command→Form Face，打开创建面对话框，如图8.8所示。

由4条线包围而成一个面，类似于创建边的操作，在创建面对话框中点击 Edges 右侧按钮，打开边线列表框，如图8.9所示。

（1）点击 All→按钮，将4条边线全部选中，点击 Close 按钮。

（2）点击创建面对话框下面的 Apply 按钮，则所创建的面如图8.10所示。

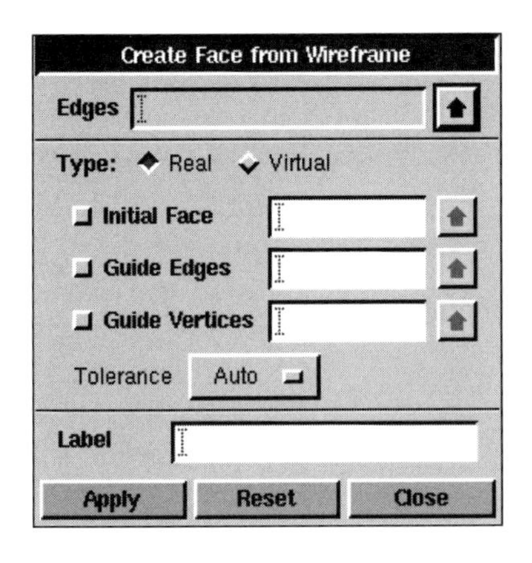

图 8.8　创建面对话框 1

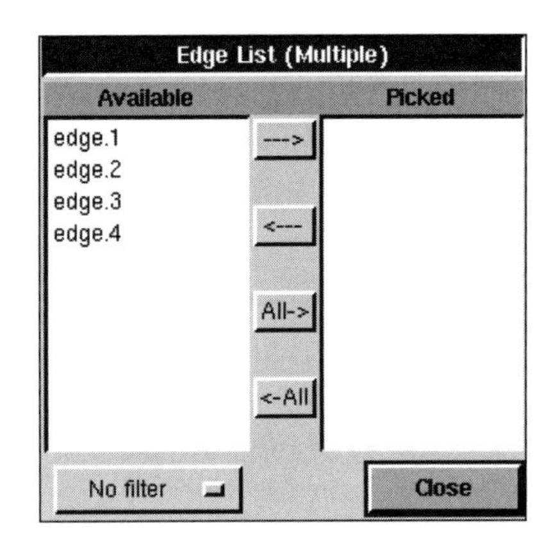

图 8.9　边线列表框

图 8.10　所创建的面

5. 保存文件

点击 File→Save as... ，所保存的文件名为 plate。

第 2 步：创建网格

对此矩形区域划分网格，将竖直方向划分为 100 份，并沿 y 方向网格长度呈等比例逐渐增长；将水平方向等分为 30 份。

1. 划分边线网格

点击 Mesh Command Button→Edge Command Button→Mesh Edges，打开边线网格划分对话框，如图 8.11 所示。

注意：由于紊流边界层厚度相比平板厚度是很小的，在求解边界层的流动时，平板附近的网格必须划分得很细。

其具体操作如下：

（1）选择 edge. 1（底部）和 edge. 3（顶部），设 Ratio 为 1，设内部节点数为 30，点击 Apply 按钮。

（2）点击⬆按钮，选择 edge. 2（右侧直线），点击→按钮；点击 Close 按钮，注意到此时线的箭头方向是向上的。

（3）按住 Shift 键，点击区域左侧直线，选择 edge. 4，若其方向是向下的，可通过按住 Shift 键的同时用鼠标中键点击此线来改变方向。

（4）在 Type 项选择 Successive Ratio，设置 Ratio 为 1. 08。

（5）在 Spacing 项选择 Interval size，并设置内部节点数为 100。

（6）点击 Apply 按钮，则网格图形如图 8. 12 所示。

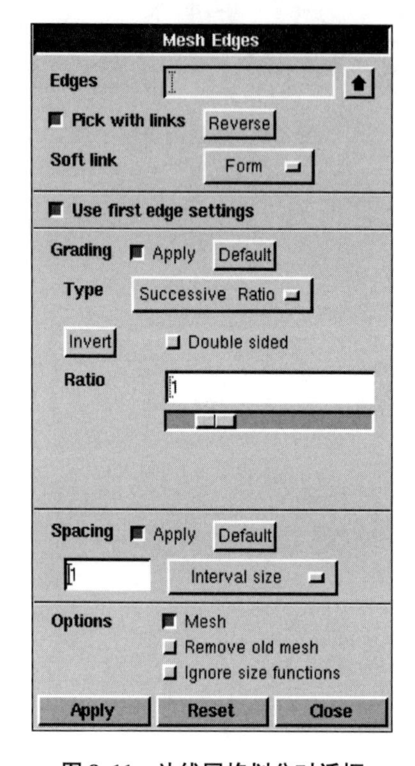

图 8. 11　边线网格划分对话框

图 8. 12　边线网格划分图

2. 划分面网格

点击 Mesh Command→Face Command→Mesh Faces，打开对话框，如图 8. 13 所示。

（1）点击 Faces 右侧区域，按住 Shift 键并点击流域的边线。

（2）保留其他默认设置，点击 Apply 按钮。得到的网格如图 8. 14 所示。

第 3 步：定义边界类型

就所建立的流动区域而言，其边界名称如图 8. 15 所示。

1. 创建边界类型

下面在 Gambit 中设置边界类型。区域左边（inflow）为入口边界，右边（outflow）为出口边界，上部（top）为开放边界，底部（plate）为固壁平板。

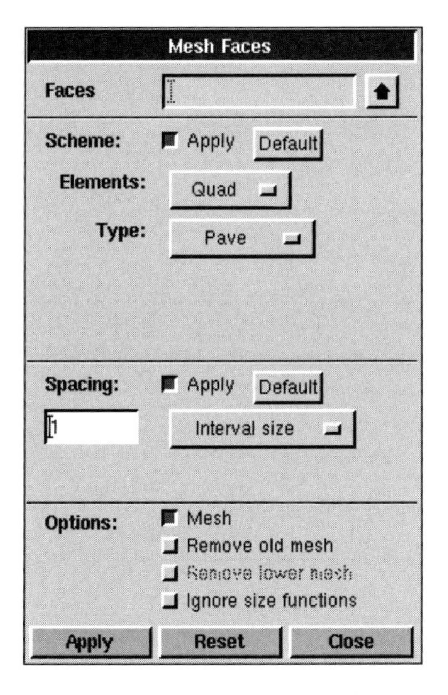

图 8.13　面网格划分对话框

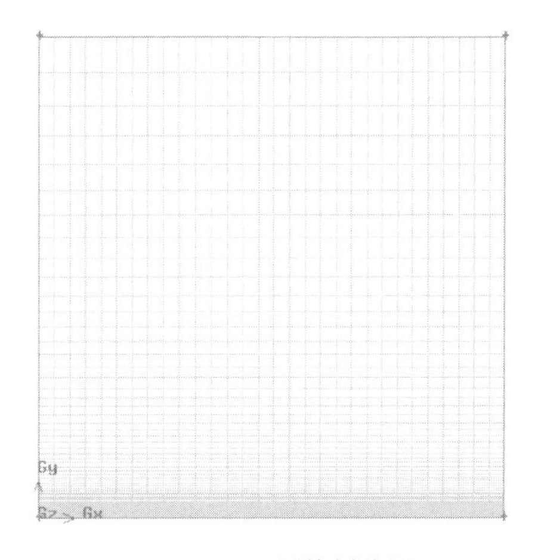

图 8.14　面网格划分图

点击 Zones Command→Specify Boundary Types Command，打开流动边界类型设置对话框，如图 8.16 所示。

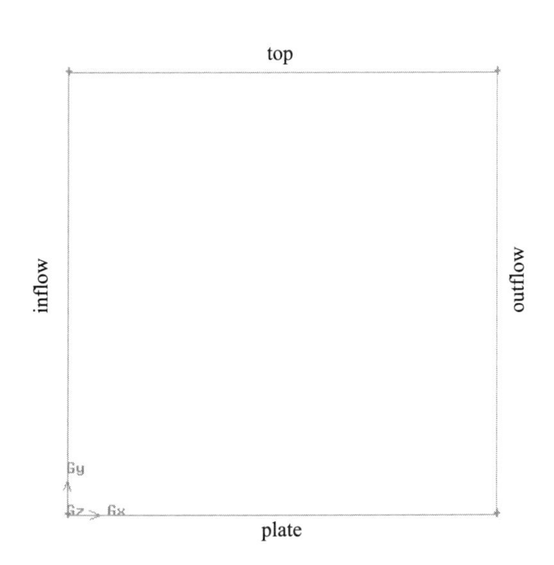

图 8.15　流动边界类型示意图

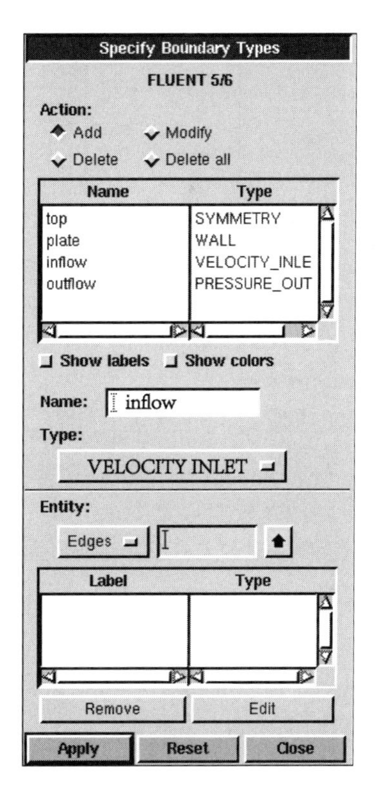

图 8.16　流动边界类型设置对话框

(1) 在 Name 项输入 inflow。

(2) 在 Type 项选择 VELOCITY_INLET。

(3) 在 Entity 项选择 Edges，按住 Shift 键并点击图形窗口内的左边线。

(4) 点击下部的 Apply 按钮。

重复上述过程分别定义其他 3 个边界，如表 8.1 所示。

表 8.1　边界名称与类型

边线	名称	类型
左侧	inflow	VELOCITY_INLET
右侧	outflow	PRESSURE_OUTLET
顶部	top	SYMMETRY
底部	plate	WALL

最后得到的边界，如图 8.17 所示。

2. 输出网格并保存文件

点击 File→Export→Mesh...，打开输出文件对话框，如图 8.18 所示。选择 Export 2 - D (X - Y) Mesh，点击 Accept 按钮。

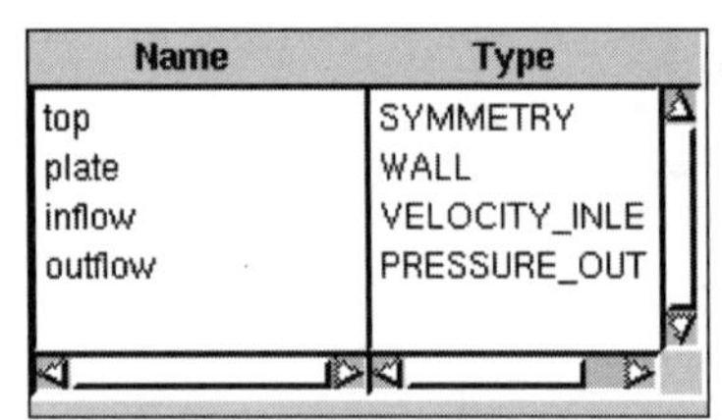

图 8.17　边界类型列表

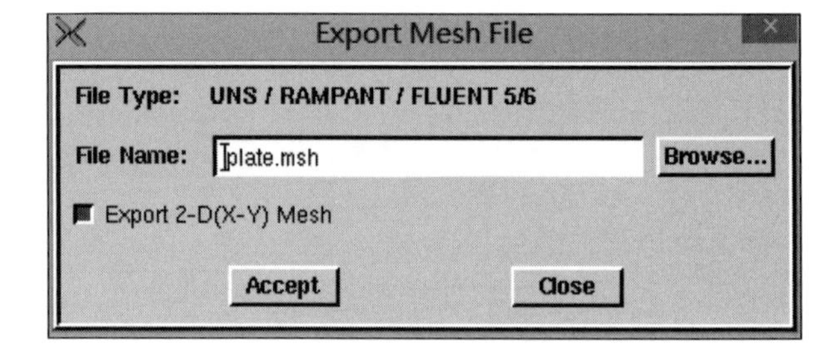

图 8.18　输出文件对话框

此时查看工作目录，可看到有 4 个文件，分别是 plate.dbs，plate.msh，plate.jou，plate.trn。

dbs 文件是 Gambit 默认的储存几何体和网格数据的文件。

msh 文件是在 Gambit 划分网格和设置好边界条件之后，在 Export 中选择 msh 文件输出格式而得，该文件可以被 Fluent 求解器读取。

jou 文件是记录 Gambit 命令显示窗口（transcript）信息的文件。

trn 文件是 Gambit 命令执行的日志文件，记录所执行的逻辑操作或者已修改数据的前像和后像。

第 4 步：在 Fluent 中对问题进行设置

1. 启动 Fluent - 2ddp

(1) 启动 Fluent，如图 8.19 所示。

(2) 选择 2ddp 求解器，点击 Run 按钮。

2ddp 求解器是一个双精度求解器，常用于二维计算问题。双精度求解器是 64 位的，而单精度求解器是 32 位的，增加了数值求解的精度。

2. 读入网格

点击 File→Read→Case...，将网格文件 plate. msh 读入，得到的反馈信息，如图 8. 20 所示。

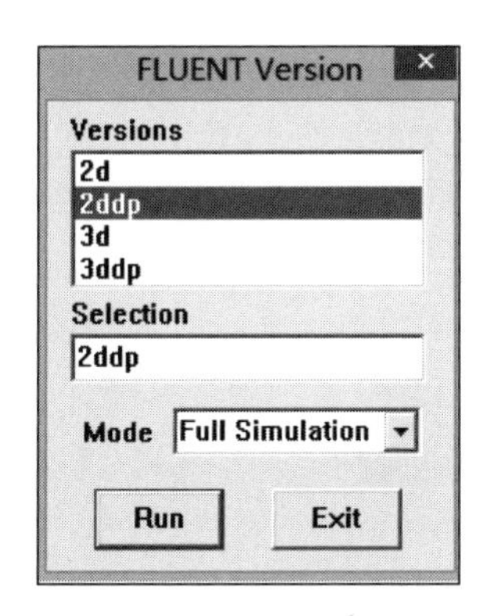

图 8. 19 Fluent 启动窗口

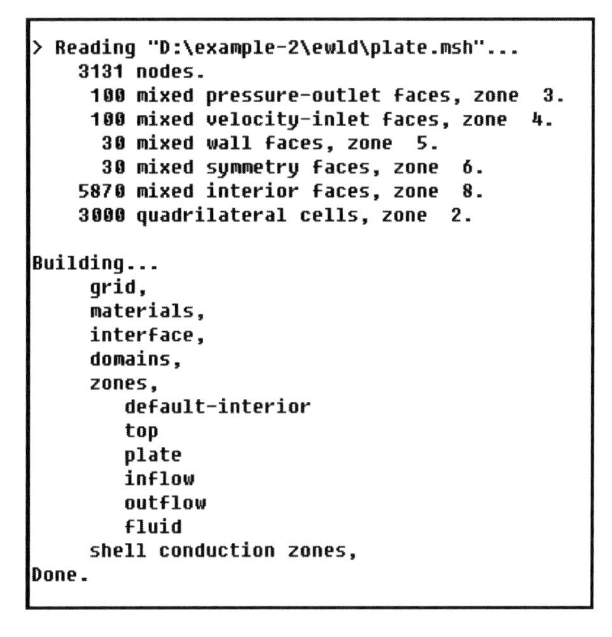

图 8. 20 Fluent 反馈信息

注意看一下节点数，不同类型的面数和网格数，目前有 3 000 个四边形网格，恰好是水平方向的 30 个乘以竖直方向的 100 个。

同时也看一下区域数，有 4 个区域，即为入流、出流、顶部和平板区域。

3. 检查并显示网格

（1）检查网格有无错误。

点击 Grid→Check。要特别注意信息反馈窗口内不能有任何错误警告，特别是注意负体积负面积警告。

点击 Grid→Info→Size，工作窗口将显示如图 8. 21 所示信息。

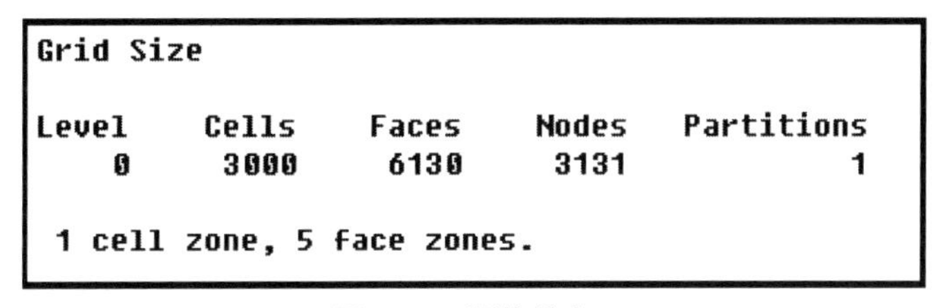

图 8. 21 网格信息 1

图 8. 21 表示有 3 000 个网格、6 130 个面、3 131 个节点等。

（2）显示网格。

点击 DisplayGrid→Grid...，打开网格显示对话框。

在网格显示对话框中保留默认设置点击 Display 按钮，则打开的图形窗口中显示出网格，如图 8. 22 所示。

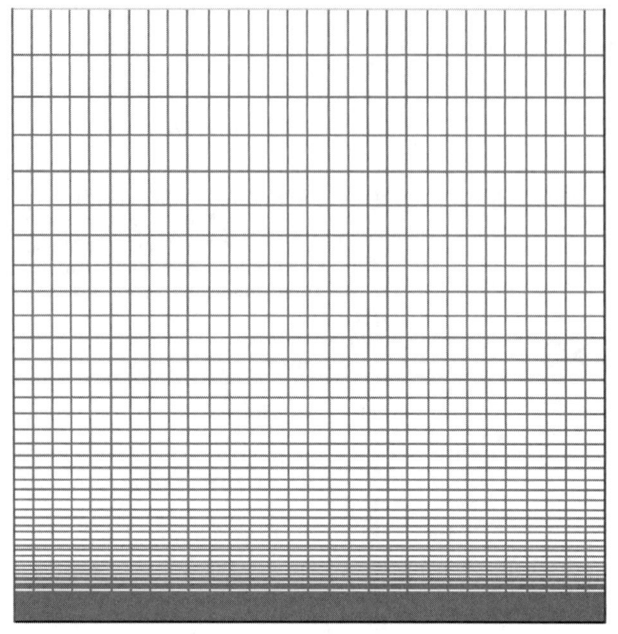

图 8. 22　流域网格图

4. 设置求解器

（1）确定求解器参数。

点击 Define→Models→Solver，打开求解器设置对话框，如图 8. 23 所示。

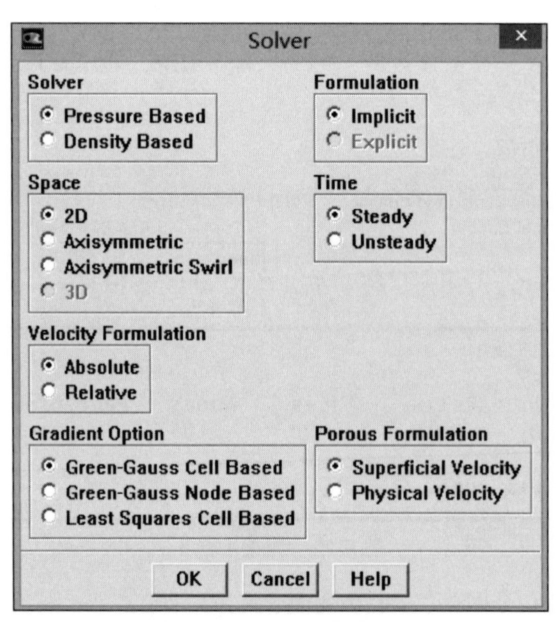

图 8. 23　求解器设置对话框 1

①在 Solver 项选择 Pressure Based。

②在 Formulation 项选择 Implicit。

③在 Time 项选择 Steady。

④保留其他默认设置，点击 OK 按钮。

（2）启动能量方程。

点击 Define→Models→Energy，打开能量方程对话框，如图 8.24 所示。

本问题涉及温度的分布及温度对流体密度和流动的影响，因此必须求解能量方程。

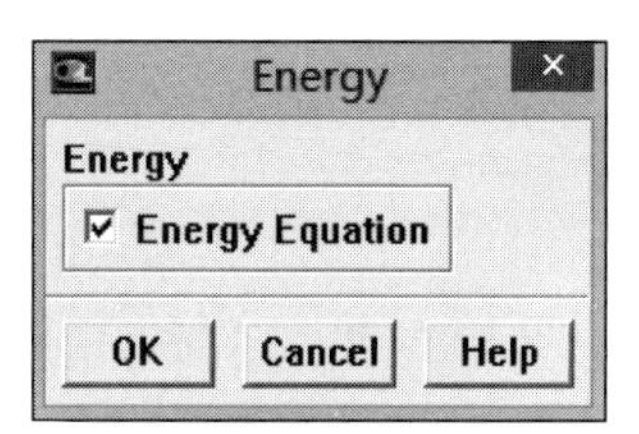

图 8.24　能量方程对话框

（3）确定紊流系数。

鉴于本问题的雷诺数 $Re_L > 5 \times 10^5$，属于紊流流动，为此必须选取合适的紊流计算模型。

点击 Define→Models→Viscous，打开紊流模型选择对话框，如图 8.25 所示。

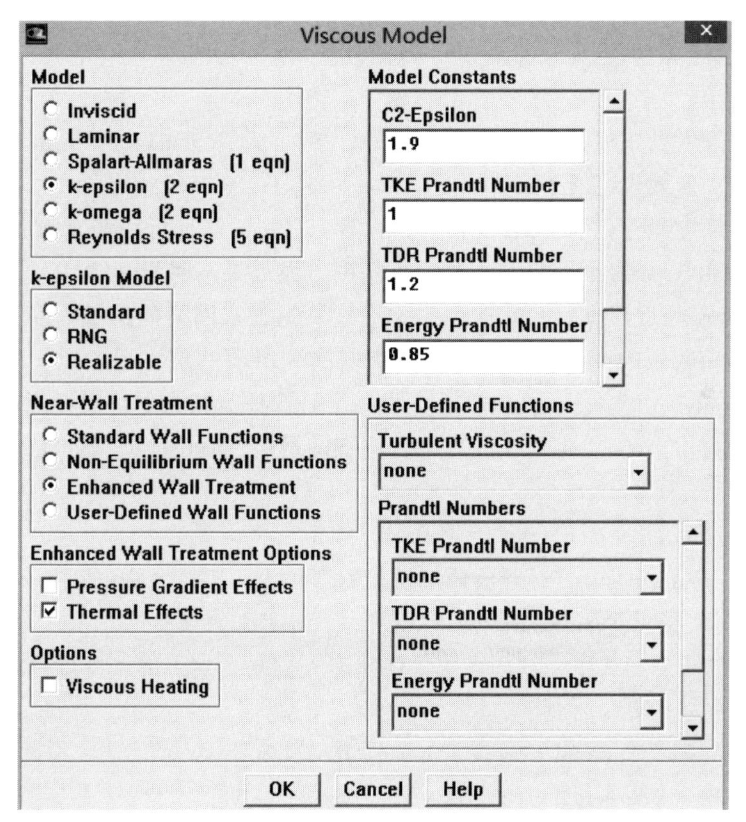

图 8.25　紊流模型选择对话框

①在 Model 项选择 k – epsilon。

②在 k – epsilon Model 项选择 Realizable。

对于边界层流动来说，Realizable k – epsilon 模型比 Standard k – epsilon 模型精度更高。

③在 Near – Wall Treatment 中选择 Enhanced Wall Treatment。

④在 Enhanced Wall Treatment Options 中选择 Thermal Effects。

⑤在 Model Constants 项中的模型常数是被广泛认可的常数，不用改变。保留其他默认设置，点击 OK 按钮。

注意：要处理边界层内的流动问题，需考虑以下三种情况。

①层流底层（$y^+ < 5$）。

②过渡区域（$5 < y^+ < 30$）。

③紊流区域（$y^+ > 30$）。

其中，y^+作为一个网格化的无量纲度量值，决定了近壁层被限定的范围。其定义为

$$y^+ = \frac{u^* y}{\mu/\rho}$$

可以看出，y^+与雷诺数的定义形式一样。式中，y 为最贴近壁面网格的高度；μ 为壁面剪切应力；u^* 为剪切应力速度。运用 Fluent 对该问题进行求解后，可以求得对应于不同位置网格的 y^+ 值。

当网格的粗细度处于紊流区域（$y^+ > 30$）时，选择 Enhanced Wall Treatment 可用来提高边界层问题的计算精度。也就是说，当使用一个不太精细的网格时，它的效果非常显著。

当网格的粗细度处于过渡区域（$5 < y^+ < 30$）时，选择 Enhanced Wall Treatment 也有助于提高计算精度，但效果有所下降。

当网格的粗细度处于层流底层（$y^+ < 5$）时，Fluent 本身可用来求解层流底层内的问题，Enhanced Wall Treatment 选项在提高计算精度方面效果不明显。

由于 y^+ 值需要经过计算后才能得到，故不能事先确定网格的精细程度，鉴于边界层的厚度明显小于流动区域的高度，且问题的解决取决于层流底层，因此把问题限定于紊流区域，使用 Enhanced Wall Treatment 选项不失为一个好选择。因为尽管对于当前的网格也许不是很必要（若满足 $y^+ < 5$），但对于处理不太精细的网格，Enhanced Wall Treatment 选项仍是值得推荐的。

（4）定义流体属性。

点击 Define→Materials...，打开流体属性设置对话框，如图 8.26 所示。

①点击 Density 右侧箭头，选择 ideal - gas。

Fluent 将根据压强和温度，利用理想气体状态方程对各点上的密度进行计算。

②将 Cp 设置为 1 005。

③改变热传导率（Thermal Conductivity）为 0.024 7。

④改变黏性项（Viscosity）为 1.89e -05。

⑤保留其他默认设置，点击 Change/Create 按钮，点击 Close 按钮。

注意：仅仅点击 Close 按钮而不点击 Change/Create 按钮将回到默认设置。

（5）定义操作条件。

点击 Define→Operation Conditions...，打开操作条件对话框，如图 8.27 所示。

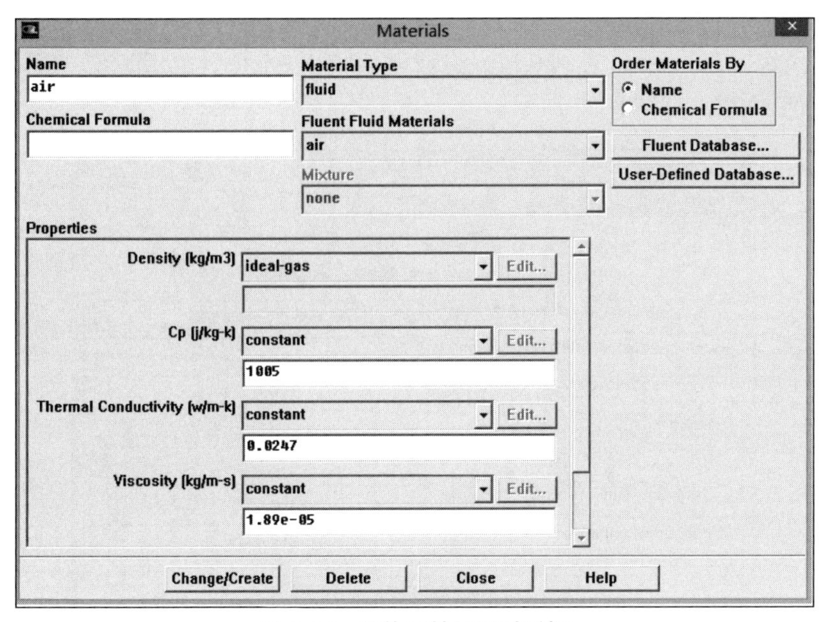

图 8.26　流体属性设置对话框

Fluent 内部采用的是表压强。当需要绝对压强时，是通过表压强加上操作压强得到的。操作压强为一个大气压（101 325 Pa）是默认值。

对于气体流动，一般不涉及重力问题，故不选 Gravity。

保留默认设置，点击 OK 按钮。

（6）定义边界条件。

点击 Define→Boundary Conditions...，打开边界条件设置对话框，如图 8.28 所示。在对话框的左边有我们已定义好的 4 个边界名称，另外还有两个区域是默认流场内部设置，无须改变。

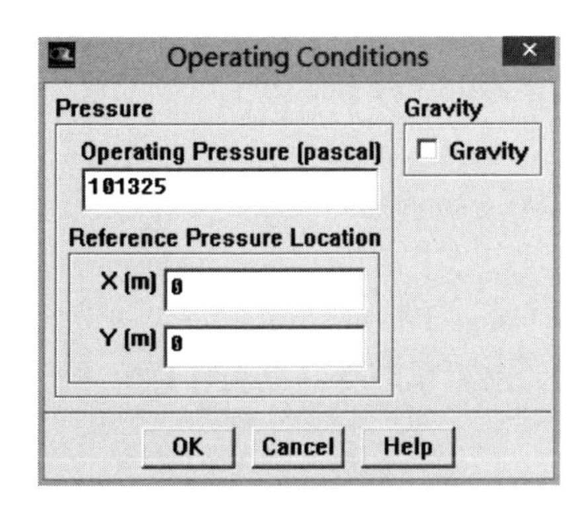

图 8.27　操作条件对话框

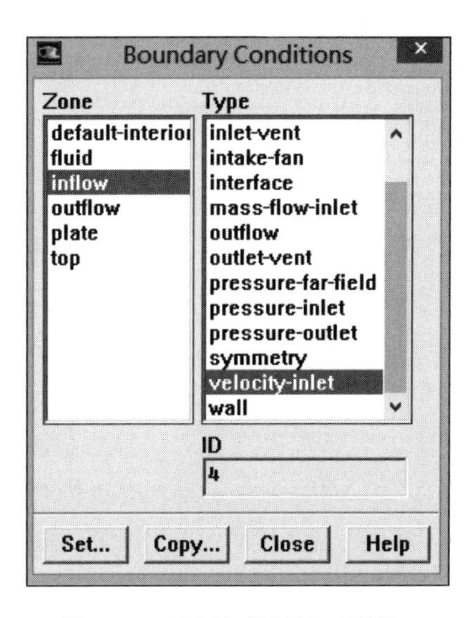

图 8.28　边界条件设置对话框 1

①入口边界设置。

在 Zone 项选择 inflow；注意到其边界类型为 velocity－inlet；点击 Set... 按钮；得到速度入口边界设置对话框，如图 8. 29 所示。

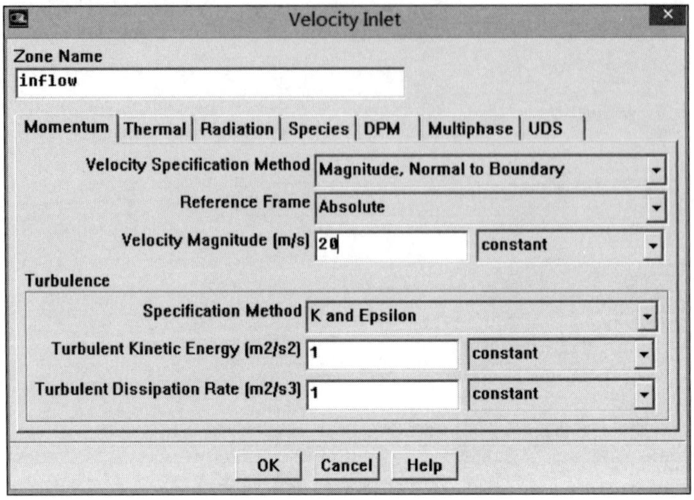

图 8. 29　速度入口边界设置对话框

在 Velocity Specification Method 项选用 Magnitude，Normal to Boundary（确定速度大小，速度方向垂直于边界）。

在 Velocity Magnitude 项输入速度大小 20。

在 Temperature 项输入流体温度 300。

保留其他默认设置，点击 OK 按钮。

此时，在 Fluent 工作窗口出现警告，如图 8. 30 所示。

```
Warning: Velocity inlet boundary conditions are not appropriate for
         compressible flow problems. Please change the boundary
         condition types used for this problem.
```

图 8. 30　警告信息

上述警告提示，对于可压缩流动问题使用速度入口边界是不恰当的，需要改变边界类型。其原因是采用速度入口边界时，不要求确定入口边界的压强；而对于可压缩流体来说，压强将直接影响流体的密度，进而影响流速。

在边界条件设置对话框中，将 inflow 边界类型改为 pressure-inlet，点击 Set...，打开压力入口边界设置对话框，如图 8. 31 所示。

在压力入口边界设置对话框中，Supersonic/Initial Gauge Pressure（静压强）项的数值相对于操作压强而言为 0，其绝对压强与操作压强相同；由可压缩等熵流动计算公式，Gauge Total Pressure（总压强）的计算公式如下：

$$\frac{\Delta p}{p}=\left(1+\frac{k-1}{2}M_a^2\right)^{k/(k-1)}$$

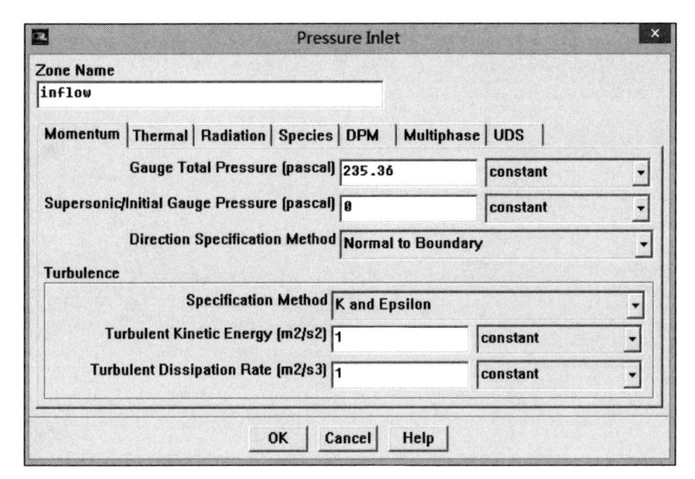

图 8.31　压力入口边界设置对话框

将 $M_a = V_0/\sqrt{kRT_0} = 20/\sqrt{1.4 \times 287 \times 300} = 0.057\ 6$，$p = 101\ 325$ Pa 代入，得到 Gauge Total Pressure 与 Supersonic/Initial Gauge Pressure 数值之差为

$$\Delta p = 235.56 \text{ Pa}$$

注意：对于不可压缩流体，计算公式为 $\Delta p = \frac{1}{2}\rho_0 V_0^2 = 235.56$ Pa。

②设置出流边界。

在边界条件设置对话框中的 Zone 项选择 outflow，注意其类型为 Pressure_ Outlet，点击 Set... 按钮，得到压力出口设置对话框，如图 8.32 所示。

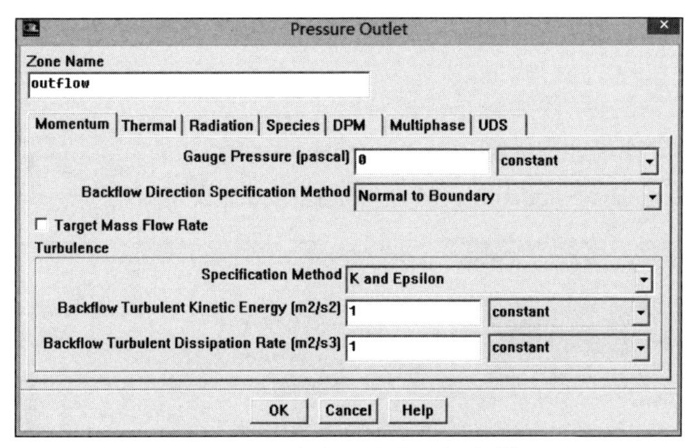

图 8.32　压力出口边界设置对话框

注意到 Gauge Pressure 为 0，表示绝对压强为操作压强。出流边界的表压强 = 绝对压强 - 操作压强。由于不希望有任何回流，故没必要设置回流条件。

③设置平板的边界条件。

在 Zone 项选择 plate，确定其类型为 Wall，点击 Set... 按钮，打开固壁边界设置对话框，如图 8.33 所示。

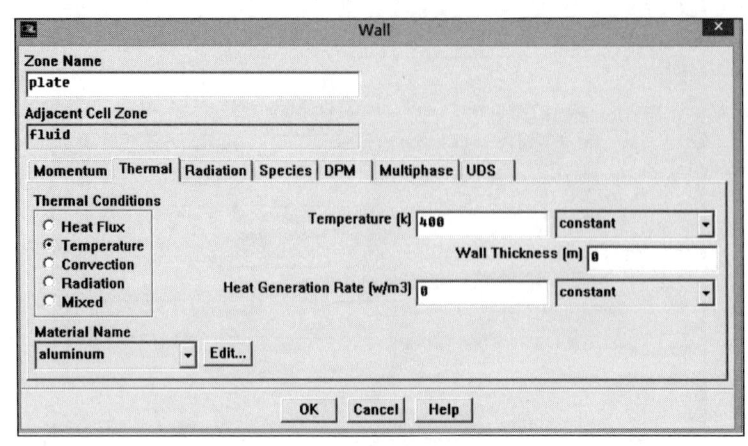

图 8.33　固壁边界设置对话框

平板是一个等温的加热板，需设置其温度。

在 Thermal Conditions 项选择 Temperature。

在 Temperature 右侧填入平板温度 400，数据如图 8.33 所示。

点击 OK 按钮。

④上边界的边界条件设置。

这是最后一个需要设置的边界，是流场的上部边界。在 Zones 项选择 top，确定其类型为 symmetry，点击 Set... 按钮，此边界无须设置，点击 OK 按钮。

将流场的上部边界定义为压力出流边界似乎更合理，但由于此时顶部有回流，收敛变得比较困难，有时甚至不收敛。此时将上部边界定义为 symmetry 类型，但此时应尽量使顶部边界远离平板固壁。

第 5 步：求解

1. 采用二阶离散方法进行计算

点击 Solve→Controls→Solution...，打开求解控制参数设置对话框，如图 8.34 所示。

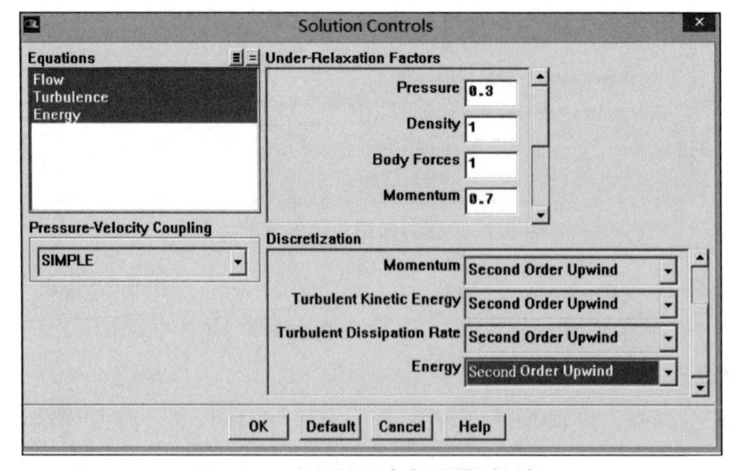

图 8.34　求解控制参数设置对话框

（1）在 Discretization 项将 Density，Momentum，Turbulence Kinetic Energy，Turbulence Dissipation Rate 和 Energy 都改为 Second Order Upwind。

（2）保留其他默认设置，点击 OK 按钮。

2. 设置流场初始值

点击 Solve→Initialize→Initialize...，打开求解初始化设置对话框，如图 8.35 所示。

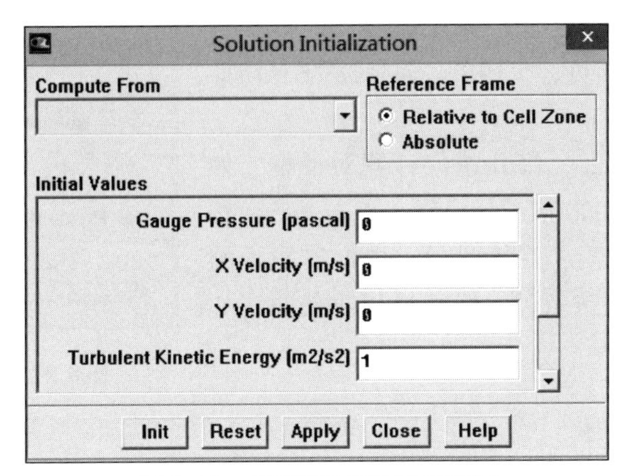

图 8.35　求解初始化设置对话框

（1）在 Compute From 下拉列表中选择 inflow，则初始值自动显示在窗口内。

（2）点击 Init，完成流场初始化；点击 Close 按钮。

3. 设置收敛临界值

对每一个所需求解的控制方程，Fluent 都会显示其残差计算收敛情况。残差是用来度量当前的解与各控制方程的离散形式之间的吻合程度。现在的迭代计算要使各方程的残差降到 1e－06 以下。

点击 Solve→Monitors→Residual...，打开残差监测对话框，如图 8.36 所示。

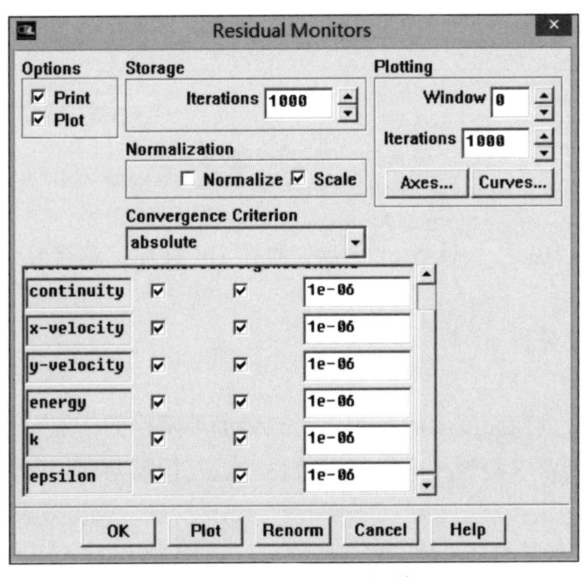

图 8.36　残差监测对话框

（1）在 Options 项选择 Print 和 Plot。

（2）将 Convergence Criterion 项下的所有的数据都改为 1e－06。

（3）保留其他默认设置，点击 OK 按钮。

4. 保存设置

点击 File→Write→Case...，选择文件名为 plate. cas，点击 OK 按钮。文件保存好后，可在任意时候通过读入此文件来继续工作。

注意：输入 plate 即可，扩展名 . cas 是系统自动加上的。

点击 Solve→Iterate...，打开迭代计算对话框，如图 8. 37 所示。进行 10 000 次迭代设置，点击 Iterate 按钮。迭代计算 1 955 次后，计算收敛，主窗口显示的残差各项数据已满足收敛条件，残差迭代收敛曲线如图 8. 38 所示。

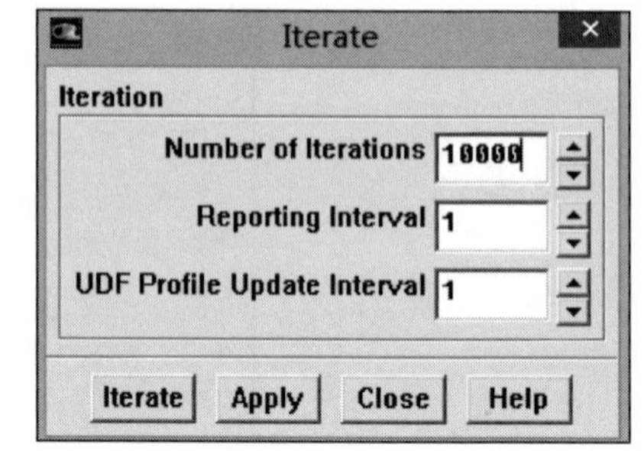

图 8. 37　迭代计算对话框

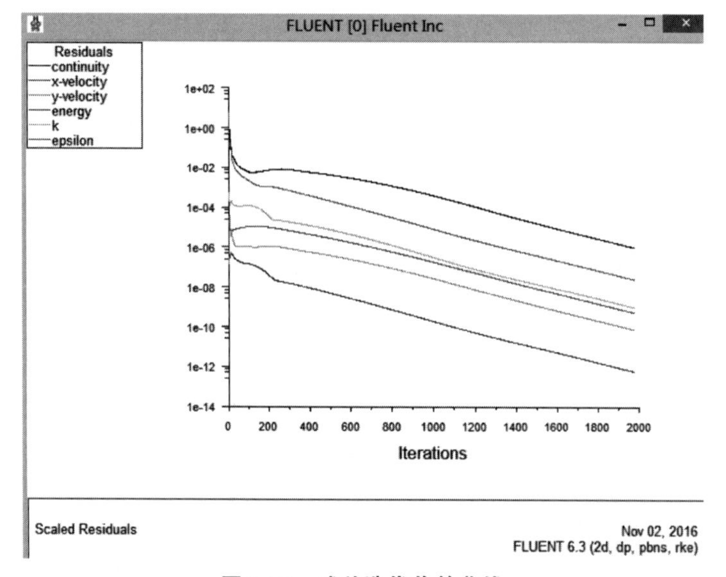

图 8. 38　残差迭代收敛曲线

5. 保存数据文件

点击 File→Write→Date...，输入 plate 后，点击 OK 按钮，将计算结果保存到 plate. dat 文件夹中。

第 6 步：计算结果分析

1. y^+ 分析

紊流流动明显地受到壁面压力的影响。远离壁面处网格的情况对紊流模型的有效性影响很小，但是近壁面处则要求检验并确保其有效性。近壁模型与网格的情况密切相关，这需要用 y^+ 值来进行评估。

（1）设置计算 y^+ 所需的参考值。

点击 Report→Reference Values...，打开参考值设置对话框，如图 8. 39 所示。

①在 Compute From 项选择 inflow，说明以入口参数为参考值。

②在 Temperature 项输入 300，在 Velocity 项输入 20，数据如图 8.39 所示。

③保留其他默认设置，点击 OK 按钮。

这些数据将用于避免到网格中心的距离的无量纲化，并得到相应的 y^+ 值。

（2）绘制 y^+ 分布曲线。

点击 Plot→XY Plot...，打开绘制曲线图对话框，如图 8.40 所示。

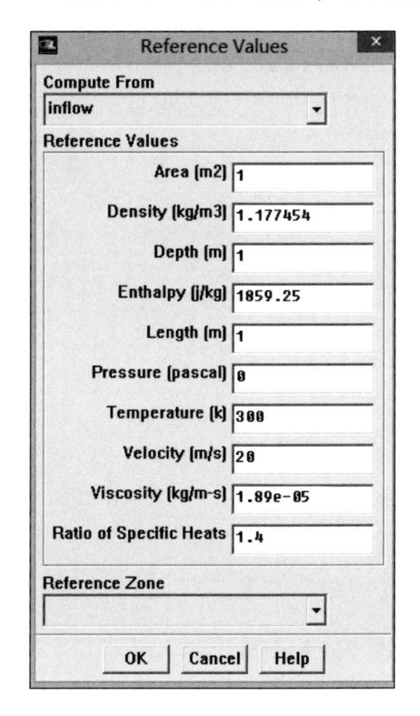

图 8.39　参考值设置对话框 1

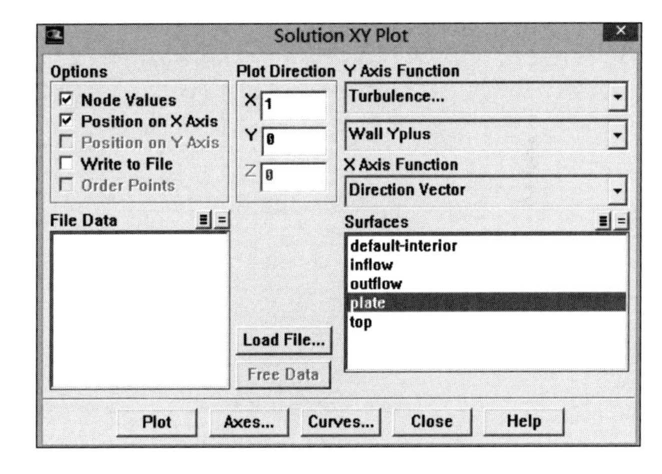

图 8.40　绘制曲线图对话框

①在 Options 项选择 Position on X Axis。

②在 Plot Direction 项，X 设为 1，Y 设为 0。

③在 Y Axis Function 项选择 Turbulence...　和 Wall Yplus。

④在 Suraces 项选择 plate，这是因为要计算壁面网格附近的 y^+ 值。

⑤点击 Plot 按钮，得到 y^+ 分布曲线，如图 8.41 所示。

可以看出，壁面值在 0.7 ~ 1.4 之间。由于这些值都小于 5，近壁面网格处在层流底层内，这是一个可以用层流边界层方法进行较精确计算的区域。

（3）保存曲线数值。

①在 Solution XY Plot 对话框中，在 Options 项选择 Write to File。

②点击 Write...　按钮，在新窗口中输入文件名 yplus. xy。

③点击 OK 按钮。

检查一下，在工作目录里多了一个文件 yplus. xy。

2. 在 $x = 1$ m 处（出口边界）的速度分布

点击 Plot→XY Plot...，打开绘图对话框，如图 8.42 所示。

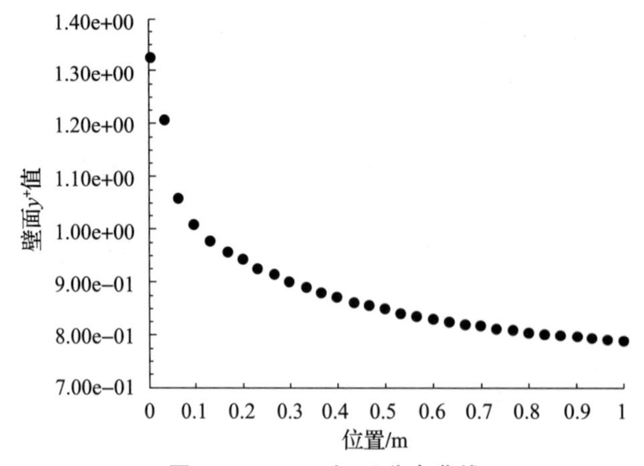

图 8.41　plate 上 y^+ 分布曲线

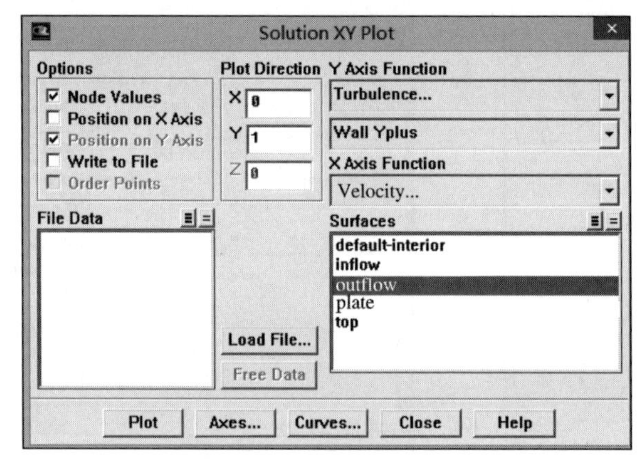

图 8.42　绘图对话框 1

(1) 在 Options 项将 Position on X Axis 换为 Position on Y Axis。

(2) 在 Plot Direction 项中，X 设为 0，Y 设为 1。

(3) 在 X Axis Function 项选择 Velocity... 和 X Velocity。

(4) 在 Surfaces 项选择 outflow，不再选择 plate。

(5) 点击 Axes... 按钮，打开对话框，如图 8.43 所示，进行绘图网格的设置。

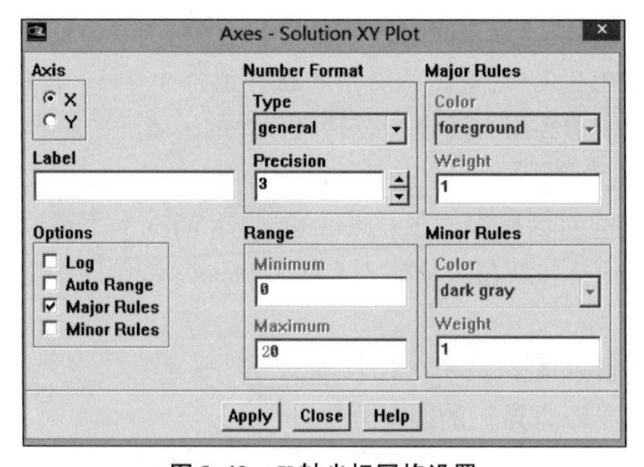

图 8.43　X 轴坐标网格设置

①在 Axis 项选择 X，在 Options 项选择 Major Rules（显示坐标线），在 Range 项填入速度范围，Minimum =0，Maximum =20，点击 Apply 按钮。

②在 Axis 项选择 Y，如图 8.44 所示，在 Options 项选择 Major Rules（显示坐标线），在 Range 项填入坐标范围，Minimum =0，Maximum =0.1。

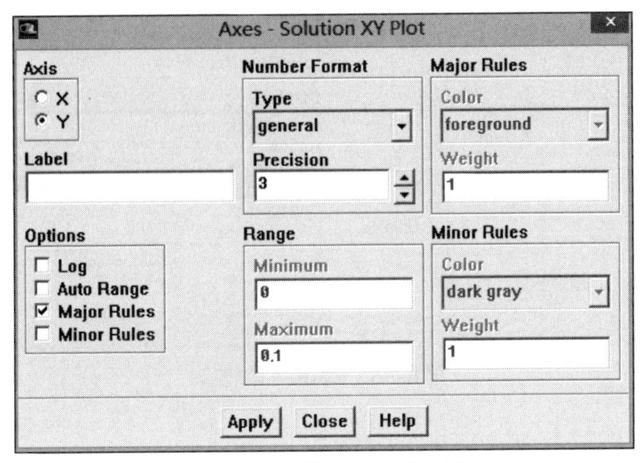

图 8.44　*Y* 轴坐标网格设置

③点击 Apply 按钮，点击 Close 按钮。

（6）点击 Plot 按钮得到速度分布曲线，如图 8.45 所示。

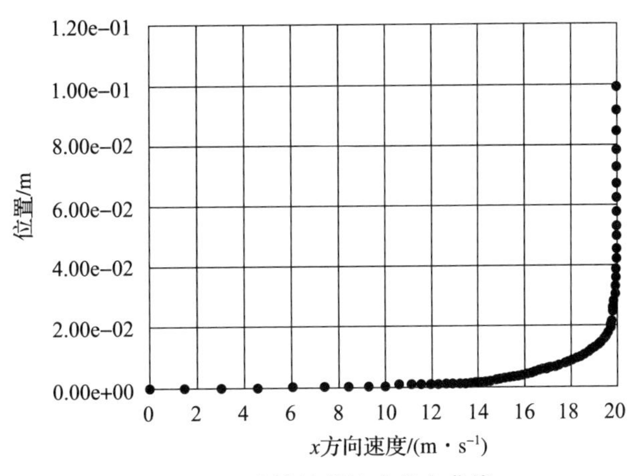

图 8.45　出流边界速度分布曲线

（7）参见图 8.42，在 Options 项选择 Write to File，将曲线数据保存到文件 outflow_profile.xy 中。

注意：当 $y=0.04$ m 时，x 方向的速度已接近 20 m/s。这表示相比平板的长度来说边界层的厚度相当的薄。

3. 绘制壁面摩擦阻力系数和 Reynolds 数的关系曲线

壁面摩擦阻力系数是一个无量纲数，定义式为

$$C_d = \frac{F_f}{\frac{1}{2}\rho V^2}$$

点击 Plot→XY Plot...，打开绘图对话框，如图 8.46 所示。

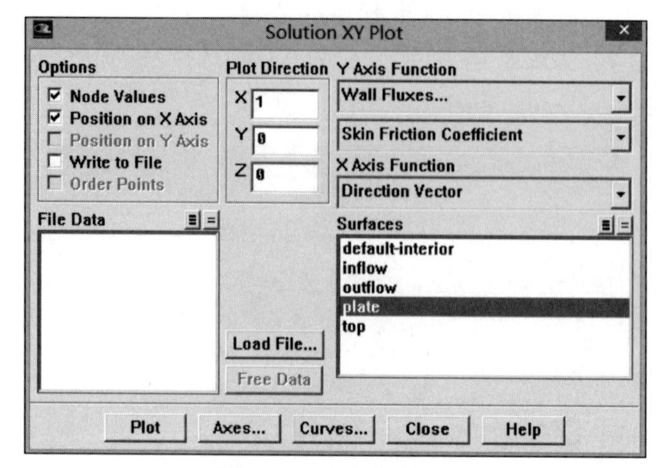

图 8.46　绘图对话框 2

（1）在 Options 项选择 Position on X Axis。

（2）在 Plot Direction 项，X 设为 1，Y 设为 0。

（3）在 Y－Axis Function 项选择 Wall Fluxes... 和 Skin Friction Coefficient。

（4）在 Suefaces 项选择 plate。

（5）点击 Axes...，打开坐标设置对话框，如图 8.47 所示。

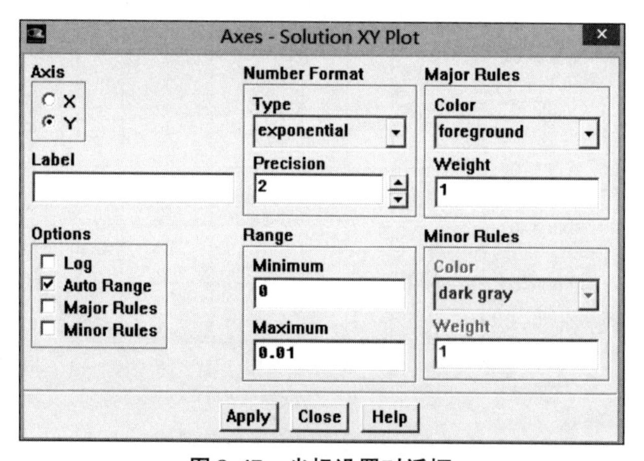

图 8.47　坐标设置对话框

（6）在 Axis 项选 Y；在 Options 项选 Auto Range；在 Range 项确认 y 轴绘制的范围为 Minimum＝0 到 Maximum＝0.01；在 Options 项选择 Major Rules 绘制坐标线。

（7）确认 x 轴绘制的范围 0 到 1（操作同上）；点击 Close 按钮。

（8）点击 Plot 按钮，得到壁面摩擦阻力系数分布曲线，如图 8.48 所示。

（9）选择 Write to File，点击 Write... 按钮，保存数据到文件 friction.xy。

（10）用写字板或类似的应用软件打开文件 friction.xy，拷贝数据到 Excel 里。得到数据表格，如表 8.2 所示。

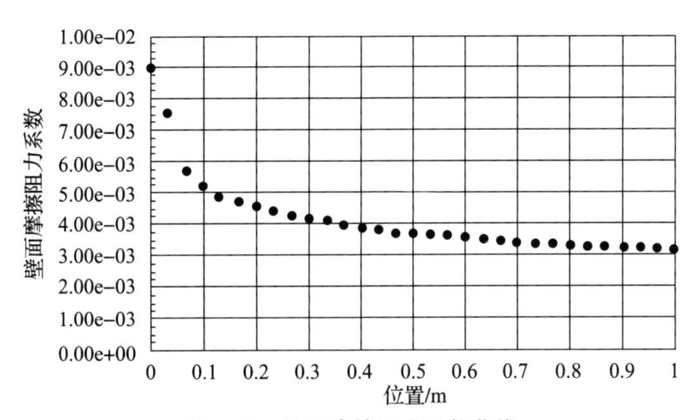

图 8.48　壁面摩擦阻力系数曲线

表 8.2　数据表格

x	C_{fx}（理论公式）	Re_x
0. 033 3	0. 007 1	42 199. 96
0. 066 7	0. 006 2	84 400. 04
0. 100 0	0. 005 6	126 599. 89
0. 133 3	0. 005 4	168 799. 83
0. 166 6	0. 005 1	210 999. 79
0. 200 0	0. 004 9	253 199. 75
0. 233 3	0. 004 8	295 399. 71
0. 266 6	0. 004 7	337 599. 66
0. 300 0	0. 004 5	379 799. 62
0. 333 3	0. 004 4	421 999. 58
0. 366 6	0. 004 4	464 199. 54
0. 400 0	0. 004 3	506 399. 49
0. 433 3	0. 004 2	548 599. 45
0. 466 6	0. 004 2	590 799. 41
0. 500 0	0. 004 1	632 936. 68
0. 533 3	0. 004 0	675 073. 98
0. 566 6	0. 004 0	717 273. 93
0. 599 9	0. 004 0	759 473. 90
0. 633 3	0. 003 9	801 673. 85
0. 666 6	0. 003 9	843 873. 81
0. 699 9	0. 003 8	886 073. 77
0. 733 3	0. 003 8	928 273. 72
0. 766 6	0. 003 8	970 473. 68

续表

x	C_{fx}（理论公式）	Re_x
0.799 9	0.003 7	1 012 673.64
0.833 3	0.003 7	1 054 873.60
0.866 6	0.003 7	1 097 073.56
0.899 9	0.003 6	1 139 273.51
0.933 2	0.003 6	1 181 473.47
0.966 6	0.003 6	1 223 673.43
0.999 9	0.003 6	1 265 873.39

表 8.2 中第一列的数据是 x 坐标，表明板上的位置；第二列是对应 x 的摩擦阻力系数；第三列是对应 x 的雷诺数。

（11）雷诺数为 x 的函数，由于板长 $L=1$ m，得到雷诺数的计算公式为

$$Re_{(x)} = Re(L*x) = 1\ 266\ 000x$$

利用平板边界层的计算结果，紊流边界层的阻力系数可由下式计算：

$$C_{fx} = 0.029\ 6/Re_x^{-0.2}$$

将数值模拟计算的结果与理论计算结果相对比，最后得到阻力系数与雷诺数的关系曲线，如图 8.49 所示。

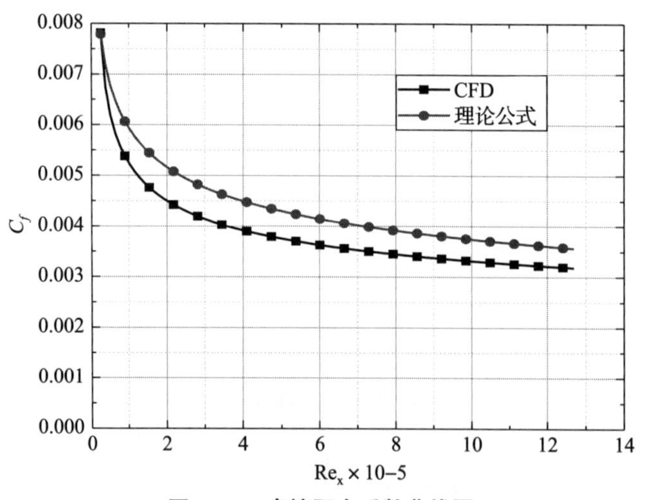

图 8.49　摩擦阻力系数曲线图

由于理论计算公式没有考虑温度的影响，并假设流体是不可压缩的，故计算有误差是显然的。

4. 绘制 Nusselt 数和 Reynolds 数的关系曲线

Nusselt 数是一个无量纲热传导系数，与对流和换热有关，其定义为

$$Nu_x = \frac{h_x x}{k}$$

为了得到 Nusselt 数，首先绘制平板表面的热流密度分布曲线图。

点击 Plot→XY Plot...，打开对话框，如图 8.50 所示。

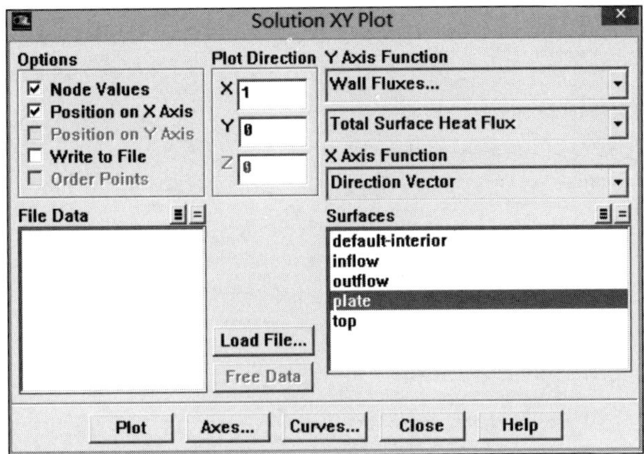

图 8.50　绘图对话框 3

（1）在 Options 项选取 Position on X Axis。

（2）在 Plot Direction 项，X 设为 1，Y 设为 0。

（3）在 Y Axis Function 项选择 Wall Fluxes... 和 Total Surface Heat Flux。

（4）在 Surfaces 项选择 plate；确认 y 轴绘制的范围为 Auto Range（点击 Aexs... 按钮进行设置）。

（5）点击 Plot 按钮，得到表面热流密度分布，如图 8.51 所示。

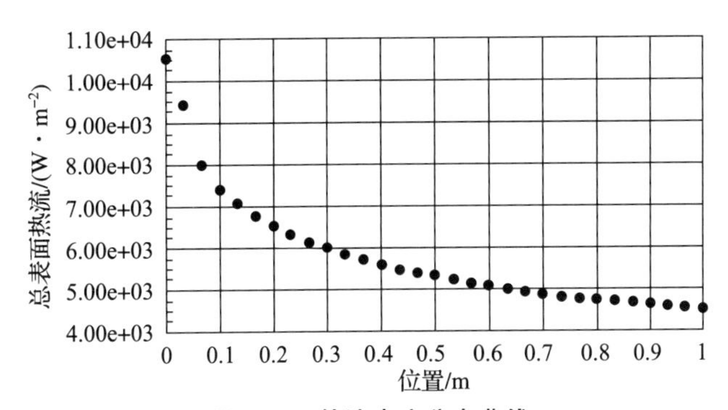

图 8.51　热流密度分布曲线

选择 Write to File，保存数据到文件 heatflux. xy，点击 Write 按钮。再用写字板或类似的应用软件打开文件 heatflux. xy，拷贝数据到 Excel 里。

对应平板位置 x 的表面热流密度 q''为单位面积传入流体的热量，h 为表面传热系数，可用来导出 Nusselt 数，计算公式如下：

$$q''_x = h_x(T_{\text{fluid}} - T_{\text{plate}})$$

$$Nu_x = \frac{h_x x}{\lambda} = \frac{q''_x}{T_{\text{plate}} - T_0}\frac{x}{\lambda}$$

$$= \frac{q''_x}{100}\left(\frac{x}{0.024\ 7}\right)$$

$$= 0.404\ 9\ q''_x x$$

在 Excel 中用上式计算出 Nu 后，绘制 Re 数与 Nu 数之间的关系曲线，如图 8.52 所示。

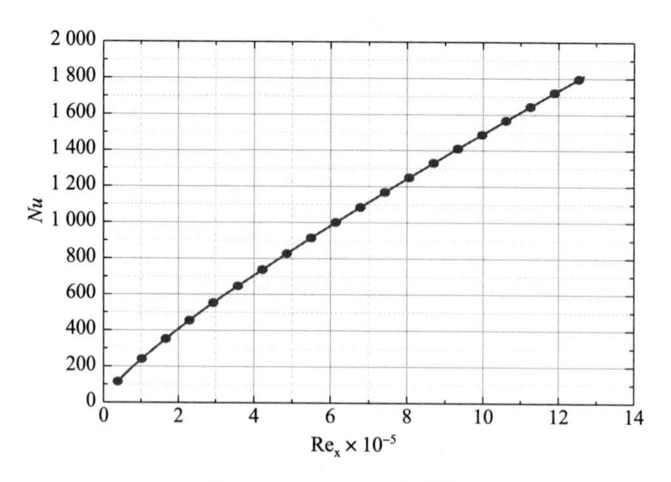

图 8.52　Nu – Re 曲线图

5. 与经验公式和试验结果进行对比

（1）雷诺公式：$Nu_x = 0.0296 Re_x^{0.8} Pr^{0.6} \left(\frac{T_{plate}}{T_0}\right)$。

此式是在温度为 300 K 条件下给出的，并有如下假设：$Pr = 0.7$；$10^5 < Re < 10^7$；可压缩流体的紊流边界层；固壁为平板。

（2）Seban 公式：$Nu_x = 0.0236 Re^{4/5}$。

Seban 进行了热平板的实验，并导出此式，实验条件如下：$Pr = 0.701$，流体为空气；雷诺数范围 $10^5 < Re < 4 \times 10^6$。

在 Excel 中用以上两个公式分别进行计算，算出 Nusselt 数，再与数值计算结果进行对比，绘制 Re 与 Nu 关系曲线图，得到 *Nu* 对比图，如图 8.53 所示。

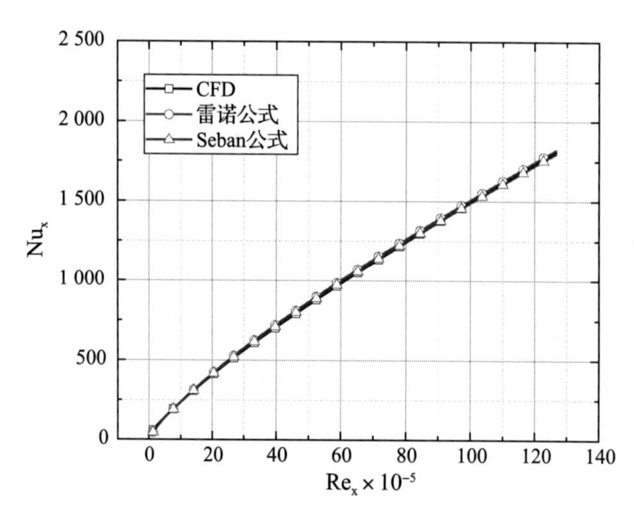

图 8.53　Nu 对比图

明显看出，三种结果趋势相同，数值计算结果与 Seban 公式非常接近。对于紊流流动，由于计算必须引用紊流模型，从而不能精确地求解 Navier – Stokes 方程，这样的结果已经是很理想的了。对于层流，计算结果会更好一些，计算结果与实验结果之间的误差大约为 5%。另外，对于本问题 K – epsilon 模型是最合适的模型，利用 Fluent 所提供的其他紊流模型进行计算，结果也大致相同。

讨论 1：网格对计算结果的影响

必须说明，计算结果对网格有依赖性，因此还应该针对相同的问题、利用不同的网格进行计算，并比较结果。对于本问题，已经对 30 × 100 网格进行了计算；为便于了解，下面再对 30 × 50、30 × 150 的网格重新计算，并把结果与 30 × 100 网格的计算结果进行比较，为便于管理，先将 30 × 100 网格的计算结果复制到名为 30 × 100 的文件夹内。

1. 将计算区域划分为 30 × 50 的网格

（1）将 plate. dbs 文件更名为 plate50. dbs。

（2）用 Gambit 将 plate50. dbs 打开，并将其划分为 30 × 50 的网格，其中设入口边界和出口边界的 Successive Ratio 为 1.08，内部节点数为 50。

（3）输出 2d 网格到文件 plate50. dbs。

（4）用 Fluent 读入网格文件 plate50. dbs，并进行相似的计算。

经过 552 次迭代，残差达到收敛。绘制 y^+，如图 8.54 所示。

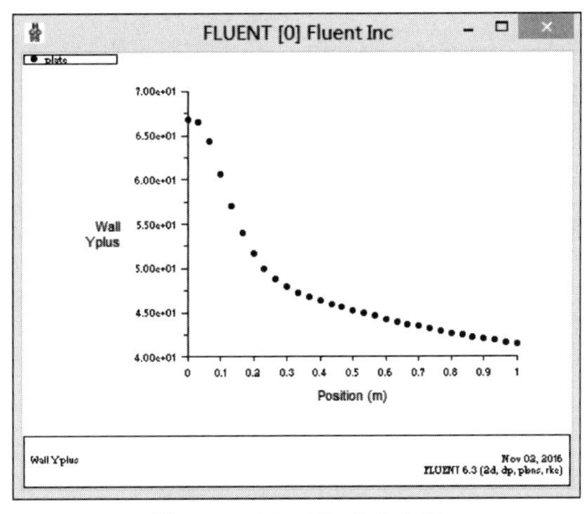

图 8.54　30 × 50 y^+ 分布图

y^+ 值的范围在 40 ~ 70 之间，这基本上是在过渡区（$5 < y^+ < 30$）以外的紊流区域，应该是可以接受的。

再通过表面热流密度确定 $Nu(x)$，绘制 Nu 与 Re 关系曲线，如图 8.55 所示。并与 30 × 100 网格的计算结果进行比较。

可以看出，二者之间有较明显的差别，说明网格数过少，会产生数值上的误差。由 y^+ 分析可知，仅仅考虑到紊流层内的计算，其结果是比较粗糙的；若考虑到层流底层内的流动，必定会使计算结果更加精确。值得注意的是，对于高雷诺数的流动，即使不考虑层流底层而仅仅考虑紊流层，其结果也是大致可以接受的。

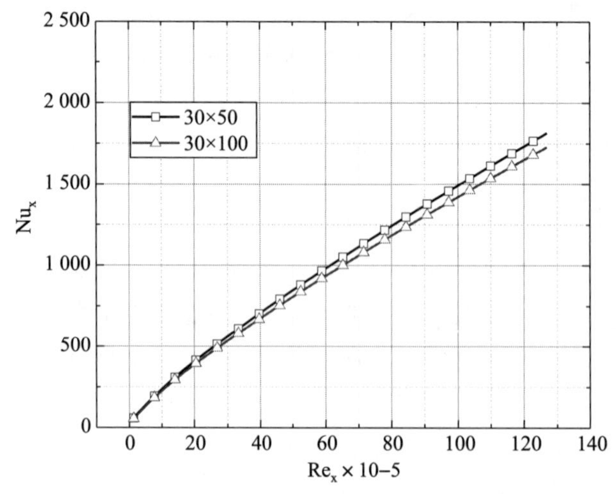

图 8.55　Nu 数对比图

2. 将计算区域分为 30 × 150 的网格

（1）将 plate. dbs 文件复制到文件夹 30 × 150 内，并更名为 plate150. dbs。

（2）用 Gambit 将 plate150. dbs 打开，并将其划分为 30 × 150 的网格，其中设入口边界和出口边界的 Successive Ratio 为 1. 08，内部节点数为 150。

（3）输出 2d 网格到文件 plate150. dbs。

（4）用 Fluent 读入网格文件 plate150. dbs，并进行相似的设置与计算。经过 4 156 次迭代后收敛。残差收敛曲线如图 8. 56 所示。

（5）绘制 y^+ 曲线如图 8. 57 所示。y^+ 的范围在 0. 016 ~0. 03 之间，完全处于层流底层之内。

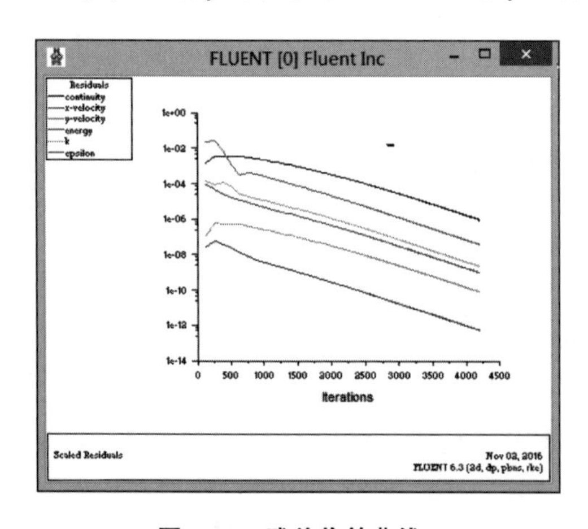

图 8.56　残差收敛曲线 1

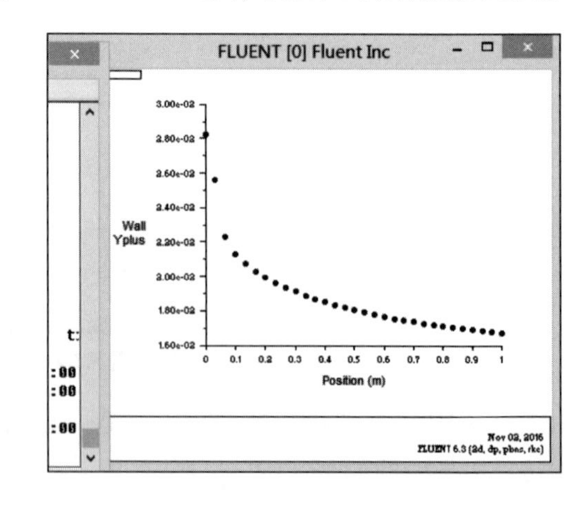

图 8.57　30 × 150 y^+ 分布图

（6）通过表面热流密度确定 Nu(x)，绘制 Nu 与 Re 关系曲线图，并与 30 × 150 网格的计算结果进行比较，如图 8. 58 所示。

图 8. 58 曲线显示出两者之间几乎没有区别，由此可以得出结论，30 × 150 的网格密度是足够的。另外还有一点也很重要，可以证明，沿着流动方向将网格进一步细化的计算结果也没有改变。这也就是说，沿着流动方向的网格也已经足够好了。

讨论 2：边界层流动问题

本问题是一个涉及平板边界层内的黏性流动问题，为此对边界层的相关知识进行以下介绍，作为本问题研究的补充。

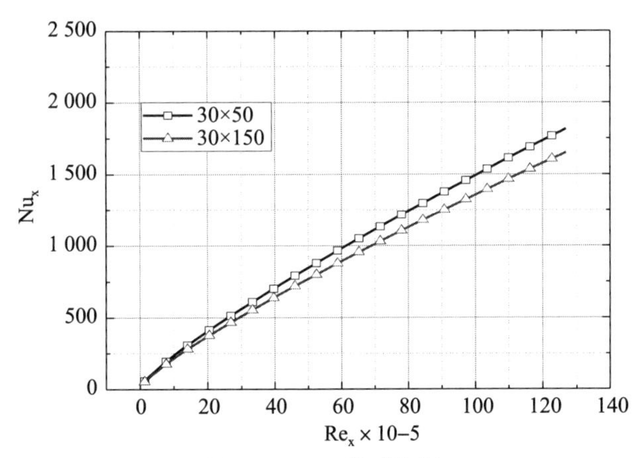

图 8.58　Nu 数对比图

当来流的雷诺数较高时，具有速度变化 du/dy 的范围只限于靠近固体边界的极薄的一层内，此薄层称为边界层。边界层以外的区域可视为理想流动区域，边界层内视为黏性流动区域。

边界层厚度一般用 δ 表示，它是边界层横断面上某点的流速等于来流速度的 99% 时，此点到固体表面的距离。

边界层具有如下特点。

（1）边界层的厚度 δ 与物体的特征长度 l 相比是非常小的，$\delta \ll l$，即边界层极薄。

（2）边界层的厚度 δ 在平板上沿流动方向增加。因为随着平板长度的增加，摩擦损失亦增加，流体内部的能量减少，流速亦减小，为了满足连续条件，边界层的厚度增大。

（3）边界层中也存在着层流区、过渡区和紊流区。

（4）平板的临界雷诺数为 $Re_C = 5 \times 10^5$。

关于平板边界层的理论计算公式如下。

1. 平板层流边界层

（1）边界层厚度 $\delta = 5.0\sqrt{\dfrac{vx}{V_0}} = 5.0 \times Re_x^{-1/2}$。

（2）壁面剪切应力分布 $\tau_0 = \dfrac{0.664}{\sqrt{Re_x}}\dfrac{\rho V_0^2}{2}$。

（3）平板摩擦阻力系数 $C_f = 1.33/\sqrt{Re_l}$。

式中，$Re_l = \dfrac{V_0 L}{v}$

长为 L 的平板单位宽度上的阻力 $F = C_f \dfrac{1}{2}\rho V_0^2 L$。

注意：以上 3 个式子是勃拉体斯根据边界层基本公式求得的，仅适用于层流边界层。

2. 平板紊流边界层

（1）边界层厚度 $\delta = 0.371 \times Re_x^{-0.2}$。

（2）平板摩擦阻力系数 $C_f = 0.074 Re_L^{-0.2}$。

3. 平板混合边界层

（1）当雷诺数满足 $3\times10^5 < Re_L < 10^6$ 时，有

$C_f = \dfrac{0.074}{Re_L^{0.2}} - \dfrac{A}{Re_L}$，对光滑平板 $A = 1\ 700$。

（2）当雷诺数满足 $10^6 < Re_L < 10^7$ 时，有

$C_f = \dfrac{0.455}{(\ln Re_L)^{2.58}} - \dfrac{A}{Re_L}$，对光滑平板 $A = 1\ 700$。

（3）当雷诺数满足 $Re_L > 10^7$ 时，有

$$C_f = \frac{0.455}{(\ln Re_L)^{2.58}}$$

8.2　绕翼型的不可压缩流与可压缩流

问题描述：

空气绕流给定的机翼，如图 8.59 所示。假设来流速度为 $V_0 = 50$ m/s，攻角为 $\theta = 5°$：流动设为定常流动。来流空气物理特性取标准海平面的值。

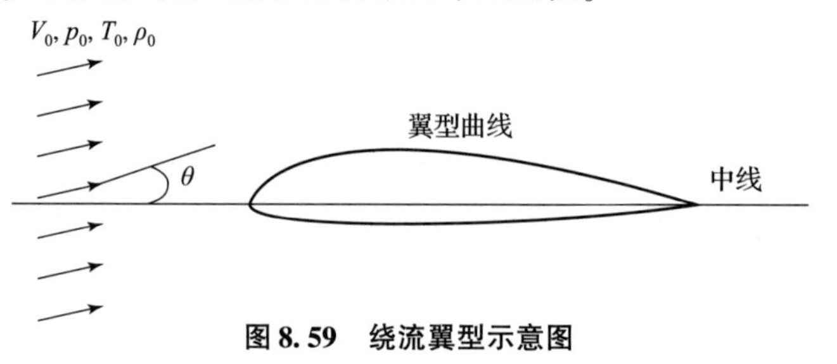

图 8.59　绕流翼型示意图

已知：空气物理数据如下：

环境压强：$P_0 = 101\ 325$ Pa

空气密度：$\rho_0 = 1.255$ kg/m^3

空气温度：$T_0 = 288$ K

运动黏度：$v = 1.461\times10^{-5}$ m^2/s

问题：求空气绕流机翼流场及所产生的升力、升力系数和阻力、阻力系数。

所研究翼型的气动力曲线如图 8.60 所示。由图中可看出，随着 Re 数的增大，升力系数 Cl 逐渐增大，并趋于一个稳定值，对攻角为 5°来说，升力系数的稳定值约为 0.8。

本节涉及的内容如下。

（1）将翼型曲线坐标存储在数据文件中。

（2）将翼型的坐标文件导入 Grambit 中进行建模。

（3）对几何图形进行网格划分。

（4）确定边界类型。

（5）设置 Fluent 求解参数。

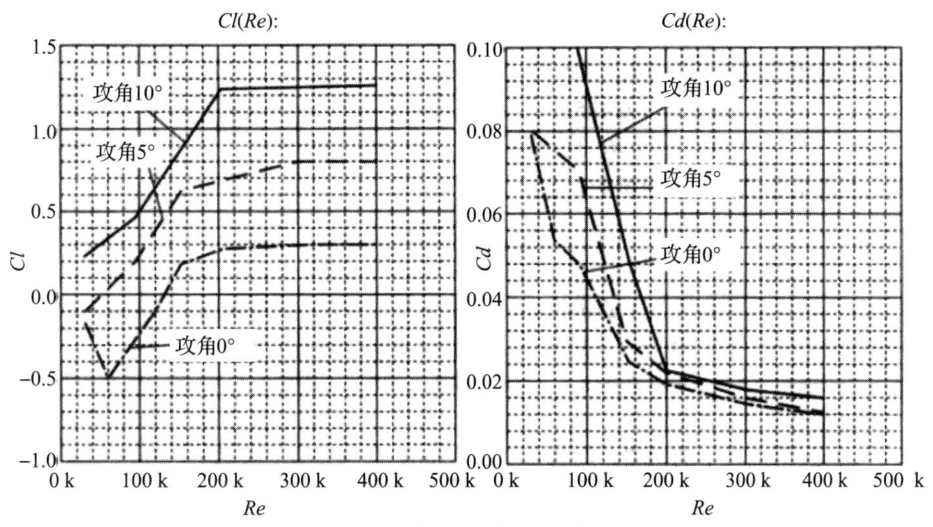

图 8.60　翼型升、阻力系数曲线

（6）利用 Fluent 进行求解。

（7）计算结果分析。

（8）重新划分网格。

（9）讨论压缩性的影响。

（10）讨论黏性的影响，选择合适的紊流模型。

分析：对于绕流机翼这样的外部绕流问题，需要定义一个远离机翼的边界，这个边界与机翼固壁之间构成流动区域，然后在机翼固壁与边界之间划分网格。由于希望在外边界上的边界条件与周围环境基本一致，所以应将边界尽量离机翼固壁远一些。原则上说，边界离机翼固壁越远，边界对流动的影响就越小，计算也就越精确，当然相应的计算量也就大一些，在本例中取为机翼的弦长的 10 倍。

设流动区域是如图 8.61 所示的图中曲线所包围的区域，其中 c 表示机翼的弦长，本例中 $c=1$。

第 1 步：利用 Gambit 建立几何模型

1. 启动 Gambit

（1）在 D 盘上创建一个文件夹，名为 airfoil。

（2）将光盘对应文件夹（在光盘第 2 章文件夹中的 airfoil 文件夹下的 base）里的翼型曲线坐标文件 vertices_dat 复制到该文件夹里。

（3）双击桌面上的 Gambit 图标，启动 Gambit，如图 8.62 所示。

（4）在 Working Directory 项填入 D:\airfoil。

（5）点击 Run 按钮，启动 Gambit。

（6）点击 File→New，打开新建文件对话框，如图 8.63 所示。

（7）在 ID：右侧框内填入文件名 airfoil。

（8）点击 Accept 按钮，点击 Yes 按钮。

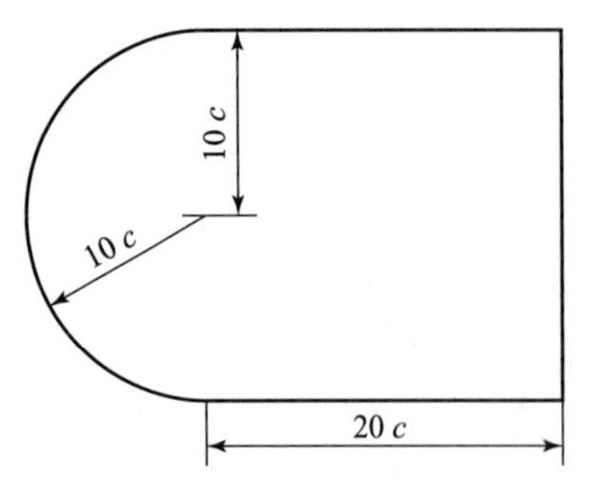

图 8.61　流动区域示意图

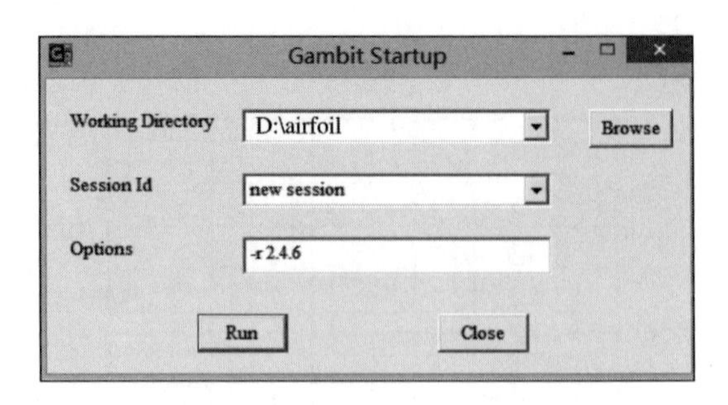

图 8.62　Gambit 启动对话框 2

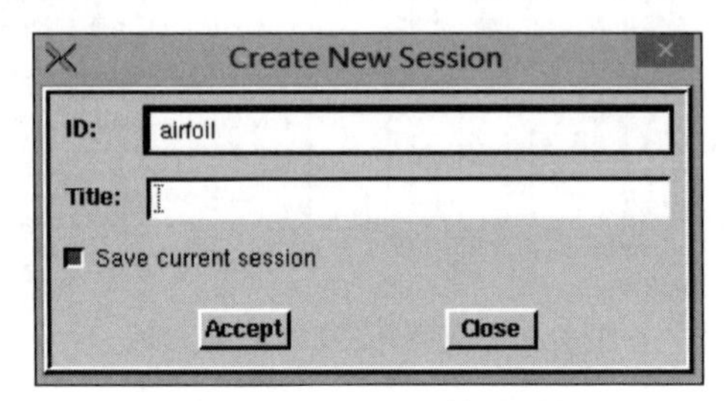

图 8.63　创建新文档对话框

2. 由翼型坐标数据建立翼型轮廓

为确定机翼的几何轮廓，先为 Gambit 建立一个含有机翼曲线格点坐标的文件，再利用 Gambit 读入文件内容并将这些格点连起来，创建一条边线，构成机翼的轮廓线。然后将这条边分割成上下两部分，以便控制边线上网格的疏密。

在当前目录下，含有机翼几何轮廓节点坐标的文件名为 vertices. dat，用记事本等工具可将文件打开，部分内容展示如下：

20	1	
1.000 000	0.001 260	0.0
0.975 528	0.004 642	0.0
0.904 508	0.013 914	0.0
0.793 893	0.026 905	0.0
0.654 508	0.040 917	0.0
0.500 000	0.052 940	0.0
0.345 492	0.059 575	0.0
0.206 107	0.057 714	0.0
0.095 492	0.046 049	0.0
0.024 472	0.025 893	0.0
0.000 000	0.000 000	0.0
0.024 472	-0.025 893	0.0
0.095 492	-0.046 049	0.0
0.206 107	-0.057 714	0.0
0.345 492	-0.059 575	0.0
0.500 000	-0.052 940	0.0
0.654 508	-0.040 917	0.0
0.793 893	-0.026 905	0.0
0.904 508	-0.013 914	0.0
0.975 528	-0.004 642	0.0

其中，第一行 97　1 表示由 96 个点首尾相接组成 1 条边。下画有三列数据，第一列表

示 x 坐标，第二列表示 y 坐标，第三列表示 z 坐标。前面 48 组节点连接成为机翼的上边线；后面的 48 组节点连接成为机翼的下边线。

在上述节点坐标文件中，机翼弦长 $c=1$，因此 x 变量在 a 到 1。若使用不同的翼型文件，x 的范围依赖于 c 值的大小而有所不同。

点击 File→Import→ICEM Input...，打开输入数据文档对话框，如图 8.64 所示。

（1）点击 File Name 最右边的 Browse... 按钮，在新打开的对话框中右侧 Files 下有文件 vertices. dat，点选此文件；点击 Accept 按钮。

（2）在 Geometry to Create 项选择 Vertices（显示节点）和 Edges（自动连接成一条边），不选择 Face。

（3）点击 Accept 按钮。

则在 Gambit 工作窗口出现所创建的机翼轮廓曲线，如图 8.65 所示。

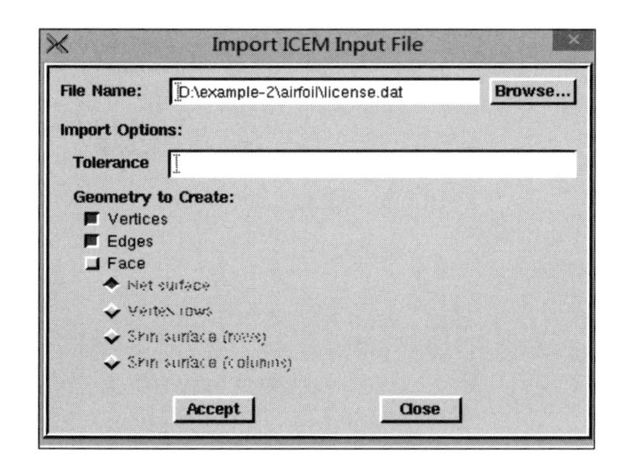

图 8.64　输入数据文档对话框

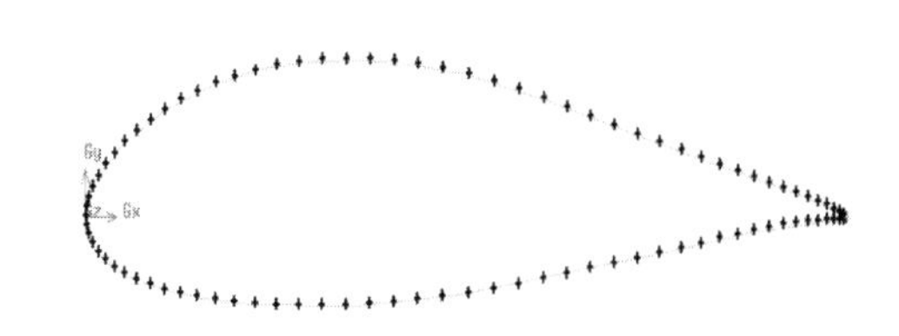

图 8.65　机翼轮廓曲线

3. 将翼型轮廓分割为上、下两条边线

用 H 点将轮廓线分成上下两部分，形成机翼的上下表面。

点击 Geometry Command 按钮→Edge Command 按钮→Split/Merge Edge，打开线段分割对话框，如图 8.66 所示。

（1）点击 Edge 右侧区域。

（2）按住 Shift 键，点击机翼边线。

（3）在 Split With 项选择 Vertex（按住鼠标右键选择）。

（4）在 Gambit 工作窗口内按住鼠标右键向下拖，放大图形；按住鼠标中键移动图形；使机翼的前缘点展示清晰。

（5）点击 Vertex 右侧窗口；按住 Shift 键，点击 H 点（前缘点）。

（6）点击下面的 Apply 按钮。

在信息反馈窗口，可看到：Edge edge. 1 was split，and edge edge. 2 created。

4. 创建流动区域边界线

（1）创建区域边界点。

先建立坐标点，然后连接这些节点形成线，用这些线来构成流域的边界。

点击 Geometry Command 按钮→Vertex Command 按钮→Create Vertex，打开创建节点对话框，如图 8.67 所示。

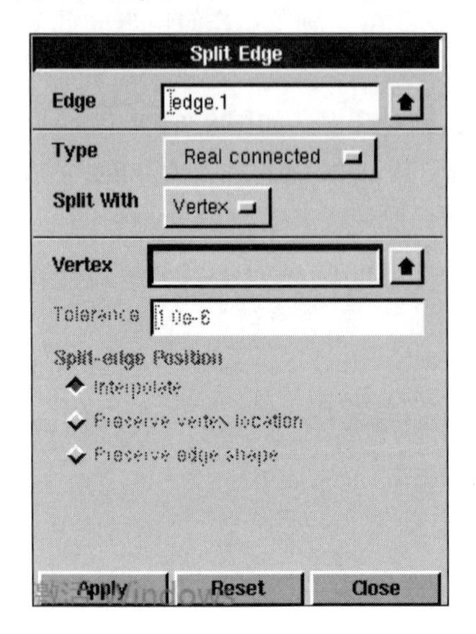

图 8.66　线段分割对话框

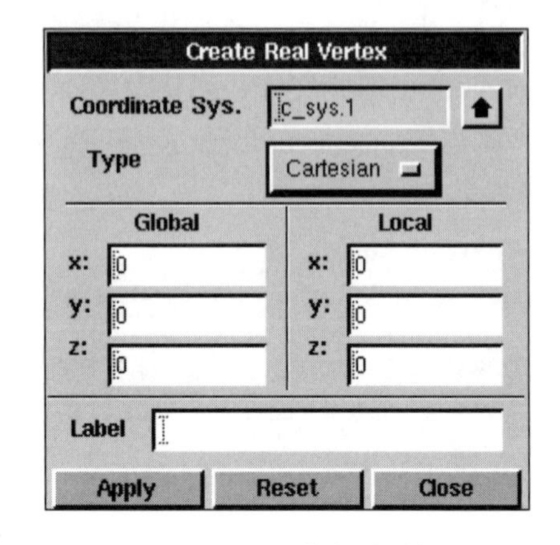

图 8.67　创建节点对话框 2

（2）创建圆的中心点 O，坐标为：x = 1，y = 0。

（3）创建圆弧的二个端点 A，F 和 E。

A 点坐标为：x = 1，y = 10。

F 点坐标为：x = −9，y = 0。

E 点坐标为：x = 1，y = −10。

（4）创建 B、C、D 三点。将 A、G、E 三点向右复制，距离为 20。

点击 Geometry Command 按钮→Vertex Command 按钮→Move/Copy Vertex，打开节点移动/复制对话框，如图 8.68 所示。

①点击 Vertices 右侧区域。

②按住 Shift 键，分别点击 A、G（后缘点）、E 三点。

③选择 Copy 和 Translate 操作。

④在 Global 项 x 窗口内填入 20。

⑤点击 Apply 按钮。

点击 Fit to window，工作窗口如图 8.69 所示。

（5）创建直线。

点击 Geometry Command 按钮→Edge Command 按钮→Create Edge，打开创建直线对话框，如图 8.70 所示。

①点击 Vertices 右侧区域。

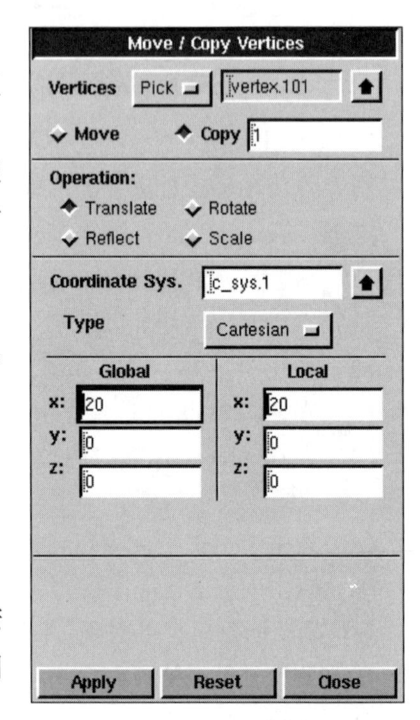

图 8.68　节点移动/复制对话框

②按住 Shift 键，分别点击 *A*、*B* 点。

③在 Label 项输入 AB。

④点击 Apply 按钮。

此时，在信息反馈窗口可看到：Created Edge：AB。

用同样的方法创建线段 *CB*、*CD*、*ED*、*GE*、*GA*、*GC* 和 *HF*，同时注意线段名字与线段方向是相关的。例如，*CB* 意为线段方向是由 *C* 点指向 *B* 点，在操作上就是先选 *C* 点再选 *B* 点。

注意：使用缩放功能察看 *G* 点。（按住鼠标右键向下、向上拖动可缩放图形；按住鼠标中键拖动可移动图形）

（6）创建圆 *AF*。

右击 Create Edge 按钮，在弹出下拉图标列表中选择 Arc，弹出对话框，如图 8.71 所示。

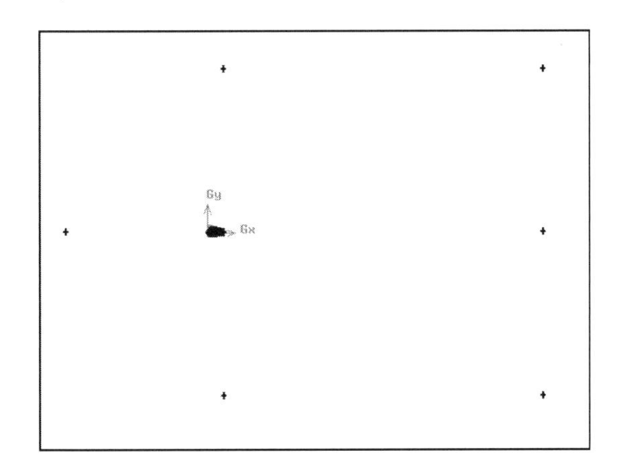

图 8.69　节点配置图

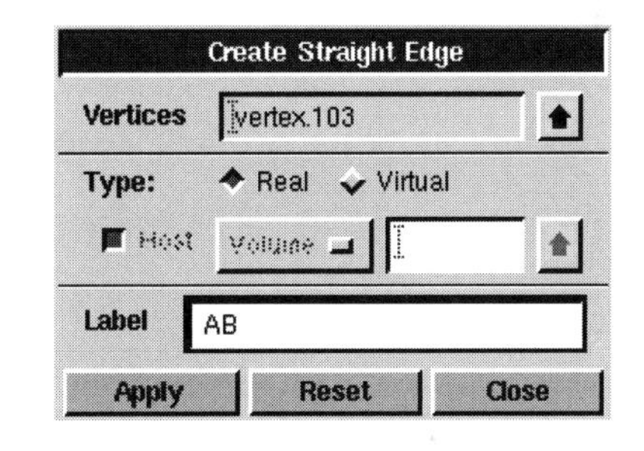

图 8.70　创建直线对话框 2

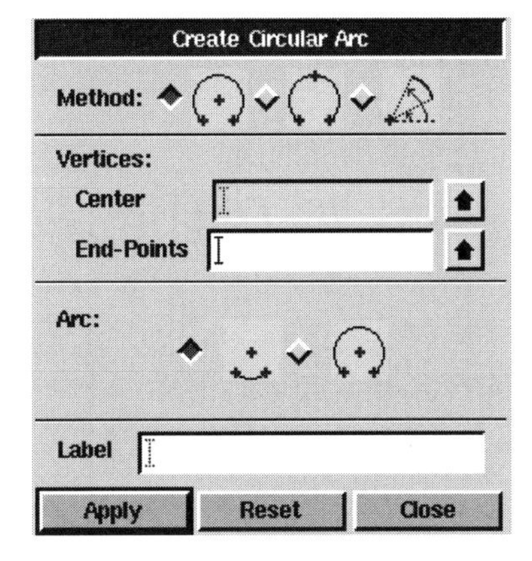

图 8.71　创建圆弧对话框

①在创建圆弧对话框中点击 Center 右侧区域。

②按住 Shift 键，点击 *G* 点（*G* 点为圆弧中心）。

③点击 End - Points 右侧区域。

④按住 Shift 键，点击 *A*、*F* 两点（这两点为圆弧的两个端点）。

⑤在 Label 右侧填入 AF（圆弧名）。

⑥点击 Apply 按钮，生成圆弧 *AF*。

用同样的方法创建圆弧 *EF*，最后结果如图 8.72 所示。

5. 创建面

面可由封闭的线围成，下面要创建 4 个面：*ABCGA*、*EDCGE*、*GAFH* + 机翼上表面以及 *GEFH* + 机翼下表面。然后对面再进行网格划分。

点击 Geometry Command 按钮→Face Command 按钮→Form Face，打开创建面对话框，如图 8.73 所示。

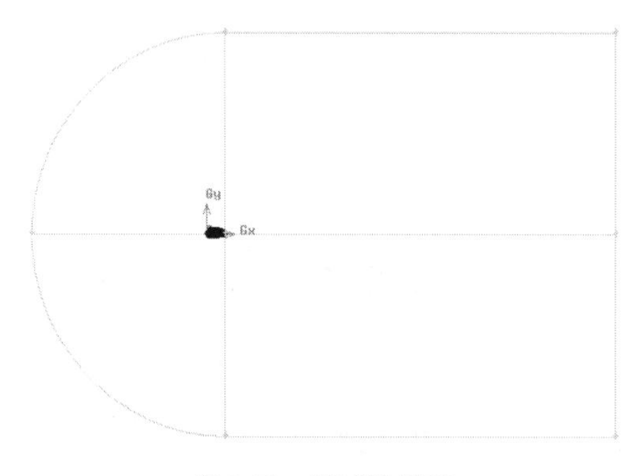

图 8.72　流域边界图

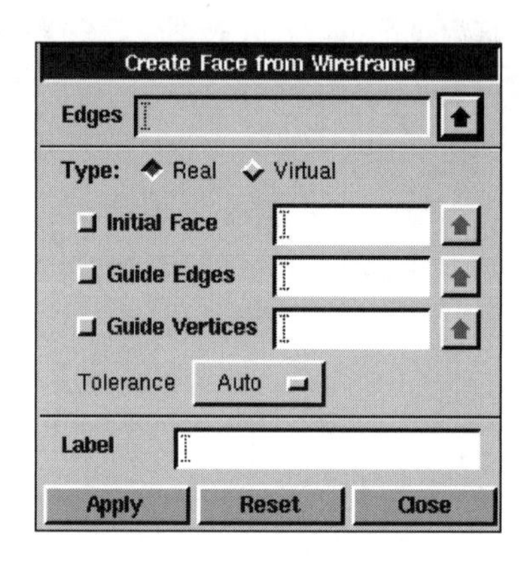

图 8.73　创建面对话框 2

（1）创建 *ABCGA* 面。

①点击 Edges 右侧下拉按钮，在弹出的对话框（图 8.74）中选择 AB、CB、GC、GA 4 条线段（也可在按住 Shift 键的同时点击这些线进行选择）。

②点击 Apply 按钮。

用类似的方法，创建 *EDCGE* 面。

（2）创建由 *GAFH* 和机翼上边线所围成的面。

①按下述次序选择边线：*GA*、*AF*、*HF*、*HG*（机翼上边线）。

②点击 Apply 按钮。

用类似的方法创建由 *GEFH* 和机翼下边线所围成的面。

第 2 步：划分网格

下面分别对 4 个面划分网格。在进行网格划分之前，应对组成面的各个边线设置节点分布。由于在机翼附近流动参数的梯度比较大，网格应该密一些；而在流场外边界附近流动参数的梯度接近 0，网格可相应地稀疏一些，故可采用自机

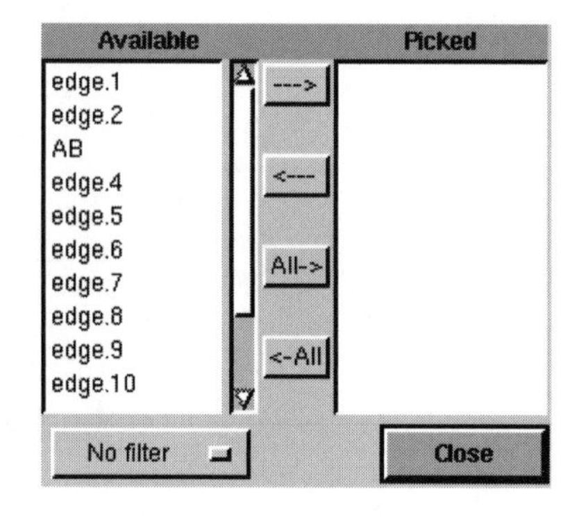

图 8.74　边线列表

翼向外渐疏的节点分布。渐疏性的节点分布一般采用节点距离成等比级数的方式，比例为 R。节点距离增加的方向由线段的方向箭头表示，也可按住 Shift 键同时用中键点击线段改变方向。

点击 Mesh Command 按钮→Edge Command 按钮→Mesh Edges，扫开对话框，如图 8.75 所示。

1. 为 *GA*、*GE*、*CB*、*CD* 线段划分网格

（1）点击 Edges 右侧区域。

（2）按住 Shift 键，点击 *GA* 线段（线段将改变颜色，并显示一个箭头）。

（3）确定箭头指向上（按住 Shift 键同时用中键点击线段可改变方向）。

（4）在 Ratio 项输入比例 1.05。

（5）在 Spacing 项选择 Interval count，输入 80 作为节点间隔数（线网格单元）。

（6）点击 Apply 按钮。

这样，将为线段 *GA* 创建比例为 1.05 的 80 个变步长线网格单元。

对 *CB*、*GE*、*CD* 进行同样的划分。

2. 为 *AB*、*GC*、*ED*、*HF* 线段划分网格

（1）点击 Edges 右侧区域。

（2）按住 Shift 键，点击 *AB* 线段。

（3）右击 Type 右边的按钮，选择 First Length，如图 8.76 所示。

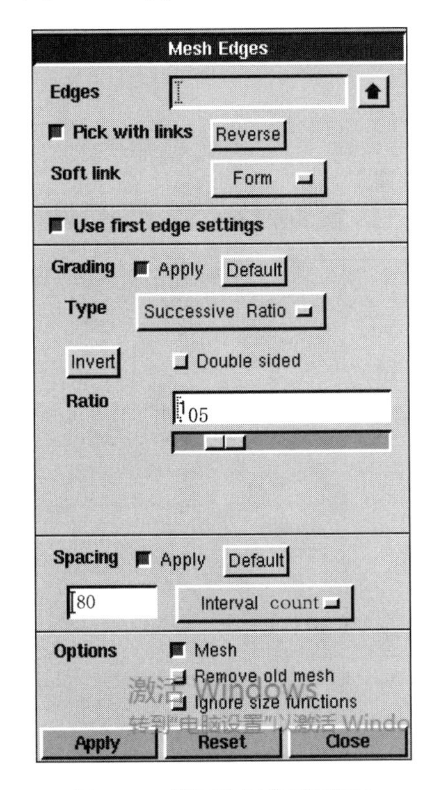

图 8.75　线网格划分对话框 1

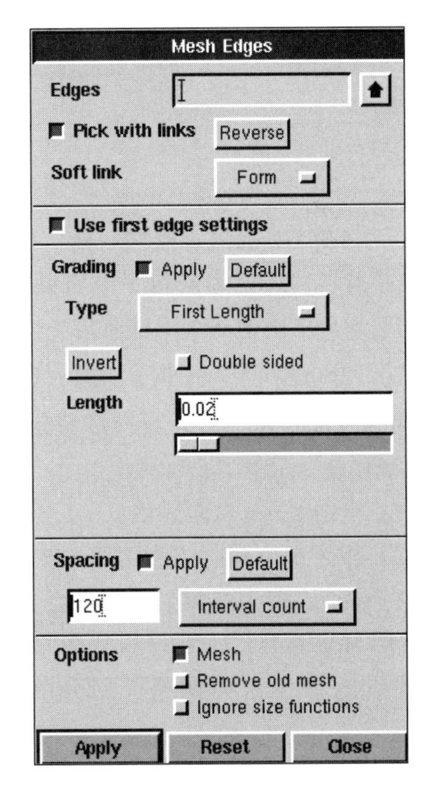

图 8.76　线网格划分

（4）在 Length 右侧填入沿箭头方向第一小段的长度：0.02。

（5）在 Spacing 下的 Interval count 项输入节点个数：120。

（6）点击 Apply 按钮。

这样，将 *AB* 段划分为首段长度为 0.02、节点数为 120 的网格。

对 *GC* 和 *ED* 进行同样的划分。

将 *HF* 段划分为首段长度为 0.02、节点数为 80 的网格。

3. 将机翼上下表面线段分为长度为 0.02 的等距离网格

这样划分可使机翼上下表面线段与 *GC* 以及 *HF* 之间的点距呈等距连续分布。

（1）点击图 8.76 中 Edges 右侧区域。

（2）按住 Shift 键，点击机翼上表面线段。

（3）在 Type 项选择 Successive Ratio。

（4）在 Ratio 项确定为 1。

（5）在 Spacing 项选择 Interval size，输入节点间距 0.02。

（6）点击下面的 Apply 按钮。

用同样的方法对机翼下表面线段进行网格划分，此时流动区域中翼型附近的节点网格划分，如图 8.77 所示。

图 8.77　机翼边线网格图

4. 对 *ABCGA* 面进行网格划分

由于对各边线已经进行了节点网格的划分，对 4 个面的网格划分就由这些线网格所控制。

点击 Mesh Command 按钮→Face Command 按钮→Mesh Faces，打开面网格划分设置对话框，如图 8.78 所示。

（1）点击 Faces 右侧区域。

（2）按住 Shift 键，点击组成 *ABCGA* 面的任一边线。

（3）选用保留其他默认设置，点击 Apply 按钮。

选用 Map 命令，所划分的网格为结构化网格，本题中所建立的都是这类网格。划分的面网格如图 8.79 所示。

用同样的方法对 *CDEGC* 面进行网格划分。

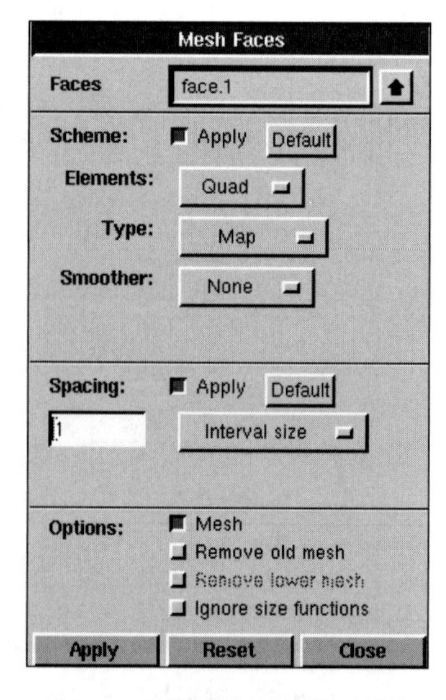

图 8.78　面网格划分设置对话框

5. 对 *GAFH* 和机翼上边线所围成的面进行网格划分

（1）确定机翼边线上的节点个数和单元个数。

AF 线段上节点的个数应和与其相对应的边线（机翼上边线）上节点个数相同，这是进行结构网格划分（使用 Map 命令）所必需的。

点击 Mesh Command 按钮→Edge Command 按钮→Summarize Edge Mesh，弹出边线网格统计对话框，如图 8.80 所示。

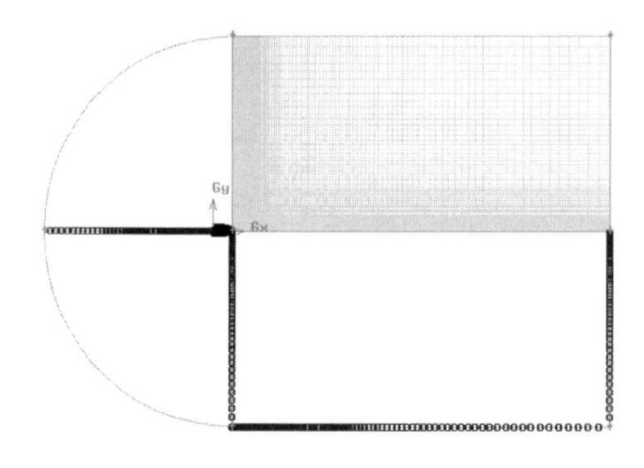

图 8.79 *ABCGA* 面的网格划分

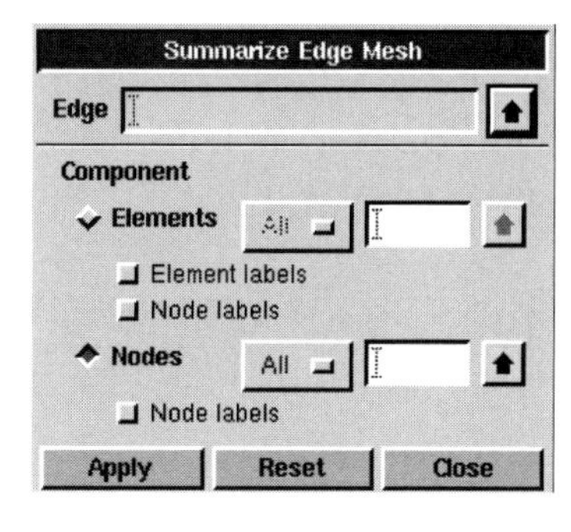

图 8.80 边线网格统计对话框

①点击 Edge 右侧区域。

②按住 Shift 键，点击机翼上表面线段。

③在 Component 项下选择 Elements。

④点击 Apply 按钮。

则在信息反馈窗口出现节点信息如下：

Total nodes：：54

Total elements!：3

类似方法可得到机翼下表面线段上的节点数为 53，单元个数为 52。

（2）对边线 *AF* 进行节点划分。

根据上面的分析，应对 *AF* 线段划分为 53 个单元，*EF* 线段划分为 52 个单元。具体设置如表 8.3 所示。

表 8.3 边线节点划分设置

边线	箭头方向	首段长度 First Length	内部单元格数 Interval count
AF	从 *A* 指向 *F*	0.02	53
EF	从 *E* 指向 *F*	0.02	52

（3）对 *GAFH* + 机翼上表面边线所构成的面进行网格划分。

根据前面的设置，在面网格划分设置对话框中（图 8.78）进行如下的操作。

①点击 Faces 右侧区域。

②按住 Shift 键，点击组成此面的任一条边线。

③保留其他默认设置，点击 Apply 按钮。

用类似的方法对 *GEFH* + 机翼下表面边线所构成的面进行网格划分，最后得到的网格如图 8.81 所示。

第 3 步：定义边界类型

下面将 *AF* + *EF* 命名为 inlet，将 *AB* + *ED* 命名为 open，将 *CB* + *CD* 命名为 outlet，将机翼上、下边线命名为 body，再分别定义其边界类型。

1. 创建边线组

将 *AF* 和 *EF* 组成一个组的操作如下。

点击 Geometry Command 按钮 →Group Command 按钮 →Create Group ，打开对话框，如图 8.82 所示。

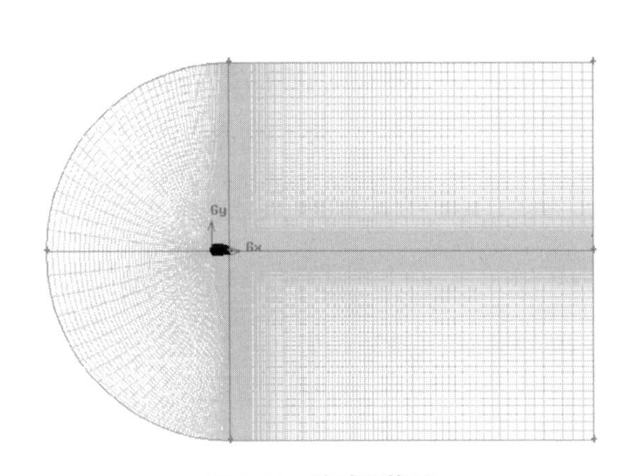

图 8.81　流域网格图

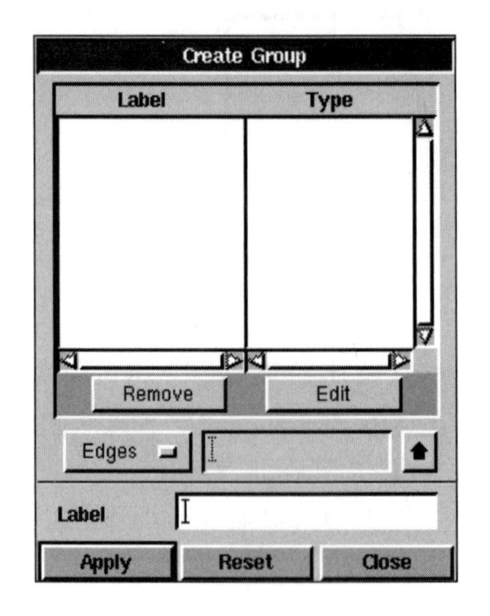

图 8.82　创建组对话框

（1）右击 Volumes 按钮，选择 Edges。

（2）点击 Edges 右侧区域。

（3）按住 Shift 键，点击 *AF* 和 *EF* 线段。

（4）在 Label 项输入名称 inlet。

（5）点击 Apply 按钮。

此时，在信息反馈窗口显示信息如下。

Commands group create “inlet” edge “AF” “EF”

Created group：inlet

用类似的方法创建其他的组，如表 8.4 所示。

2. 设置边界类型

下面对这些组分别进行边界类型设置。

点击 Zones Command Button →Specify Boundary Types ，打开边界类型设置对话框，如图 8.83 所示。

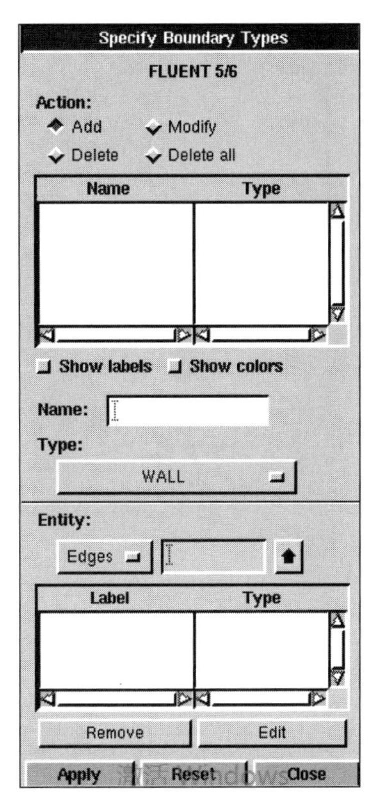

图 8.83　边界类型设置对话框 1

表 8.4　创建其他的组

组名	包含的边线
inlet	AF、EF
open	AB、ED
outlet	CB、CD
body	机翼上、下边线

(1) 在 Name 项输入边界名称 body。

(2) 在 Type 项确定为 WALL。

(3) 在 Entity 下选择 Groups。

(4) 点击 Groups 右侧区域。

(5) 按住 Shift 键，点击组成机翼的任意一条边线。

(6) 点击 Apply 按钮。

用类似的方法，分别定义 inlet（边线组 inlet）、open（边线组 open）、outlet（边线组 outlet），这 3 个边界的类型如图 8.84 所示。

第 4 步：保存文件并输出网格文件

1. 保存文件

点击 File→Sale... 。

2. 输出网格文件

点击 File→Export→Mesh... ，打开对话框，如图 8.85 所示。

(1) File Name 右侧为文件名。

(2) 选中下面的 Export 2 - D（X - Y）Mesh，输出二维网格。

(3) 点击下面的 Accept 按钮。

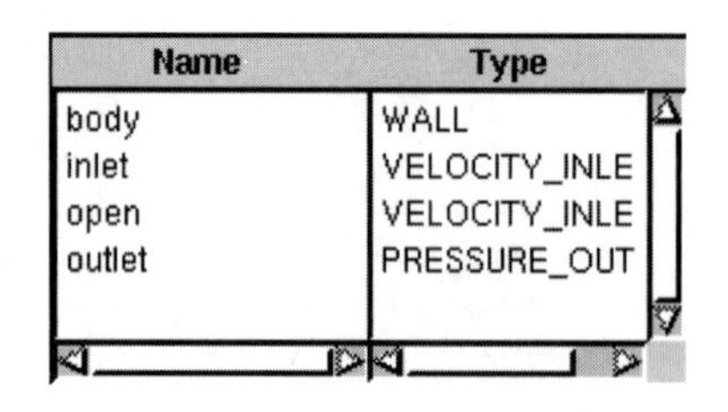

图 8.84　所建立的边界及类型

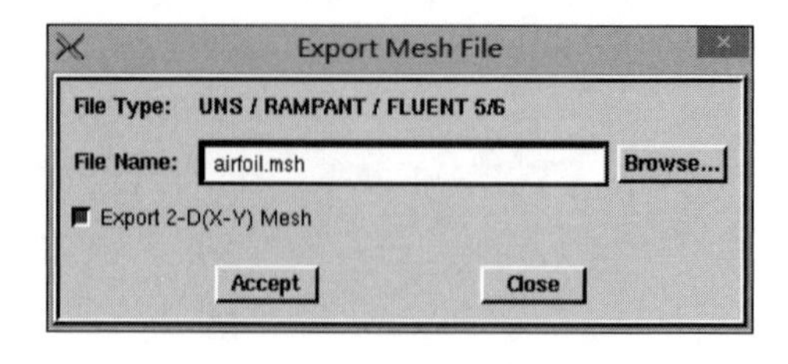

图 8.85　输出网格文件对话框

第 5 步：进行 Fluent 求解计算设置

1. 启动 Fluent－2ddp

选择 2ddp 求解器，点击 Run 按钮。

2. 读入网格文件

点击 File→Read→Case...，选择 d:\airfoil\airfoil. mesh 文件，点击 OK 按钮。反馈信息如图 8. 86 所示。

```
> Reading "D:\example-2\airfoil\airfoil.msh"...
   27985 nodes.
     160 mixed wall faces, zone  3.
     160 mixed pressure-outlet faces, zone  4.
     240 mixed velocity-inlet faces, zone  5.
     105 mixed velocity-inlet faces, zone  6.
     105 mixed wall faces, zone  7.
   54815 mixed interior faces, zone  9.
   27600 quadrilateral cells, zone  2.

Building...
     grid,

WARNING: non-positive volumes exist.

     materials,
     interface,
     domains,
     zones,
        default-interior
        body
        inlet
        open
        outlet
        wall
        fluid
     shell conduction zones,
Done.
```

图 8. 86　反馈信息

注意：不能有任何错误警告。

3. 网格信息

点击 Grid→Info→Size...，打开 Fluent 窗口显示网格信息，如图 8. 87 所示。共有 27 985 个网格节点、27 600 个网格单元。

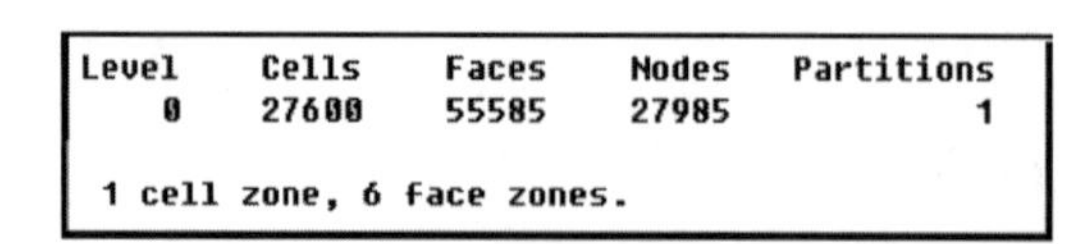

Level	Cells	Faces	Nodes	Partitions
0	27600	55585	27985	1

1 cell zone, 6 face zones.

图 8. 87　网格信息 2

4. 显示网格图

点击 Display→Grid，在弹出的对话框内保留所有默认设置，点击 Display 得到网格图，如图 8.88 所示。

5. 求解器参数设置

点击 Define→Models→Solver...，打开 Solver 设置对话框，如图 8.89 所示。保留默认设置，点击 OK 按钮。

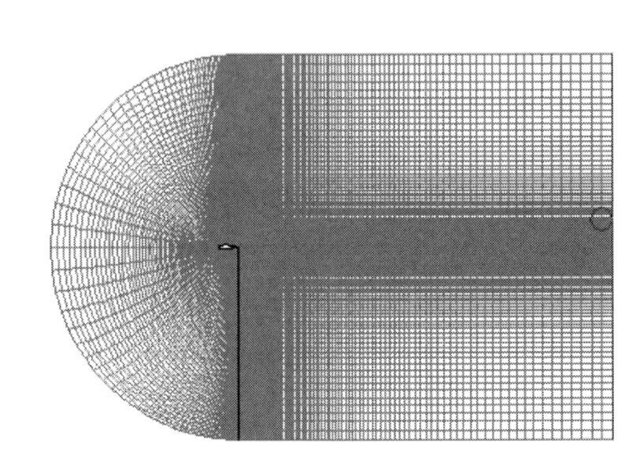

图 8.88　流动区域网格图

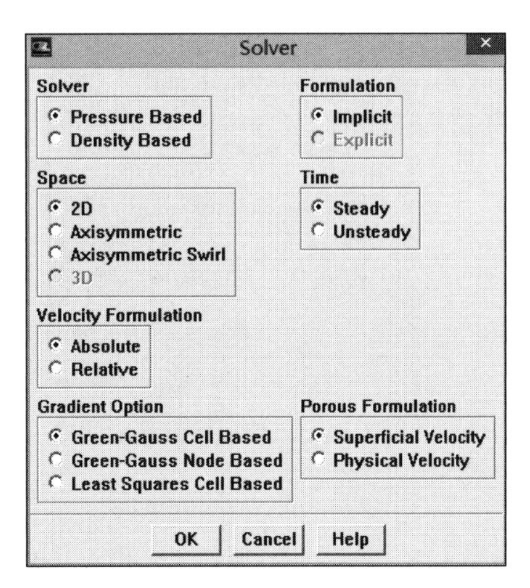

图 8.89　求解器设置对话框 2

6. 确定紊流模型

点击 Define→Models→Viscous...，打开紊流模型设置对话框，如图 8.90 所示。选择理想流体无私模型（Inviscid），点击 OK 按钮。

7. 不选用能量方程

点击 Define→Models→Energy...，确认不选用能量方程。

注意：一般来说，声速约为 340 m/s，本题中的来流速度为 50 m/s，马赫数约为 0.147，当来流马赫数小于 0.3 时，可以认为是不可压缩流动，故不使用能量方程。

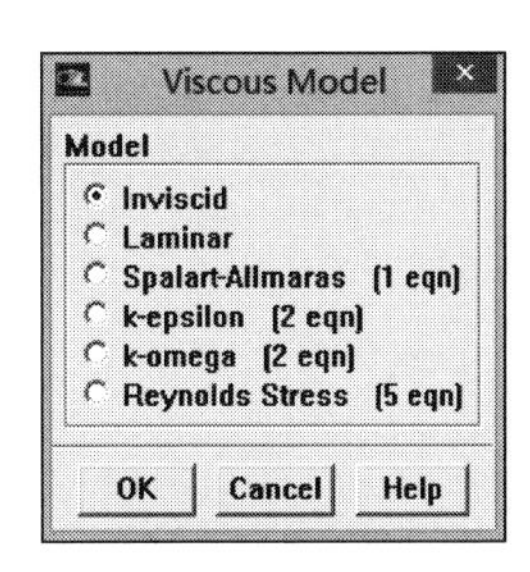

图 8.90　紊流模型设置对话框

8. 确定流体的物理属性

点击 Define→Materials...。

（1）确定流体为理想无黏的空气。

（2）密度为常值，等于 1.225 kg/m^3。

（3）点击 Change/Create。

（4）点击 Close 按钮。

9. 确定工作压强

点击 Define→Operating→Conditions...，保留图 8.91 中的默认设置，点击 OK 按钮。

注意：在本例中，压强使用表压强，所以设工作压强为标准大气压 101 325 Pa。

10. 定义边界条件

下面设置 inlet、body、open 和 outlet 的边界类型与边界条件。

点击 Define→Boundary→Conditions... ，打开对话框，如图 8.92 所示。

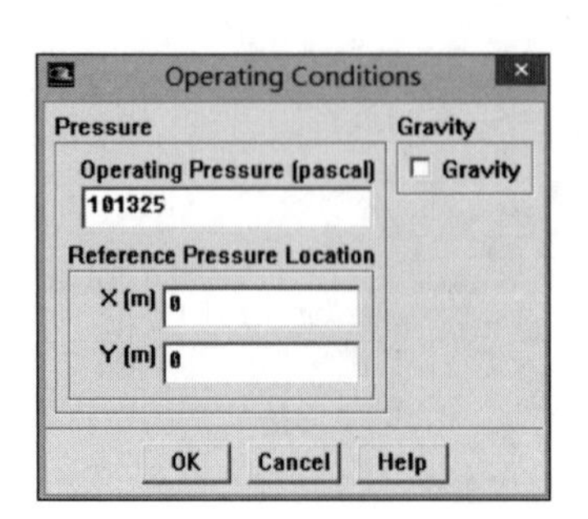

图 8.91　工作压强设置对话框

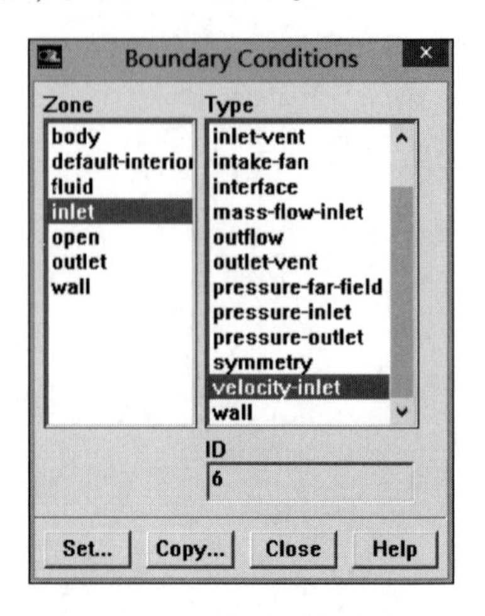

图 8.92　边界条件设置对话框 2

（1）在 Zone 项点击 inlet。

（2）在 Type 项选择 velocity – inlet。

（3）点击 Set... 按钮，打开对话框，如图 8.93 所示。

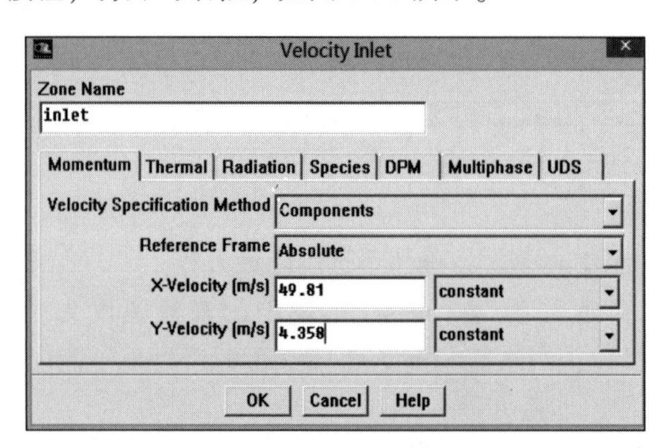

图 8.93　速度入流设置对话框

①在 Velocity Specification Method 项，点击右端的下拉按钮，选择 Components。

②在 X – Velocity 项输入 x 向分速度：49.81 m/s。

$$V_x = V\cos 5° = 50 \times 0.9962$$
$$= 49.81\,(\mathrm{m/s})$$

③在 Y – Velocity 项输入 y 向分速度：4.358 m/s。

$$V_y = V\sin 5° = 50 \times 0.0872 = 4.358\,(\mathrm{m/s})$$

④点击 OK 按钮。

注意：来流速度为 50 m/s，攻角为 5°，故有上述速度分量设置。

（4）对 open 边界进行与边界 inlet 同样的设置。

（5）将 outlet 设为 pressure－outlet 类型，点击 Set... 按钮，打开设置对话框，如图 8.94 所示。

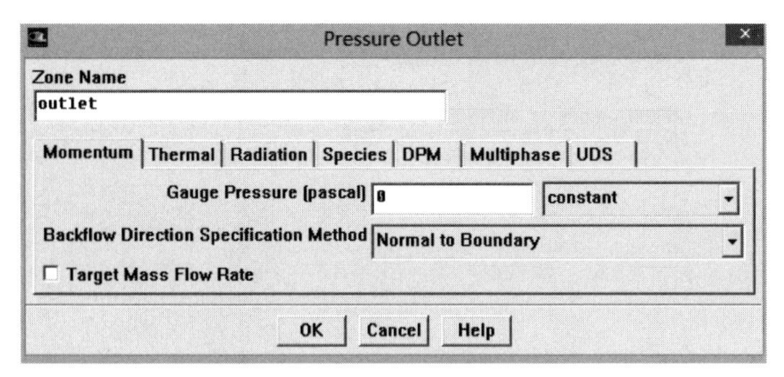

图 8.94　压力出流设置对话框

①设置 Gauge Pressure（表压强）为 0 Pa；点击 OK 按钮。

②点击 Close 按钮，关闭边界条件设置对话框。

第 6 步：求解计算

1. 设置求解控制参数

点击 Solve→Control→Solution...，打开求解控制设置对话框，如图 8.95 所示。

（1）在 Discretization 项下的 Pressure 选择 Standard。

（2）在 Momentum 项选择 Second Order Upwind。

（3）点击 OK 按钮。

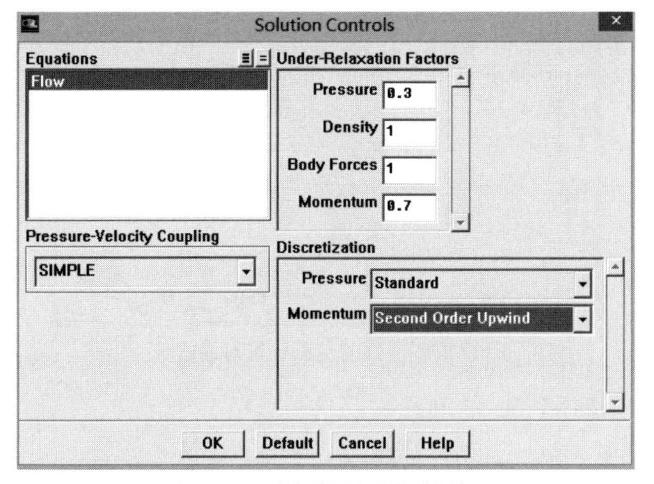

图 8.95　求解控制设置对话框

2. 求解初始化

点击 Solve→Initialize→Initialize...，打开流场初始化设置对话框，如图 8.96 所示。

（1）在 Compute From 项，点击下拉按钮，选择 inlet。

（2）点击下面的 Init 按钮。

（3）点击 Close 关闭对话框。

注意：这里流场初始值仅是一个猜测值，一般可设为入口的流动参数值。

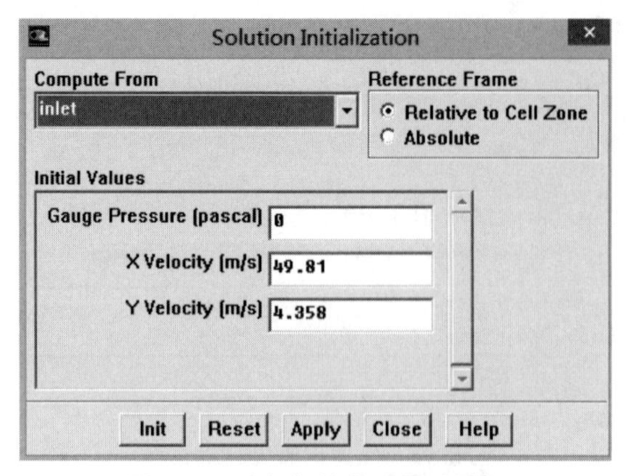

图 8.96 流场初始化设置对话框

3. 求解过程残差监视器设置

点击 Solve→Monitors→Residual...，打开残差监测设置对话框，如图 8.97 所示。

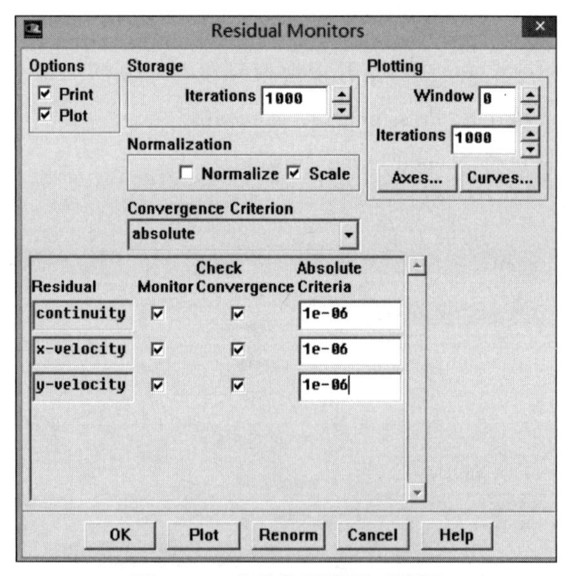

图 8.97 残差监测设置对话框

（1）在 Options 项选择 Print 和 Plot。

（2）在 Convergence Criterion 项全部改为 1e－06。

（3）点击 OK 按钮。

4. 求解过程升力监视器设置

将求解过程中机翼在垂直于来流方向上的升力和阻力用曲线的形式显示出来。

点击 Solve→Monitors→Force...，打开升力监测设置对话框，如图 8.98 所示。

（1）在 Coefficient 项选择 Lift。

（2）在 Options 项选择 Print、Plot 和 Write。

（3）在 Wall Zones 项选择 body。

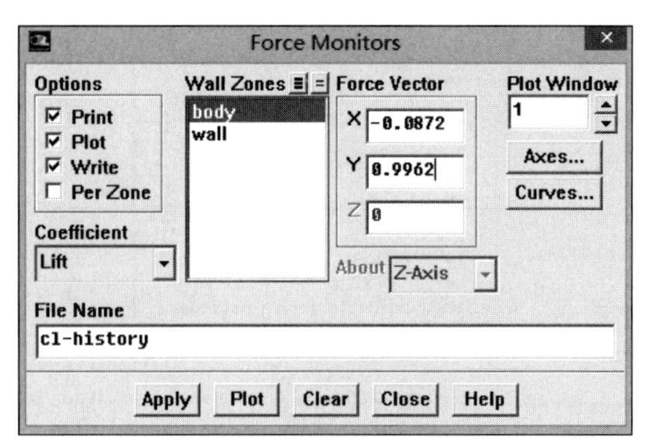

图 8.98　升力监测设置对话框

（4）在 Force Vector 项，X 项输入 – sin(5°) = –0.087 2；Y 项输入 cos(5°) =0.996 2；这是垂直于来流的方向，也是升力方向。

（5）在 File Name 项保留 cl – history；数据将写入文件 cl – history 中。

（6）点击下面的 Apply 按钮。

5. 求解过程阻力监视器设置

（1）在 Coefficient 项选择 Drag。

（2）在 Wall Zones 项选择 body。

（3）在 Options 项选择 Print、Plot 和 Write。

（4）在 Force Vector 项设置如下。

X 项输入 cos(5°)　=0.996 2；

Y 项输入 sin(5°)　=0.087 2。

（5）在 File Name 项保留 cd – history；点击下面的 Apply 按钮。数据将写入文件 cd – history 中。

6. 为迭代计算设置基本参考值

点击 Report→Reference Values...，打开参考值设置对话框，如图 8.99 所示。

（1）在 Compute From 项选择 inlet。

（2）在下面的 Reference Zone 项选择 fluid。

（3）保留其他默认设置，点击 OK 按钮。

7. 保存文件

点击 File→Write→Case...。

点击 OK 按钮，保存求解文件。

8. 迭代求解计算

点击 Solve→Iterate...，打开迭代计算设置对话框，如图 8.100 所示。

（1）在 Number of Iterations 项填入 1 000。

（2）点击 Iterate 按钮，开始迭代计算。

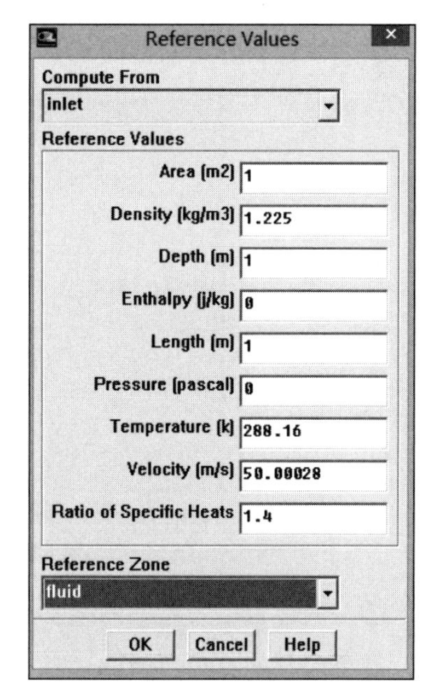

图 8.99　参考值设置对话框 2

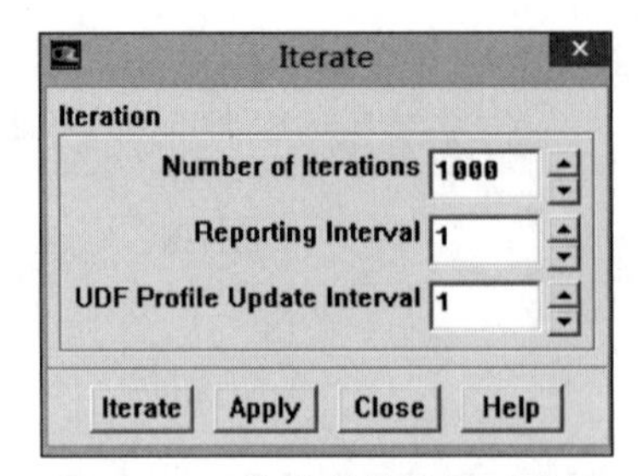

图 8.100 迭代计算设置对话框

经过 442 次迭代后，计算收敛；残差曲线、升力曲线和阻力曲线如下。

①迭代过程残差监测曲线如图 8.101 所示。

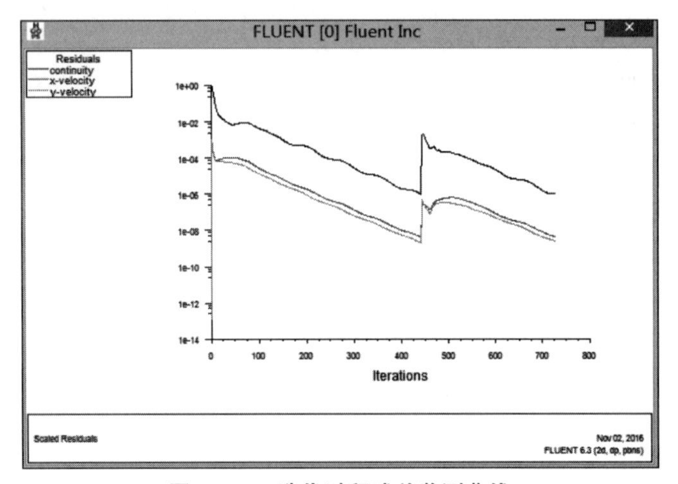

图 8.101 迭代过程残差监测曲线

②迭代过程升力监测曲线如图 8.102 所示。

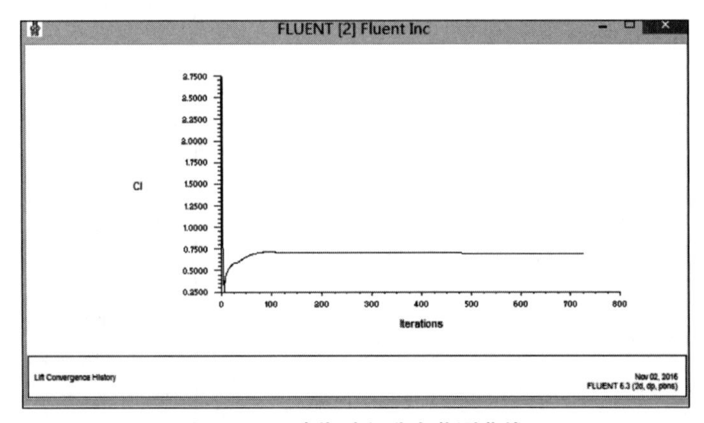

图 8.102 迭代过程升力监测曲线

③迭代过程阻力监测曲线如图 8.103 所示。

分析：升力、阻力曲线已经变化很小，表明计算结果已经达到稳定状态。

(3) 保存文件。

点击 File→Write→Case & Data...，保存文件。

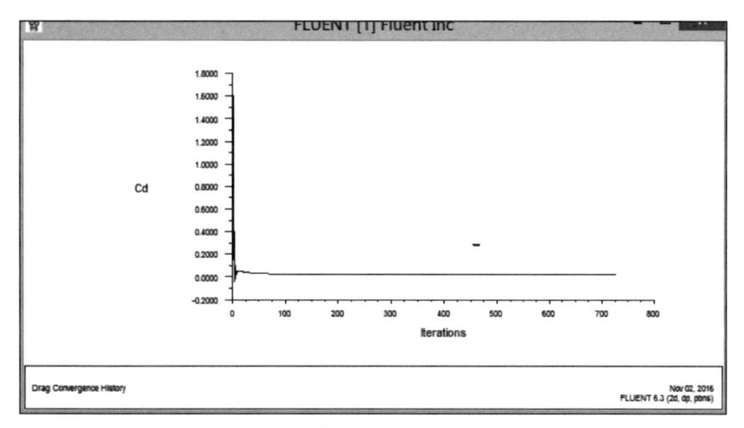

图 8.103　迭代过程阻力监测曲线

第 7 步：计算结果分析

1. 绘制机翼表面的压力分布曲线

点击 Plot→XY Plot...，打开绘制曲线设置对话框，如图 8.104 所示。

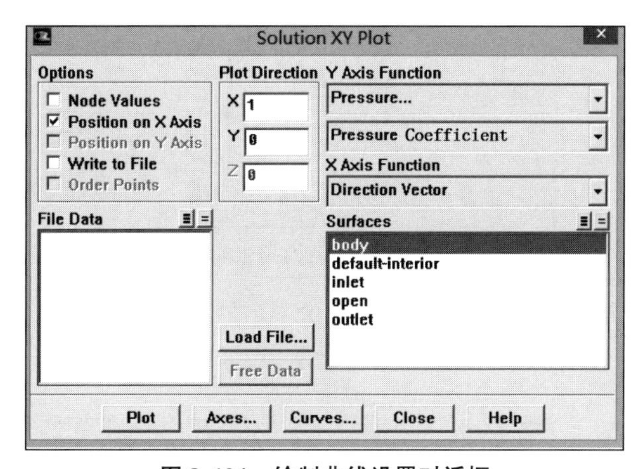

图 8.104　绘制曲线设置对话框

（1）在 Options 项选择 Position on X Axis，不选择 Node Values。

（2）在 Plot Direction 项，X 处填 1，Y 处填 0。

（3）在 Y Axis Function 项选择 Pressure... 和下面的 Pressure Coefficient。

（4）在 Surfaces 项选择 body。

（5）点击 Plot 按钮，得到机翼上、下表面的压力分布曲线，如图 8.105 所示。

分析：机翼头部附近数据点比较稀疏，说明头部网格不够密，可能会引起较大的计算误差。

2. 求出机翼的升、阻力系数

点击 Report→Forces...，打开升、阻力报告对话框，如图 8.106 所示。

（1）阻力及阻力系数。

①在 Options 项选择 Forces。

②在 Wall Zones 项选择 body。

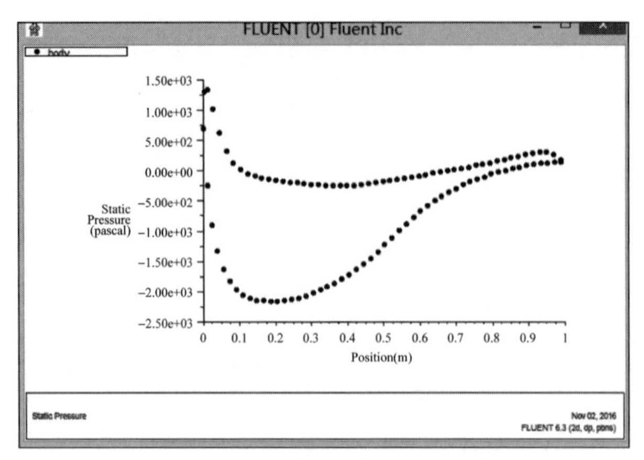

图 8.105　机翼表面的压力分布图

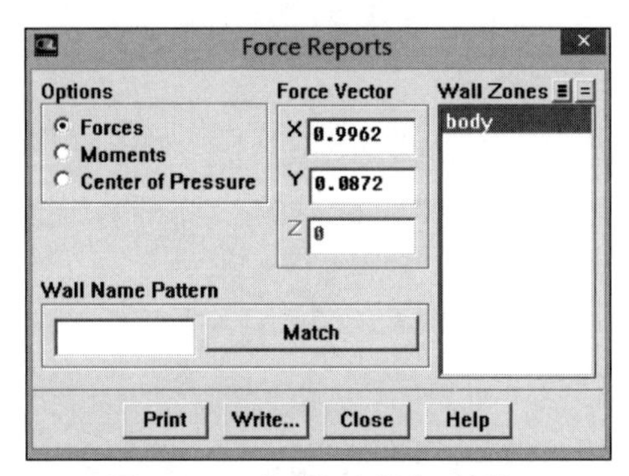

图 8.106　升、阻力报告对话框

③在 Force Vector 项，X = 0. 996 2，Y = 0. 087 2（沿流动方向的矢量分量）。

④点击 Print 按钮，则在信息反馈窗口内显示机翼的阻力及阻力系数，如图 8. 107 所示。

pressure force n	viscous force n	total force n	pressure coefficient	viscous coefficient	total coefficient
34.276249	0	34.276249	0.022384239	0	0.022384239
34.276249	0	34.276249	0.022384239	0	0.022384239

图 8. 107　机翼阻力报告 1

（2）升力及升力系数。

①在 Options 项选择 Forces。

②在 Wall Zones 项选择 body。

③在 Force Vector 项，X = −0. 087 2，Y = 0. 996 2（垂直于流动方向的矢量分量）。

④点击 Print 按钮，则在信息反馈窗口内显示机翼的升力及升力系数，如图 8. 108 所示。

pressure force n	viscous force n	total force n	pressure coefficient	viscous coefficient	total coefficient
1071.1335	0	1071.1335	0.69950797	0	0.69950797
1071.1335	0	1071.1335	0.69950797	0	0.69950797

图 8. 108　机翼升力报告 1

分析：查阅资料可知，在较大雷诺数条件下，本例所使用的机翼的升力系数基本上为一个常数，约为 0.8。从现在的计算结果看，误差约为 12.5%，引起误差的原因很多，如网格的划分问题、计算模型的选取问题、未考虑可压缩性和黏性影响等，总之计算方案还需要进一步改进。

注意：升力系数的定义为 $C_l = \dfrac{F_l}{\frac{1}{2}\rho V^2 L}$，阻力系数的定义为 $C_d = \dfrac{F_d}{\frac{1}{2}\rho V^2 L}$。

（本题中，L 等于弦长 $c = 1$）

3. 绘制流场静压强分布云图

点击 Display→Contour...，打开云图设置对话框，如图 8.109 所示。

（1）在 Options 项选择 Filled。

（2）在 Contours of 下选择 Pressure... 和 Static Pressure。

（3）在 Levels 项设置为 20。

（4）保留其他默认设置，点击下面的 Display 按钮。

可得到机翼附近的压强分布云图（等压线），如图 8.110 所示。

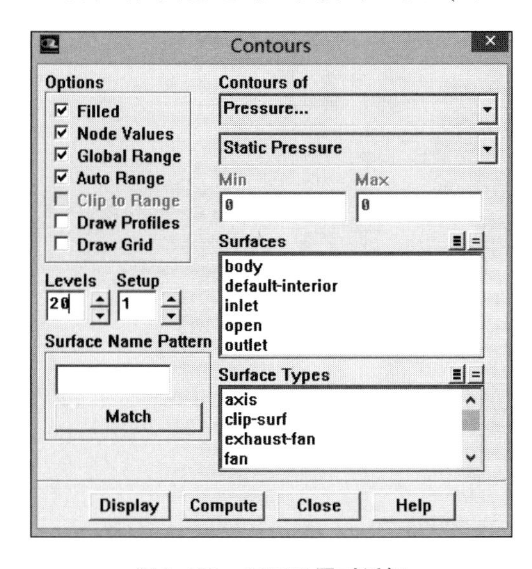

图 8.109　云图设置对话框

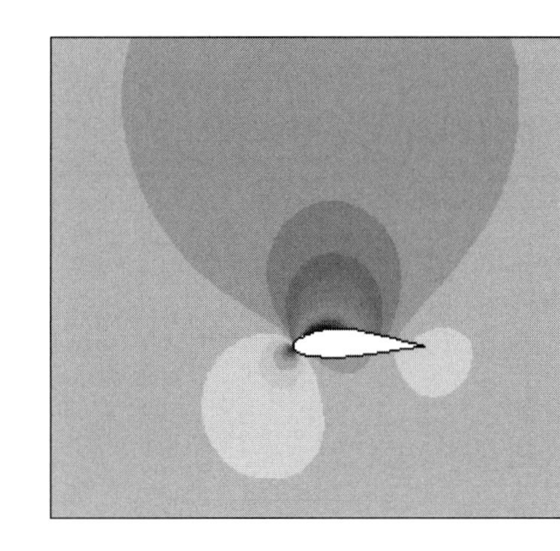

图 8.110　机翼附近的压强分布云图

分析：机翼上表面处于低压区，下表面比上表面压强高，上下表面的压力差构成了机翼的升力。同时也观察到，在机翼头部的压力梯度较大，网格应加密一些。

4. 翼型附近速度分布云图

（1）在 Contours of 下选择 Velocity... 和 Velocity Magnitude。

（2）点击下面的 Display 按钮。

得到机翼附近的速度分布云图，如图 8.111 所示。

比较图 8.110 和图 8.111 可明显看出，压强高的地方速度小，而压强低的地方速度大；说明计算结果符合流体流动的基本规律。另外还可明显看出，机翼上表面压强低而下表面压强高，由此构成机翼的升力。

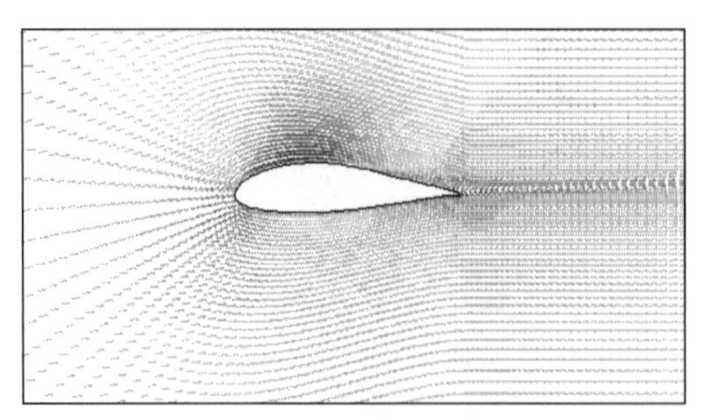

图 8.111　机翼附近的速度分布云图

5. 速度分布矢量图

点击 Display→Vectors...，打开速度矢量图设置对话框，如图 8.112 所示。

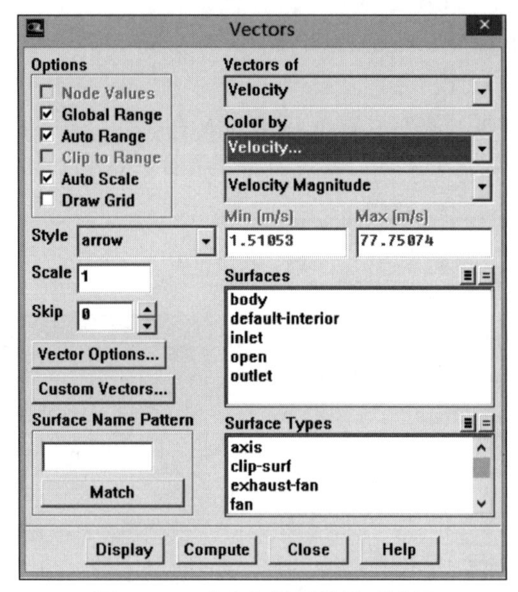

图 8.112　速度矢量图设置对话框

（1）在 Vectors of 项选择 Velocity。

（2）在 Color by 项选择 Velocity... 和 Velocity Magnitude。

（3）保留其他默认设置，点击 Display 按钮。

得到机翼附近的速度矢量图，如图 8.113 所示。

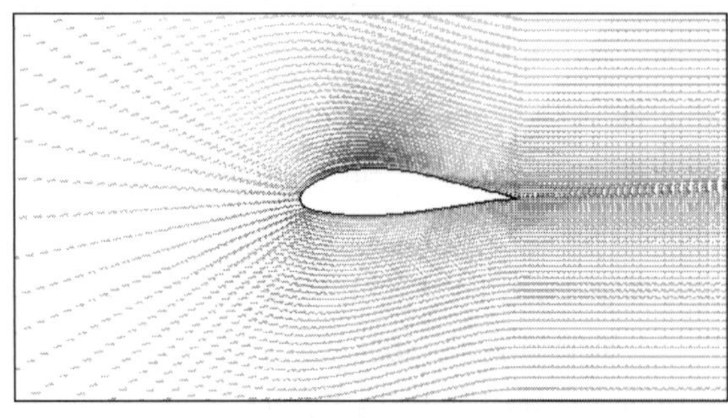

图 8.113　机翼附近的速度矢量图

分析：根据上面的分析，发现升力的计算结果误差较大，还应进一步改进计算方案，并讨论网格及流体黏性等对计算结果的影响。

讨论 1：网格对计算结果的影响（将机翼头部网格加密后重新计算）

网格的划分对计算结果是有一定影响的，从上面所划分的网格中可以看出，在机翼头部附近网格划分得比较稀疏，有加密的必要。

1. 读入文件

启动 Gambit，并读入文件 airfoil. dbs。

2. 把上、下表面各自分割成两部分

当 $x<0.3$（$x<0.3$ 倍的弦长）时，网格是非均匀的；而当 $x>0.3$ 时，网格是均匀等分的。

（1）将上表面分割成 *HI* 和 *IG* 两部分。

点击 Geometry Command 按钮→Edge Command 按钮→Split/Merge Edge，打开线分割对话框，如图 8.114 所示。

①点击 Edge 右侧区域。

②按住 Shift 键，点击机翼上边线。

③在 Global 的 x 右侧填入 0. 3。

④点击下面的 Apply 按钮。

注意：若 c 不等于 1，则应填入的数值是 $x=0.3c$。

（2）方法同上，将下边线 *HG* 分割成 *HJ* 和 *JG* 两部分；分割点坐标 x = 0. 3。

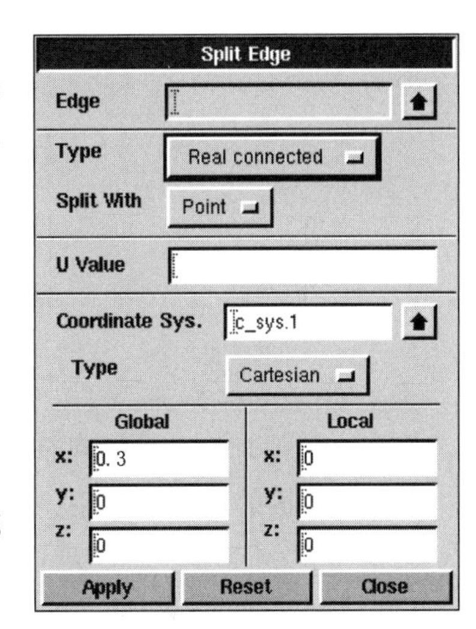

图 8.114　线分割对话框

3. 对 *GAFH* + 机翼上边线所构成的面进行网格划分

（1）对于边线 *HI* 和 *HJ*，使用表 8.5 所示参数进行节点网格划分。

表 8.5　节点网格划分参数

边线	箭头方向	最后一个小长度 Last Length	内部节点数 Interval count
HI	从 *H* 指向 *I*	0. 02*c*	30
HJ	从 *H* 指向 *J*	0. 02*c*	30

点击 Mesh Command 按钮→Edge Command 按钮→Mesh Edge，打开线网格划分对话框，如图 8. 115 所示。

①点击 Edges 右侧区域。

②按住 Shift 键，点击线段 *HI*。

③在 Spacing 项右击 Interval size 按钮，选择 Interval count，在其左侧输入节点个数 30。

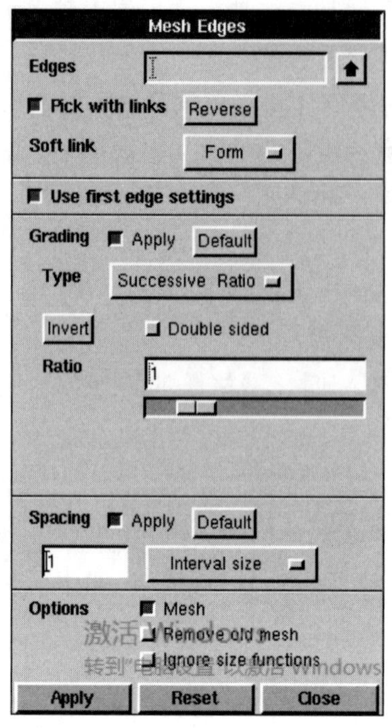

图 8.115　线网格划分对话框 2

④在 Type 项右击 Successive Ratio 按钮，选择 Last Length。

⑤在 Length 项填入最后两个节点距离 0.02。

⑥点击下面的 Apply 按钮。

用相同的方法对线段 *HJ* 进行节点划分。

（2）对于边线 *IG* 和 *JG*，等分为长度 0.02 的网格节点。如表 8.6 所示。

表 8.6　边线 *IG* 和 *JG* 进行节点划分的参数

边线	箭头方向	线段比例 Successive Ratio	内部节点间距 Interval size
IG 和 *JG*	向左向右	1	0.02

①点击 Edges 右侧区域。

②按住 Shift 键，点击线段 *IG*。

③在 Spacing 项选择 Interval size，输入节点间距 0.02。

④在 Type 项选择 Successive Ratio。

⑤在 Ratio 项确定为 1；点击下面的 Apply 按钮。

用相同的方法对线段 *JG* 进行节点划分。

（3）确定机翼边线上的节点个数和单元个数。

AF 线段上节点的个数应和与其相对应的边线（机翼上边线）上节点个数相同，*HI* 和 *HJ* 上单元个数都为 30；为确定在 *IG* 的节点个数，进行如下操作。

点击 Mesh Command 按钮→Edge Command 按钮→Summarize Edge Mesh，弹

出网格信息对话框，如图 8.116 所示。

①点击 Edge 右侧区域。

②按住 Shift 键，点击 *IG* 线段。

③在 Component 项下选择 Elements。

④点击 Apply。

则在信息反馈窗口出现节点信息如下：

Total nodes：37

Total elements：36

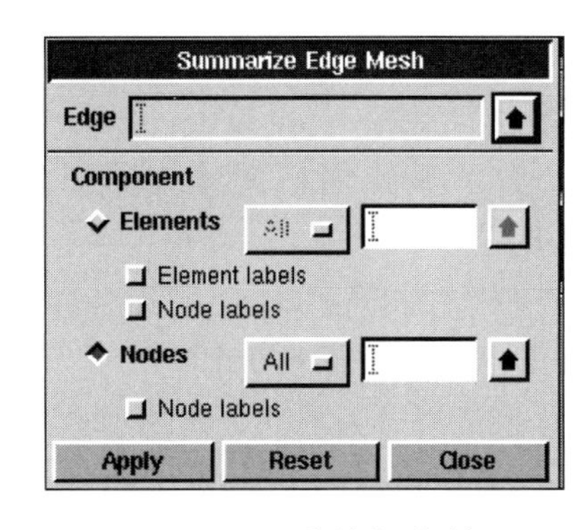

图 8.116　网格信息对话框

类似方法可得到线段 *JG* 上的节点数为 36，单元个数为 35。

（4）对边线 *AF* 和 *EF* 进行节点划分。

根据上面的分析，再对 *AF* 和 *EF* 线段划分网格节点，设置如表 8.7 所示。

表 8.7　对 *AF* 和 *EF* 边线划分网格节点的参数

边线	方向	First Length	Interval count
AF	*AF*	0.02	66
EF	*EF*	0.02	65

（5）对 *GAFH* + 机翼上边线所构成的面进行网格划分。

根据上面的设置，对此面进行网格划分的操作如下。

点击 Mesh Command 按钮→Face Command 按钮→Mesh Faces，打开面网格设置对话框，如图 8.117 所示。

①点击 Faces 右侧区域。

②按住 Shift 键，点击组成面的任意一条边线。

③保留其他默认设置，点击 Apply 按钮。

用类似的方法对 *GEFH* 和机翼下边线所组成的面进行网格划分。

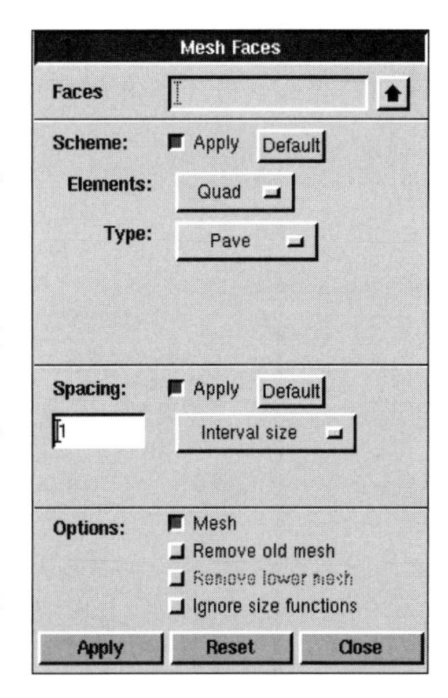

图 8.117　面网格设置对话框 1

4. 修改边界 group

由于对机翼轮廓线的重新划分，构成 body 组的线段发生了变化，需要修正。

点击 Geometry Command 按钮→Group Command 按钮→Modify Groups，打开边线组设置对话框，如图 8.118 所示。

（1）点击 Group 右侧箭头，在弹出的列表中选择 body。

（2）点击 Edges 右侧区域。

（3）按住 Shift 键，点击机翼其他两条线段。

（4）点击 Apply 按钮和 Close 按钮。

（5）输出网格文件，网格文件名为 airfoil_jiami.mesh。

（6）启动 Fluent－2ddp，读入网格文件 airfoil_jiami.mesh，重新进行计算。

假设流体为不可压缩的理想流体，设置同前，将文件存为 airfoild_jiami.cas。经过 430 次迭代后，计算收敛。

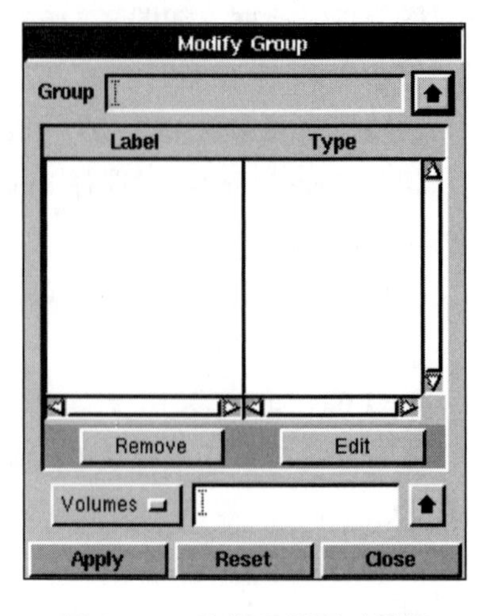

图 8.118　边线组设置对话框

5. 残差收敛曲线

残差收敛曲线如图 8.119 所示。

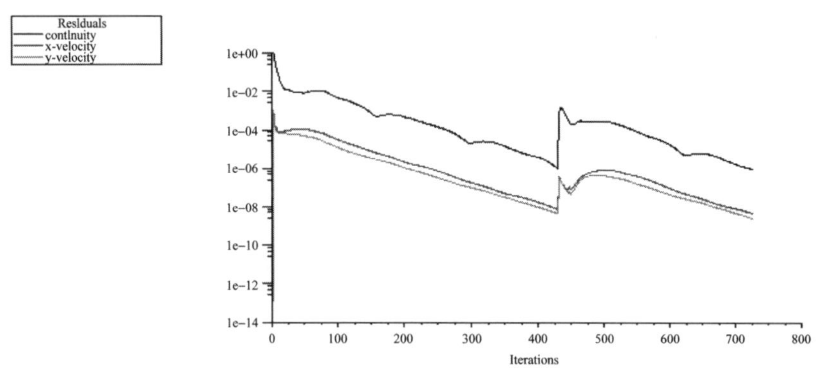

图 8.119　残差收敛曲线 2

6. 机翼表面压力分布曲线

机翼表面压力分布曲线如图 8.120 所示。

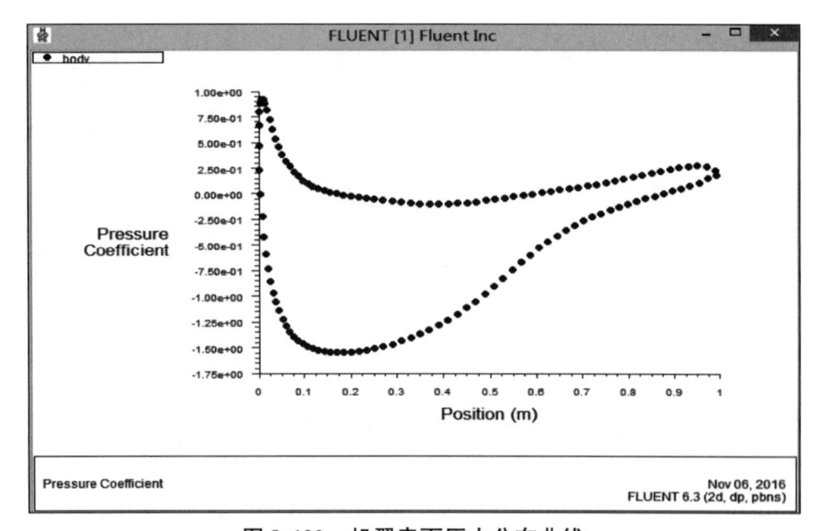

图 8.120　机翼表面压力分布曲线

7. 机翼升力及其升力系数

机翼升力报告如图 8. 121 所示。

pressure force n	viscous force n	total force n	pressure coefficient	viscous coefficient	total coefficient
1324.0013	0	1324.0013	0.86464415	0	0.86464415

图 8. 121　机翼升力报告 2

8. 机翼阻力及其阻力系数

机翼阻力报告如图 8. 122 所示。

pressure force n	viscous force n	total force n	pressure coefficient	viscous coefficient	total coefficient
22.088827	0	22.088827	0.014425194	0	0.014425194

图 8. 122　机翼阻力报告 2

分析：升力系数误差有所下降，约为 8. 75%，还需改进计算方案。

讨论 2：气体压缩性对流动的影响（将气体视为可压缩流体后重新计算）

实际气体都是可压缩流体，但是当流速比较低时，一般来说，当马赫数小于 0. 3 时，可将其视为不可压缩流体的流动。对于本问题，马赫数为

$$Ma = V_0 / \sqrt{kRT} = 50 / \sqrt{1.4 \times 187 \times 288.16} = 0.147$$

故可以设为不可压缩流体。为了做比较，下面将其设为可压缩的理想流体进行重新计算，并将结果进行比较。

1. 将气体设置为理想可压缩流体

点击 Define→Materials...，打开流体属性设置对话框，如图 8. 123 所示。

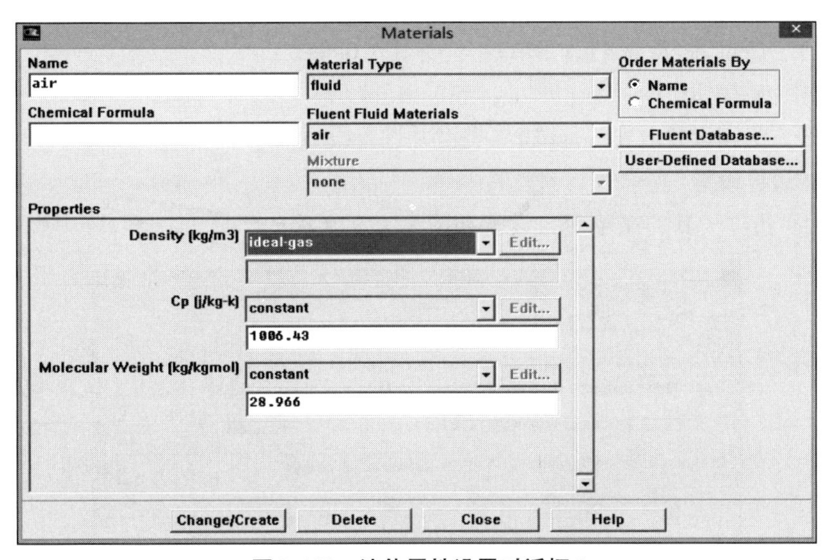

图 8. 123　流体属性设置对话框 1

（1）点击 Density 右侧下拉箭头。

（2）在下拉列表中选择 ideal – gas。

（3）点击 Change/Create，点击 Close 按钮。

注意：由于设置流体为可压缩的理想流体，能量方程自动启动。

2. 改变 inlet、open 边界为压力远场边界

点击 Define→Boundary Conditions...，打开边界类型设置对话框，如图 8.124 所示。

（1）在 Zone 项点击 inlet。

（2）在 Type 项选择 pressure – far – field。

（3）点击 Set... 按钮，打开压力远场设置对话框，如图 8.125 所示。

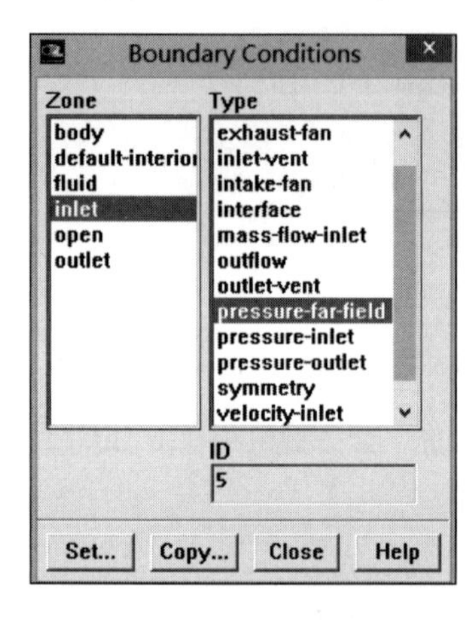

图8.124 边界类型设置对话框 2

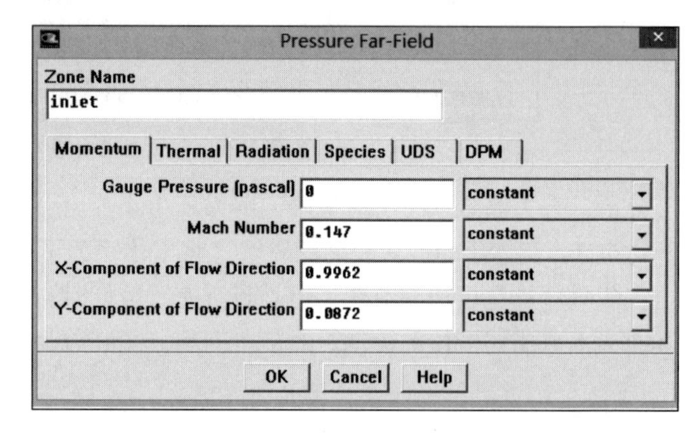

图 8.125 压力远场设置对话框

（4）在 Mach Number 项填入马赫数 0.147。

（5）在 Temperature 项填入 288.16（绝对温标）。

（6）在 X – Component of Flow Direction 项填入 0.996 2（攻角为 5°）。

（7）在 Y – Component of Flow Direction 项填入 0.087 2。

（8）点击 OK 按钮。

用类似的方法和设置改变 open 边界类型并进行设置。

3. outlet 边界设置

对于 outlet 边界，其类型不变，设置如图 8.126 所示。

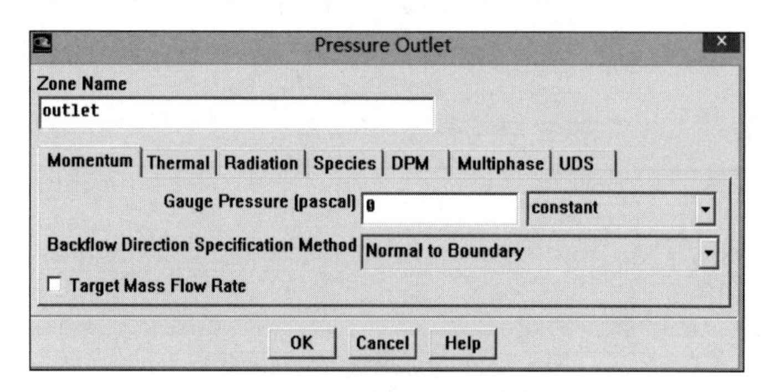

图 8.126 压力出流设置对话框

4. 求解器控制参数设置

求解器控制设置对话框如图 8. 127 所示。

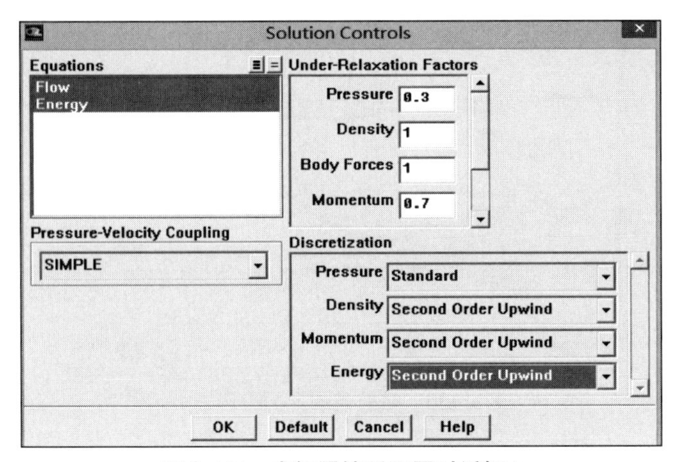

图 8. 127　求解器控制设置对话框 1

5. 迭代计算

保存文件为 airfoil_Jiami_com，重新初始化流场，并进行计算，计算经过 449 次迭代后收敛，并得到如下结果。

（1）残差收敛曲线如图 8. 128 所示。

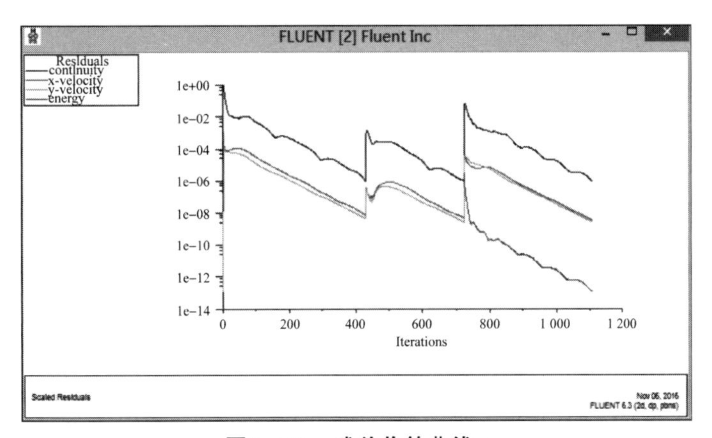

图 8. 128　残差收敛曲线 3

（2）机翼升力及其升力系数如图 8. 129 所示。

pressure force n	viscous force n	total force n	pressure coefficient	viscous coefficient	total coefficient
1326.6195	0	1326.6195	0.866354	0	0.866354

图 8. 129　机翼升力及其升力系数

（3）机翼表面压力分布图如图 8. 130 所示。

（4）保存 Case 和 Data 文件。

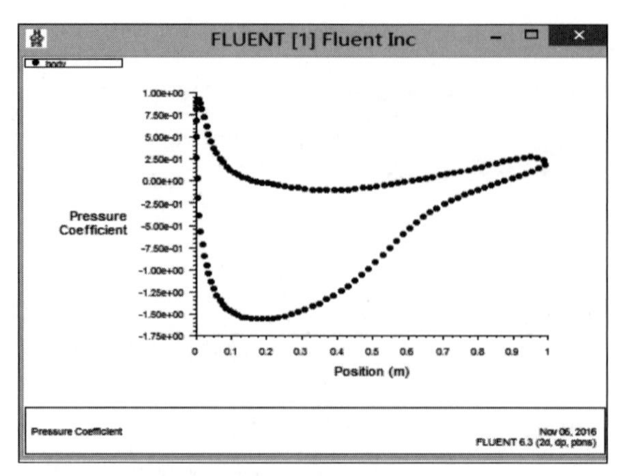

图 8.130　机翼表面压力分布图 1

6. 分析与结论

计算结果与不可压缩流体假设的计算结果相似，没有得到改善。这表明对于马赫数较低时的流动，将流体设为不可压缩流体所引起的误差很小。

讨论 3：黏性对计算结果的影响（将气体视为黏性不可压流体重新计算）

流体应该是有黏性的，为了计算简单，常将流体视为理想的无黏性流体，这样的假设是否会出现较大的误差？为此将流体视为不可压缩的黏性流体，紊流模型采用 $k-\varepsilon$ 模型，利用加密后的网格重新进行计算。

1. 读入文件

启动 Fluent－2ddp，读入文件 airfoil_jiami. cas。

2. 选取紊流模型

点击 Define→Models→Viscous...，打开黏性模型设置对话框，选择 k－epsilon（2 equ），保留其他默认设置，点击 OK 按钮。

注意：此时流体的物理属性已显示有黏性，读者可打开流体属性设置对话框看一下(图 8.131)，假设其中的设置与本题所给的黏度是一致的。

3. 边界设置

inlet 和 open 边界条件设置如图 8.132 所示。

（1）在 Velocity Specification Method 项选择 Components（速度分量）。

（2）填入速度分量，保留其他默认设置，点击 OK 按钮。

4. 求解器控制参数设置

求解器控制设置对话框如图 8.133 所示。

5. 收敛临界值设置

残差收敛监测器设置中，收敛临界值全部设为 1e－06。

6. 保存文件

保存文件为 airfoil_jiami_n；流场初始化后，重新计算，迭代计算 447 次后，残差收敛曲线如图 8.135 所示，计算结果如下。

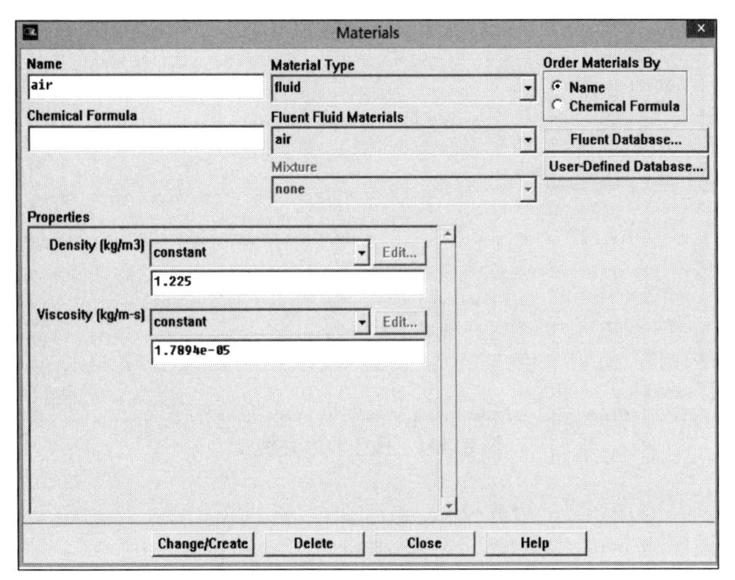

图 8.131　流体属性设置对话框 2

Velocity Inlet
Zone Name
inlet
Momentum | Thermal | Radiation | Species | DPM | Multiphase | UDS
Velocity Specification Method　Components
Reference Frame　Absolute
X-Velocity (m/s)　49.81　constant
Y-Velocity (m/s)　4.358　constant
Turbulence
Specification Method　K and Epsilon
Turbulent Kinetic Energy (m2/s2)　1　constant
Turbulent Dissipation Rate (m2/s3)　1　constant
OK　Cancel　Help

图 8.132　入流边界设置对话框

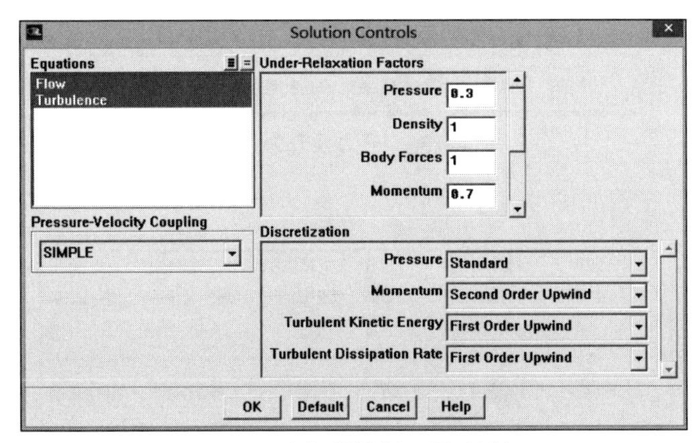

图 8.133　求解器控制设置对话框 2

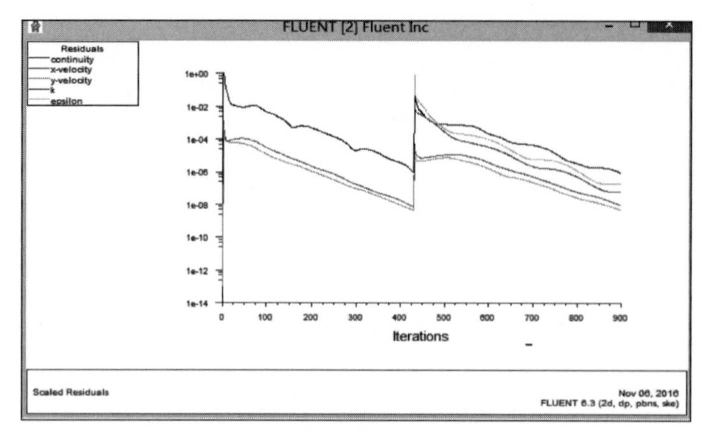

图 8.134　残差收敛曲线 4

（1）残差收敛曲线见图 8.134。

（2）机翼表面压力分布图如图 8.135 所示。

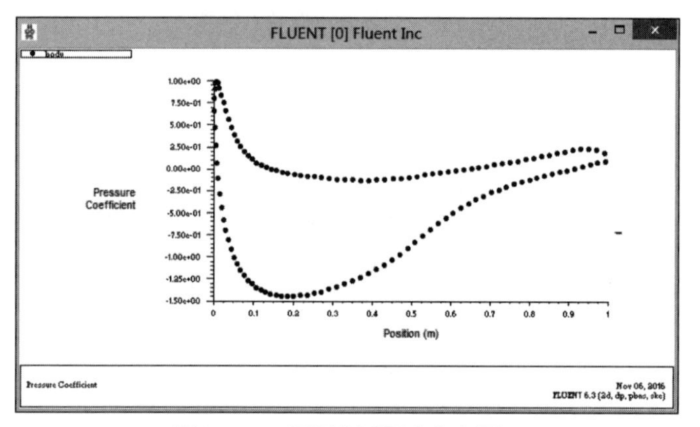

图 8.135　机翼表面压力分布图 2

（3）升力及升力系数如图 8.136 所示。

pressure force n	viscous force n	total force n	pressure coefficient	viscous coefficient	total coefficient
1192.0478	-0.041835518	1192.006	0.77847141	-2.7320846e-05	0.77844409

图 8.136　升力及升力系数

（4）阻力及阻力系数如图 8.137 所示。

pressure force n	viscous force n	total force n	pressure coefficient	viscous coefficient	total coefficient
59.400543	13.482244	72.882787	0.038791754	0.0088046316	0.047596385

图 8.137　阻力及阻力系数

分析：升力系数的误差为 0.4% 左右，计算结果相当理想。

（5）机翼附近压力分布云图如图 8.138 所示。

图 8.138　机翼附近压力分布云图

（6）机翼附近速度分布云图如图 8.139 所示。

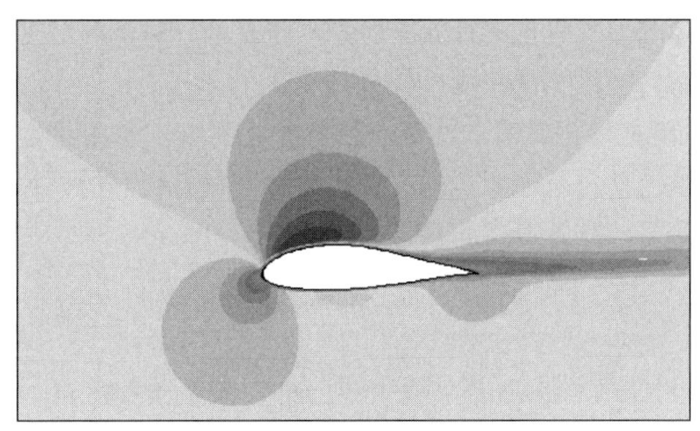

图 8.139　机翼附近速度分布云图

7. 若干结论

（1）当马赫数较低时（$Ma<0.3$），流体的压缩性对流动的影响较小。

（2）网格密度对计算结果影响不容忽视，应重点关注，特别是对于流动参数梯度较大的区域，网格一定要进行加密处理。

（3）流体的黏性对流动影响很大，不能忽视。

（4）对于机翼这类问题，选用本题的算法和紊流模型是比较恰当的。

8. 关于紊流模型的讨论

Fluent 提供的流动模型有无黏模型（理想流体）Inviscid，层流模型 Laminar，一方程模型 Spalart – Allmaras，二方程模型 k – epsilon 和 k – omega，还有雷诺应力模型 Reynolds Stress 以及大涡模拟模型。

（1）Inviscid 模型：不考虑流体的黏性效应，是一种理想化的模型，计算速度快，但误差较大。

（2）Laminar 模型：若流动保持为层流流动，则应选此模型。对于圆形管道，临界雷诺数 $Re=\frac{VD}{v}=2\ 000$；对于平板流动，临界雷诺数约为 10^6。

（3）Spalart－Allmaras 模型：该模型是相对简单的一方程模型，用一个模型输运方程求解动态涡黏性。这一模型通常解决涉及固壁湍流的问题，且求解速度较快。

（4）$k-\varepsilon$ 模型：该模型是二方程的模型，包含湍流动能 k 与湍流耗散率 ε 两个未知量以及相对应的输运微分方程。Fluent 提供了三种 $k-\varepsilon$ 模型。

①Standard $k-\varepsilon$ 模型（标准的 $k-\varepsilon$ 模型），适用于完全紊流的流动。

②RNG $k-\varepsilon$ 模型（重整化群 $k-\varepsilon$ 模型），适用于复杂涡流的高雷诺数流动。

③Realizable $k-\varepsilon$ 模型（可实现的 $k-\varepsilon$ 模型），适用面比较广泛。

（5）$k-\omega$ 模型：设 $\omega=\varepsilon/k$，则可将 $k-\varepsilon$ 模型中的两个方程结合起来，获得 ω 的方程。Fluent 提供了两种 $k-\omega$ 模型：Standard $k-\omega$ 模型，SST（切应力）$k-\omega$ 模型。

（6）雷诺应力模型。

（7）大涡模拟模型。

必须认识到，没有哪一个紊流模型是万能的，也没有哪一个紊流模型能够适用于所有的流动问题。紊流模型的选取依赖于对流动物理现象的理解、对流动问题仿真计算的实践经验、对计算精确度的要求、所提供的计算资源和用于仿真计算的时间。为了选取最适合问题的紊流模型，需要理解各类模型的使用条件和功能。

Spalart－Allmaras 模型是相对简单的单方程模型，只需求解湍流黏性的输运方程。该模型对于求解有壁面影响流动及有逆压力梯度的边界层问题有很好的模拟效果，在透平机械湍流模拟方面也有较好结果。从计算的角度看，Spalart－Allmaras 模型在 Fluent 中是最经济的湍流模型。

标准 $k-\varepsilon$ 模型比 Spalart－Allmaras 模型耗费更多的计算机资源，而 RNG $k-\varepsilon$ 模型比标准 $k-\varepsilon$ 模型多消耗 10%～15% 的 CPU 时间。$k-\omega$ 模型也是两个方程的模型，计算时间与 $k-\varepsilon$ 模型相同。

二方程模型中，无论是标准 $k-\varepsilon$ 模型、RNG $k-\varepsilon$ 模型还是 Realizable $k-\varepsilon$ 模型，都有类似的形式，即都有 k 和 ε 的输运方程，都包含了由于平均速度梯度引起的湍动能、由于浮力影响引起的湍动能和可压缩湍流脉动膨胀对总的耗散率的影响。三者的区别如下。

（1）计算湍流黏性的方法不同。

（2）控制湍流扩散的湍流 Prandtl 数不同。

标准的 $k-\varepsilon$ 模型是一个半经验的模型，其基本方程有两个，一个是湍动能 k 的传输方程，另一个是扩散率 ε 的传输方程。其中 k 方程是由精确的方程导出的，而 ε 方程则是由物理推论得出的，在数学上有一定的误差。在 $k-\varepsilon$ 模型的推导过程中，假定流动是完全紊流的，所以标准的 $k-\varepsilon$ 模型仅适用于完全紊流流动。

RNG $k-\varepsilon$ 模型是对瞬时的 Navier－Stokes 方程用 RNG 数学方法推导出来的模型，适用于高雷诺数流动问题。

Realizable $k-\varepsilon$ 模型的湍动能 k 的输运方程与标准 $k-\varepsilon$ 模型和 RNG $k-\varepsilon$ 模型有相同的形式，只是模型参数不同。该模型适合的流动类型比较广泛，包括有旋均匀剪切流、自由流（射流和混合层）、腔道流动和边界层流动，特别是对圆口射流和平板射流模拟中，能给出较好的射流扩张角。

大涡模拟，湍流中包含了不同时间与长度尺度的旋涡，旋涡最大长度尺度通常为平均流动的特征长度尺度，而最小尺度为 Kolmogorov 尺度。LES 的基本假设如下。

（1）动量、能量、质量及其他标量主要由大涡输运。

（2）流动的几何和边界条件决定了大涡的特性，而流动特性主要在大涡中体现。

（3）小尺度旋涡受几何和边界条件影响较小，并且各向同性。

目前，大涡模拟在不可压缩流体流动问题中得到较多的应用，但在可压缩问题中的应用还较少，Fluent 中，大涡模拟只能针对不可压流体的流动。

练习 1：假设流体为可压缩黏性流体，攻角为 5°。紊流模型采用 $k-\varepsilon$ 模型，利用未加密网格重新计算；将计算结果与前面理想流体的计算结果进行比较，讨论两者的相同与不同点，理解网格的重要性。

练习 2：假设流体为不可压缩黏性流体，攻角为 5°。紊流模型采用 Spalart－Allmaras 模型，利用加密网格重新计算；将计算结果与前面的计算结果进行比较，讨论不同紊流模型对计算结果的影响。

研究题：采用合理的算法，选取恰当的紊流模型，计算攻角自 0°到 10°的阻力系数和升力系数，绘制机翼升、阻力系数曲线图。

8.3 喷管内部的非定常流动

问题描述：

空气在一个大气压的作用下通过平均背压为 0.843 atm 的缩放型喷管。背压是以正弦波

$$p_{\text{exit}}(t)=A\sin(ft)+p_{\text{exit}}$$

规律变化的。利用 Fluent－2D 求解器计算喷管内的不定常流动（图 8.140）。

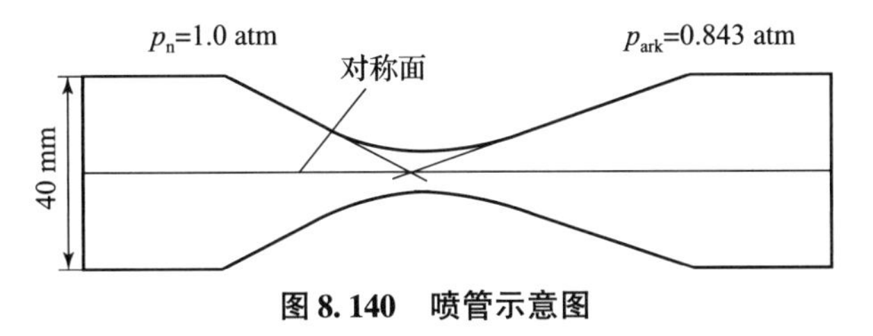

图 8.140 喷管示意图

在本例中，将利用 Fluent 的耦合、隐式求解方法，针对在二维喷管内的不定常流动进行求解。在求解过程中，定常的解将作为非定常解的初始值。

本例涉及：

1. 利用 Gambit 建立二维喷管计算模型的建模过程

（1）用坐标网格系统创建节点。

（2）两个节点之间创建直线。

（3）将一个角倒成圆弧。

（4）由边创建面。

（5）对各条边定义网格节点的分布。

（6）在面上创建结构化网格。

（7）定义边界类型。

（8）为 Fluent 5/6 输出网格。

2. 利用 Fluent 进行求解

（1）计算定常解（使用耦合、隐式求解器），并将其作为瞬态解的初始条件。

（2）用自定义函数（UNF）来定义不定常流动的边界条件。

（3）利用 Fluent 的后处理功能显示流场的速度、压力分布。

（4）利用 Fluent 非定常流动的动画功能建立非定常流的动画显示。

8.3.1 利用 Gambit 建立计算模型

第 1 步：确定求解器

选择用于进行 CFD 计算的求解器。

操作：Solver→Fluent 5/6

第 2 步：创建坐标网格图和边界线的节点

1. 创建坐标网格图

操作：TOOLS →COORDINATE SYSTEM →DISPLAY GRID

在打开的“Display Grid”设置对话框（图 8.141）中进行如下设置。

（1）点击 Visibility，使其处于被选中状态。

（2）在 Plane 选中 XY，在 Axis 选中 X。

（3）在 Minimum 填入 -70，在 Maximum 填入 90，在 Increment 填入 10。

（4）点击右侧的 Update list。

（5）在 Axis 选中 Y。

（6）在 Minimum 填入 0，在 Maximum 填入 20，在 Increment 填入 10。

（7）点击右侧的 Update list。

（8）在 Options 下确认 Snap 处于被选中状态。

（9）在 Grid 一栏选中 Lines。

（10）点击 Apply 按钮。

则 Gambit 将画出一个 16×2 的网线图。还可以点击 fit to window 使显示更加清楚。此时，Gambit 工作窗口内将显示所设置的坐标网线，如图 8.142 所示。

2. 创建外部轮廓所需的节点

（1）Ctrl + 鼠标左键，依次点击坐标网格线图上的 A、B、C、…、G 各点；若有错误，可点击撤销图标。

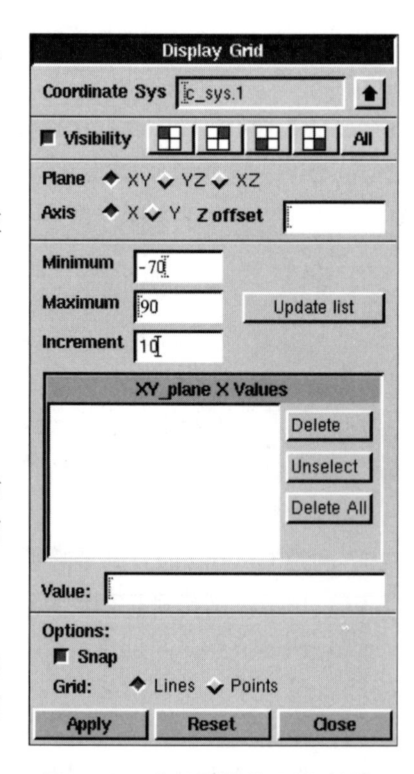

图 8.141 坐标网格线设置对话框

（2）在 Display 表单中使 Visibility 处于非选中状态，再点击 Apply 按钮。
坐标网格将不再显示，可以清晰地看到所定义的节点。
第 3 步：由节点创建直线
操作：GEOMETRY →EDGE →CREATE EDGE
打开的创建直线对话框，如图 8.143 所示。

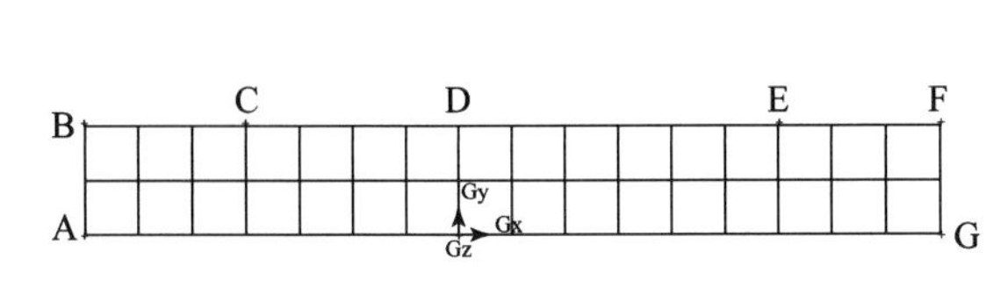

图 8.142　坐标网格线图

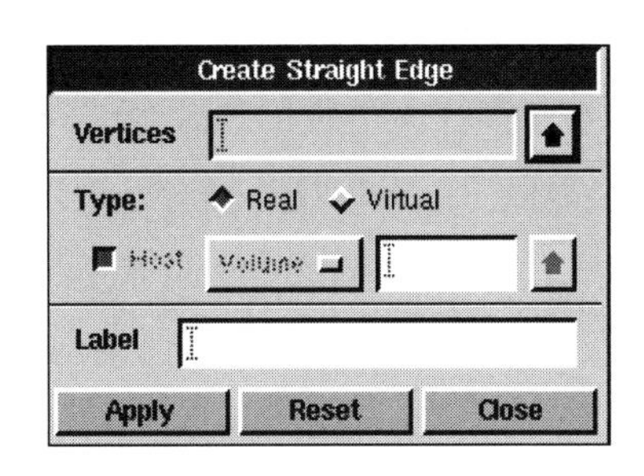

图 8.143　创建直线对话框 3

（1）点击 Vertices 右侧区域。
（2）Shift + 鼠标左键，依次点击 A ~ G 各点。
（3）点击 Apply 按钮。
（4）Shift + 鼠标左键，依次选择 G、A 点。
（5）点击 Apply 按钮。
则所创建的线段构成如图 8.144 所示的图形。
第 4 步：利用圆角功能将 1 点处的角倒成圆弧
操作：GEOMETRY →EDGE →CREATE EDGE F Fillet
打开“Create Real Fillet Arc”对话框，如图 8.145 所示。

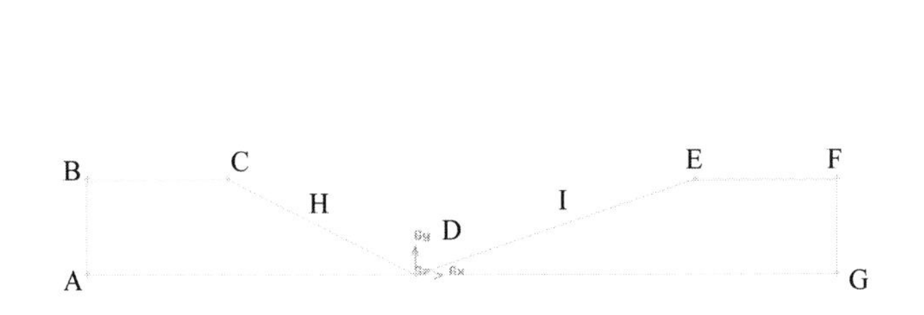

图 8.144　喷管直线轮廓

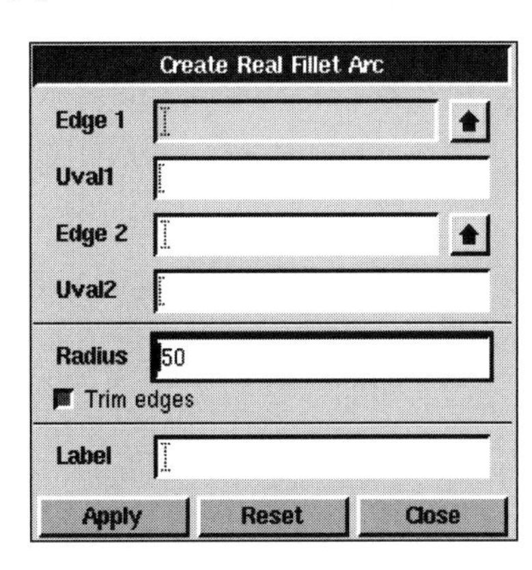

图 8.145　圆角设置对话框

注意：右击 后选择 Fillet 。
（1）点击 Edge1 右侧区域，再用 Shift + 鼠标左键点击线 CD；下面的 Uval1 表示点击点在线段上的偏置量，即沿箭头方向的线段长度比。
注意：偏置量应尽量大，否则当圆弧半径较大时不能正确执行，若发生此情况，可点击

Undo 重新操作。

（2）点击 Edges 右侧区域，再用 Shift + 鼠标左键点击线 DE。

（3）在 Radius 右侧填入圆弧半径 50。

（4）点击 Apply 按钮。

由图 8.146 可知，此时直线 *CD* 和 *DE* 的交点处已经成为弧线。

喷管轮廓图如图 8.146 所示。

第 5 步：由边线创建面

操作：GEOMETRY →FACE →FORM FACE

打开“Create Face From Wireframe”对话框，如图 8.147 所示。

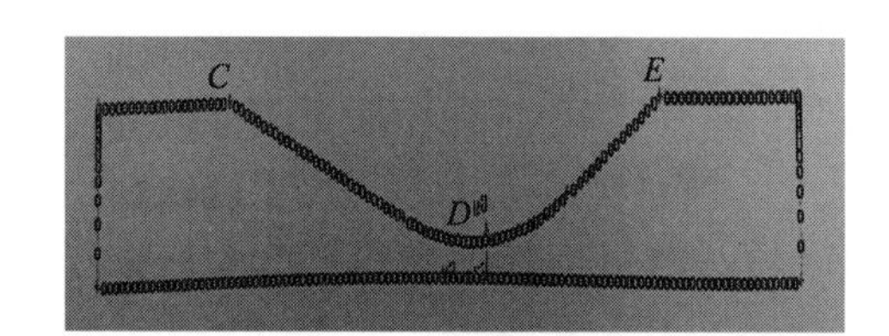

图 8.146　喷管轮廓图

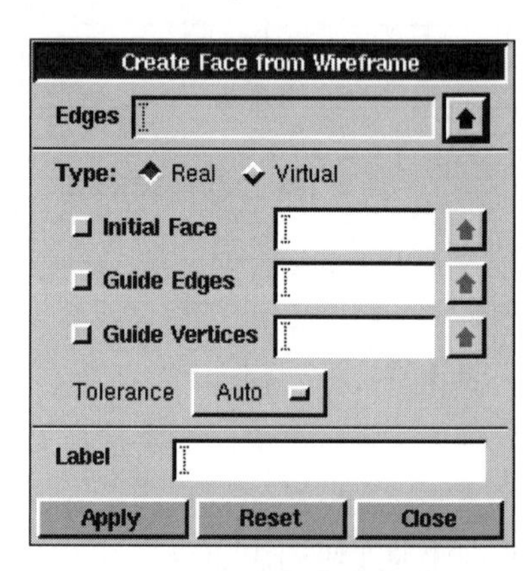

图 8.147　创建面对话框 3

（1）点击 Edges 右侧区域。

（2）依次点击各条边线（构成一个封闭的环线）。

（3）点击 Apply 按钮。此时组成面的线由红色变为蓝色。

第 6 步：定义边线上的节点分布

操作：MESH →EDGE →MESH EDGES

打开“Mesh Edges”对话框，如图 8.148 所示。

1. 在 AB、FG 边线上定义等比例距离节点

（1）点击 Edges 右侧的区域。

（2）Shift + 鼠标左键，点击边线 AB（在设置等比点列时，最好一次只选定一条边）。

（3）在 Type 右侧下拉列表中选取 Successive Ratio。此项的功能是使相邻两节点间的距离为固定值。

（4）在 Type 下面使 Double sided（双向）按钮处于非选中状态。

（5）在 Ratio 右边填入比率 0.8；Invert 为倒数的意思，若节点分布方向不正确，可用此功能。

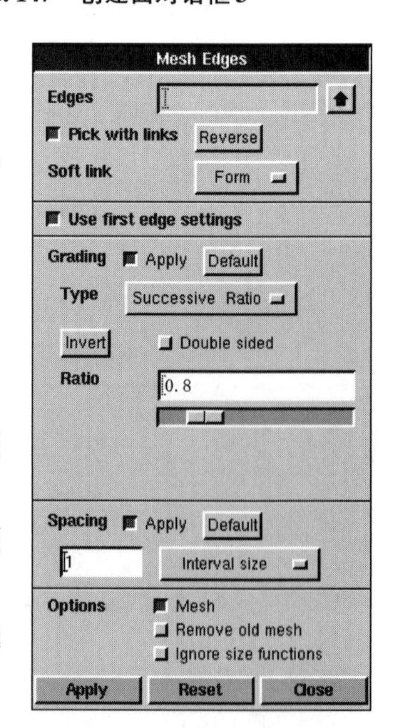

图 8.148　节点设置对话框

（6）在 Spacing 项选择 Apply，同时选择 Interval Count，再填入节点数目 20。
（7）在 Options 项选择 Mesh。
（8）点击 Apply 按钮。
相同的方法和设置运用于边线 FG，则区域两端的节点分布如图 8.149 所示。

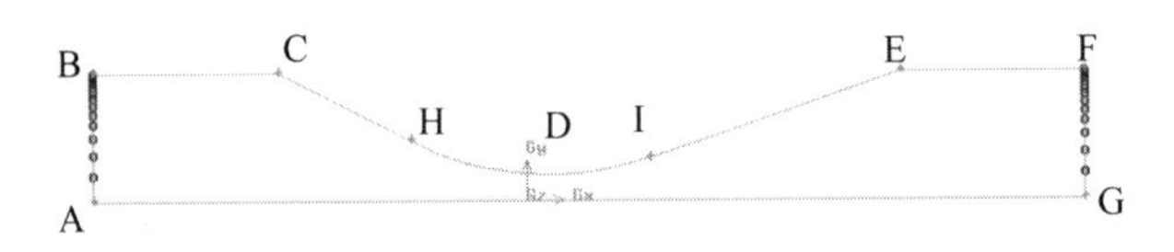

图 8.149　区域两端的节点分布

2. 将其他边线定义为等距离分布的节点

（1）在“Mesh Edges”对话框中 Edges 右侧选择边线 BC、EF。
（2）在 Ratio 右边填入比率 1。
（3）在 Spacing 项选择 Interval Count，再填入节点数目 20。
（4）点击 Apply 按钮。
（5）在节点设置表单中 Edges 右侧选择边线 CH。
（6）在 Spacing 项填入节点数目 30。
（7）点击 Apply 按钮。
（8）在“Mesh Edges”对话框中 Edges 右侧选择边线 HI、IE。
（9）在 Spacing 项填入节点数目 30。
（10）点击 Apply 按钮。
（11）在“Mesh Edges”对话框中 Edges 右侧选择边线 AG。
（12）在 Spacing 项填入节点数目 115（与对边节点数目的总和相同）。
（13）点击 Apply 按钮。
此时区域边线的节点分布如图 8.150 所示。

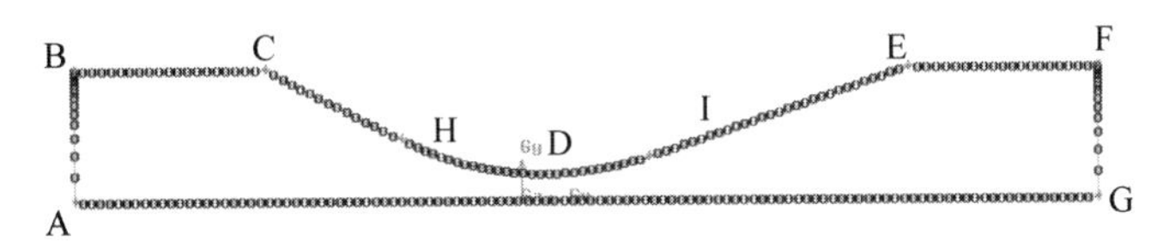

图 8.150　区域边线的节点分布

第 7 步：创建结构化网格
操作：MESH →FACE →MESH FACES
打开“Mesh Faces”对话框，如图 8.151 所示。
（1）点击 Faces 右侧区域。
（2）Shift + 鼠标左键，点击所创建喷管边线。
注意：边线上标志“E”表示线的末端，标志“S”表示线的起始端。
（3）保留其他默认设置，点击 Apply 按钮，得到区域内的网格如图 8.152 所示。
注意：在形成网格的过程，Gambit 将忽略 Interval size 中的 1。

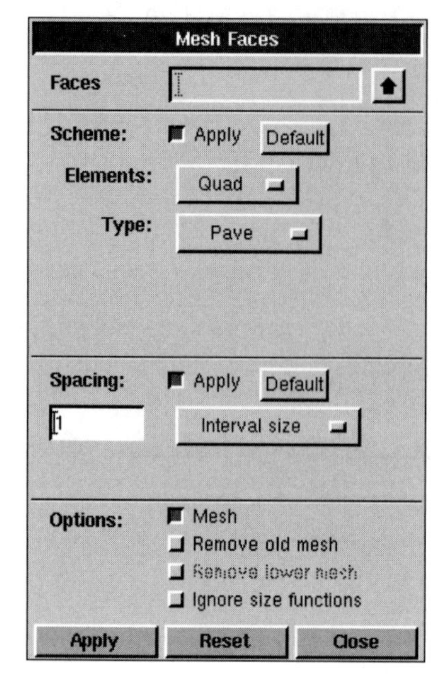

图 8.151　网格设置对话框

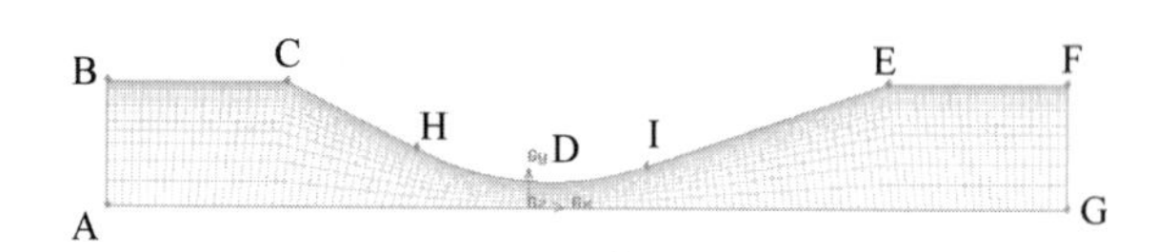

图 8.152　区域内的网格

第 8 步：设置边界类型

1. 在设置边界类型前，先关闭网线的显示

这是为了在几何上更清晰地显示组成面的线，网线并没有删除，只是看不到而已。

（1）点击位于右下方工具栏内的 SPECIFY DISPLAY ATTRIBUTES ，打开显示属性设置对话框，如图 8.153 所示。

（2）在 Mesh 的右边点击 Off 按钮。

（3）点击 Apply 按钮。

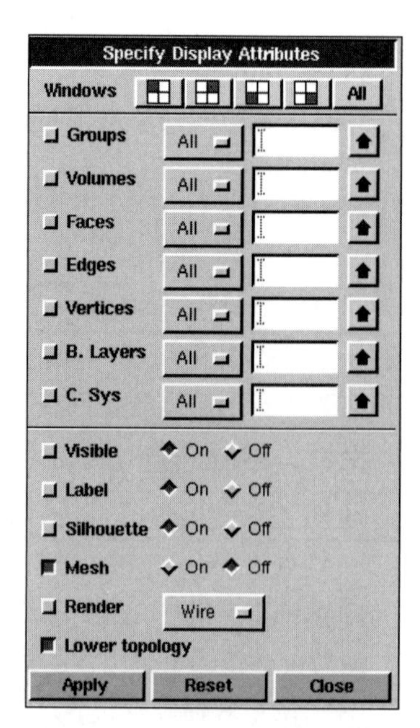

图 8.153　显示属性设置对话框

2. 设置边界类型

操作：ZONES →SPECIFY BOUNDARY TYPES

打开边界类型设置（Specify Boundary Types）对话框，如图 8.154 所示。

（1）确定进、出口边界类型。

①在 Name 右边的文本框内填入 inlet。

②在 Type 下拉列表中选择 PRESSURE_INLET。

③在 Entity 下选 Edges。

④点击 Edges 右侧区域。

⑤Shift + 鼠标左键，点击边线 AB。

⑥点击 Apply 按钮。

用同样的方法将 FG 边线设置为 PRESSURE_OUTLET 类型，取名 outlet。

(2) 确定固壁边界类型。

①在 Name 右边的文本框内填入固壁名称 wall。

②在 Type 下拉列表中选择 WALL。

③点击 Edges 右侧区域。

④Shift + 鼠标左键，点击边线 BC、CH、IE、EF。

⑤点击 Apply。

注意：这是为了后面分析压强分布做准备的。

(3) 定义一个对称面。

①在 Name 右边的文本框内填入对称线的名称 Symm。

②在 Type 下拉列表中选择 SYMMETRY。

③点击 Edges 右侧区域。

④Shift + 鼠标左键，点击边线 AG。

⑤点击 Apply 按钮。

注意：

(1) 若边界类型设置不正确，有两种方法进行处理。

①利用 Delete（在边界类型设置表单的上方）功能删除后重新设置。

②利用 Modify 功能进行修改。

(2) 边界类型在 Fluent 求解器中还可以重新设置。

(3) 对于其他未定义边线，系统默认为固壁。

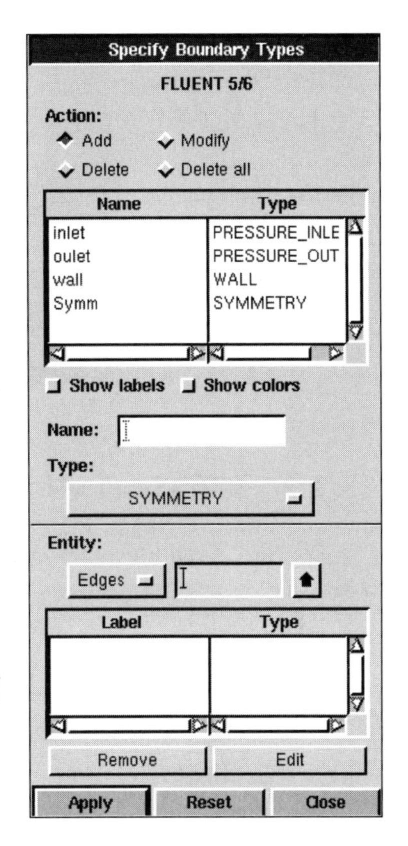

图 8.154　边界类型设置对话框 3

第9步：输出网格并保存会话

1. 输出网格文件

操作：File→Export→Mesh...

(1) 在打开的输出网格文件对话框中输入要保存的文件名和路径。例如：d:\example\nozzle，如图 8.155 所示。

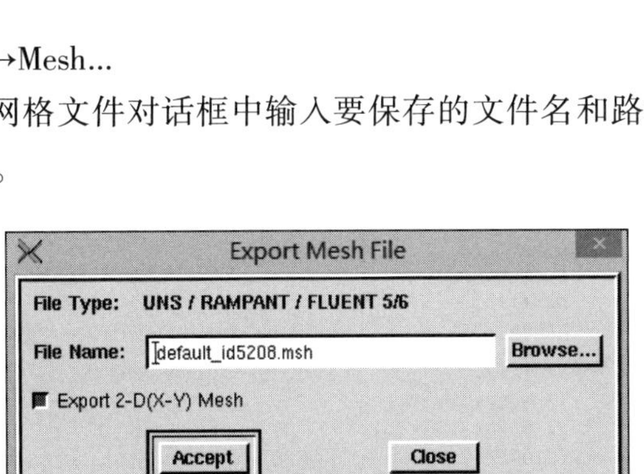

图 8.155　输出网格文件对话框

(2) 按下 Export 2 - D(X - Y) Mesh 左边的小按钮，表示输出的是一个二维网格文件。

(3) 点击 Accept 按钮。

此时会在左下方的信息反馈窗口中看到文件被成功保存的信息。

Mesh was successfully written to d:\example\nozzle. mesh

2. 保存 Gambit 会话并退出 Gambit

操作：File→Exit...

点击 Yes 按钮保存当前会话并退出 Gambit，如图 8.156 所示。

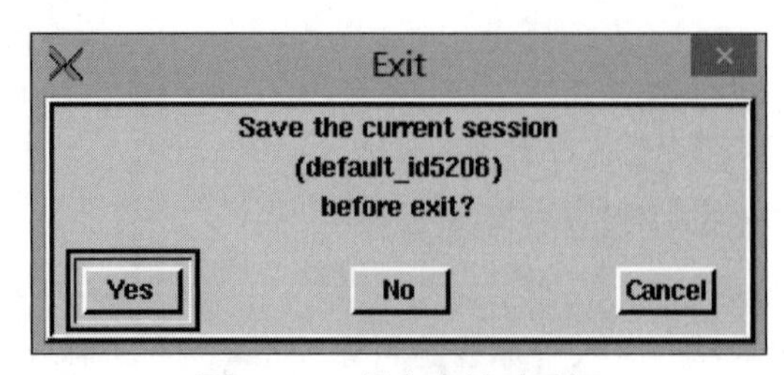

图 8.156　保存会话对话框

8.3.2　利用 Fluent 进行喷管内流动的仿真计算

准备工作：启动 Fluent 的 2D 求解器。

第 1 步：与网格相关的操作

1. 读入网格文件

操作：File→Read→Case...

（1）在打开的对话框中找到要读入的文件；d:\example\nozzle. mesh。

（2）点击 OK 按钮。

注意：在 Fluent 读入网格文件后，将会在信息反馈窗口显示网格的有关信息，如图 8.157所示。

```
> Reading "D:\example-2\exam-2\nozzle.msh"...
    2436 nodes.
     115 mixed symmetry faces, zone  3.
     115 mixed wall faces, zone  4.
      20 mixed pressure-outlet faces, zone  5.
      20 mixed pressure-inlet faces, zone  6.
    4465 mixed interior faces, zone  8.
    2300 quadrilateral cells, zone  2.

Building...
     grid,
     materials,
     interface,
     domains,
     zones,
        default-interior
        inlet
        oulet
        wall
        symm
        fluid
     shell conduction zones,
Done.
```

图 8.157　读入网格文件信息

信息说明，共有 2 436 个节点，以及各个边界面的情况。最后的 Done 说明文件已经成功读入。

2. 检查网格

操作：Grid→Check

Fluent 将会对网格进行各种检查，并将结果在信息反馈窗口中显示出来（图 8.158）。其中要特别注意最小体积（minimum volume）一项，要确保为正值，否则无法计算。

```
Grid Check

 Domain Extents:
   x-coordinate: min (m) = -7.000000e+001, max (m) = 9.000000e+001
   y-coordinate: min (m) = 0.000000e+000, max (m) = 2.000000e+001
 Volume statistics:
   minimum volume (m3): 1.522524e-002
   maximum volume (m3): 5.674639e+000
     total volume (m3): 2.253898e+003
 Face area statistics:
   minimum face area (m2): 1.170270e-002
   maximum face area (m2): 4.070489e+000
 Checking number of nodes per cell.
 Checking number of faces per cell.
 Checking thread pointers.
 Checking number of cells per face.
 Checking face cells.
 Checking bridge faces.
 Checking right-handed cells.
 Checking face handedness.
 Checking face node order.
 Checking element type consistency.
 Checking boundary types:
 Checking face pairs.
 Checking periodic boundaries.
 Checking node count.
 Checking nosolve cell count.
 Checking nosolve face count.
 Checking face children.
 Checking cell children.
 Checking storage.
Done.
```

图 8.158　网格检查信息

3. 显示网格

操作：Display→Grid...

网格显示设置对话框如图 8.159 所示。

点击 Display 后，显示的网格图形不是整体，而仅仅是图形的一半。为了更好地显示网格图形，可以利用镜面（中心线）反射功能，以对称面为镜面，进行对称反射并构成一个整体。

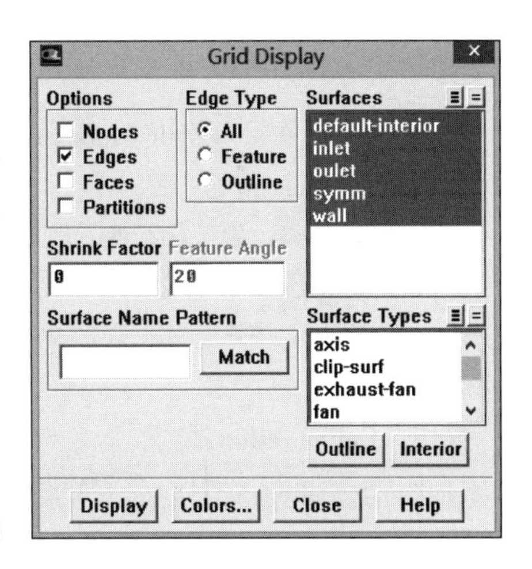

图 8.159　网格显示设置对话框

4. 通过中心线进行对称反射

操作：Display→Views...

打开视图设置对话框，如图 8.160 所示。

（1）在 Mirror Planes（镜面、对称面）栏内选择 symm。

（2）点击 Apply 按钮。

则整体区域网格如图 8.161 所示。

第 2 步：确定长度单位

1. 设置长度单位

操作：Grid→Scale...

打开“Scale Grid”对话框，如图 8.162 所示。

（1）在 Units Conversion 下 Grid Was Created In 下拉列表中选取 mm。

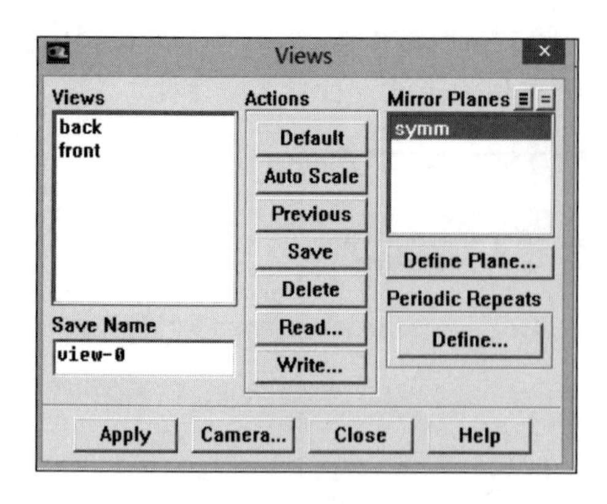

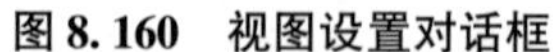
图 8.160　视图设置对话框

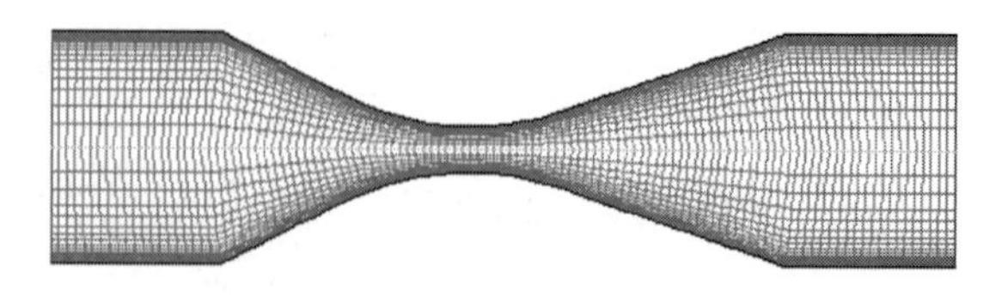

图 8.161　整体区域网格

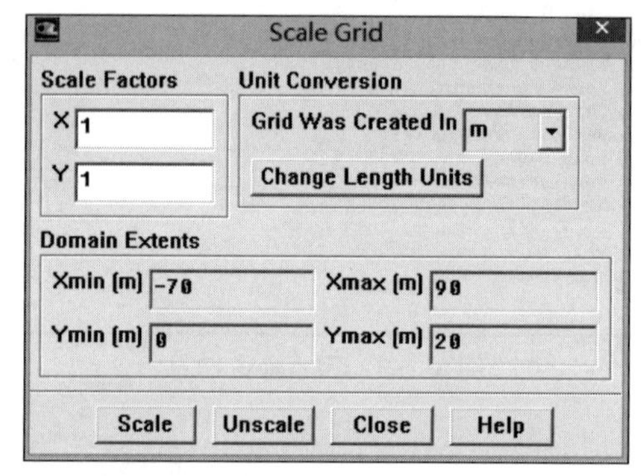

图 8.162　网格长度单位设置对话框

（2）点击 Change Length Units。

（3）点击 Scale 按钮。

（4）点击 Close 按钮关闭对话框。

2. 重新定义压强的单位

为方便起见，重新定义压强的单位为大气压 atm；它不是默认单位，Fluent 中压强的单位默认为 Pa。

操作：Define→Units...

打开“Set Units”对话框，如图 8.163 所示。

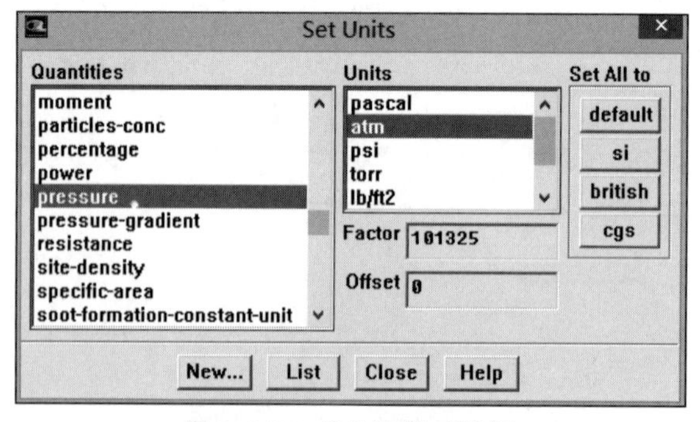

图 8.163　单位设置对话框

（1）在 Quantities（物理量）列表中选择 pressure（压强）。

（2）在 Units（单位）一栏中选择 atm（大气压）。

（3）点击 Close 按钮，关闭对话框。

第 3 步：建立求解器模型

1. 选择耦合、隐式求解器

操作：Define→Models→Solver...

打开“Solver”对话框，如图 8.164 所示。

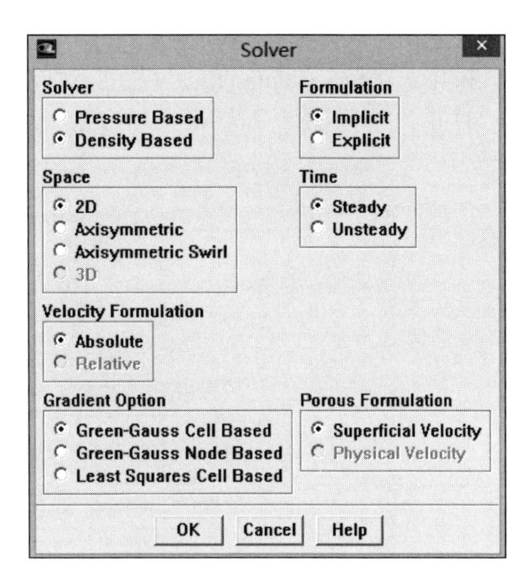

图 8.164　求解器设置对话框 3

（1）在 Solver 一栏，选择 Density Based（耦合）。

（2）在 Formulation（计算方式）下选择 Implicit（隐式）。

（3）在 Time 项选择 Steady。

（4）点击 OK 按钮。

注意：先求解定常流动，此值作为非定常流动的初始值。

2. 选择湍流模型为 Spalart – Allmaras 模型

操作：Define→Models→Viscous...

打开“Viscous Model”对话框，如图 8.165 所示。

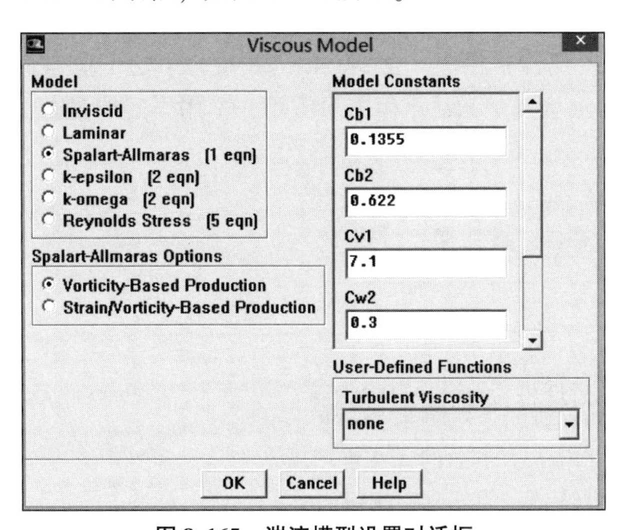

图 8.165　湍流模型设置对话框

（1）在 Model 一栏，选择 Spalart – Allmaras［1 eqn］。

（2）在 Model Constants（模型常数）列表中保留默认值。

（3）点击 OK 按钮。

注意：Spalart – Allmaras 湍流模型是一种相对简单的一方程模型，仅考虑动力的传递方程。在气体动力学中，对于有固壁边界的流动，利用 Spalart – Allmaras 模型计算边界内的流动以及压力梯度较大的流动都可以得到较好的结果。

第 4 步：设置流体属性

操作：Define→Materials...

打开“Materials”对话框，如图 8.166 所示。

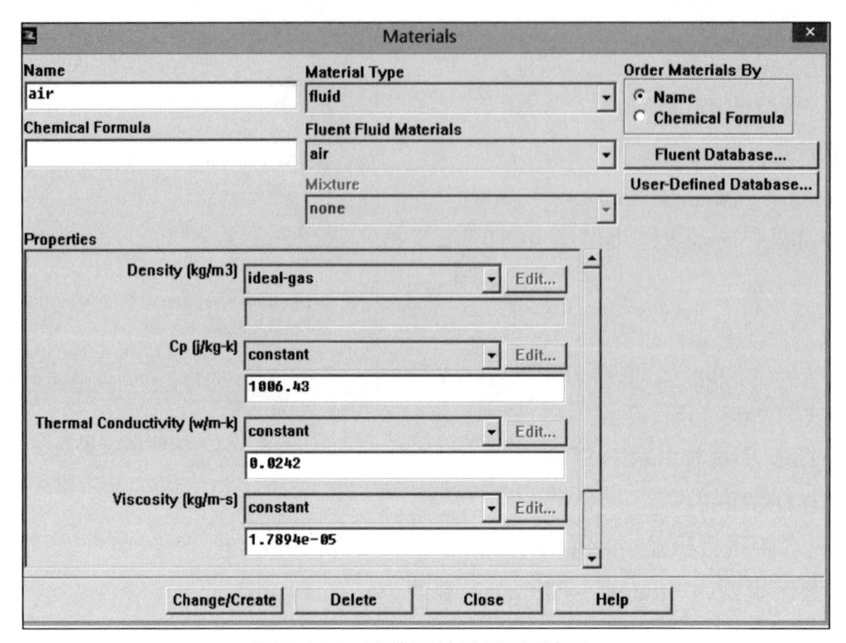

图 8.166　流体属性设置对话框 3

该对话框用来选择理想气体定律来计算流体的密度。

（1）在 Properties（属性）栏中，在 Density（密度）右边下拉列表中选择 ideal－gas。

注意：此时，Fluent 会自动激活求解能量方程，不用再到能量方程设置对话框（energy panel）中进行设置。

（2）保留其他默认设置。

（3）点击 Change/Create 按钮保存设置。

（4）点击 Close 按钮，关闭对话框。

第 5 步：设置工作压强为 0 atm

操作：Define→Operating Conditions...

打开工作压强设置对话框，如图 8.167 所示。

（1）在 Operating Pressure 下面的文本框内填入 0。

（2）其他项保留默认值；点击 OK 按钮。

注意：起始压强设置为 0 atm 后，在边界条件设置时，将是以绝对压强给定的。边界条件中压强的给定总是相对于工作压强的。

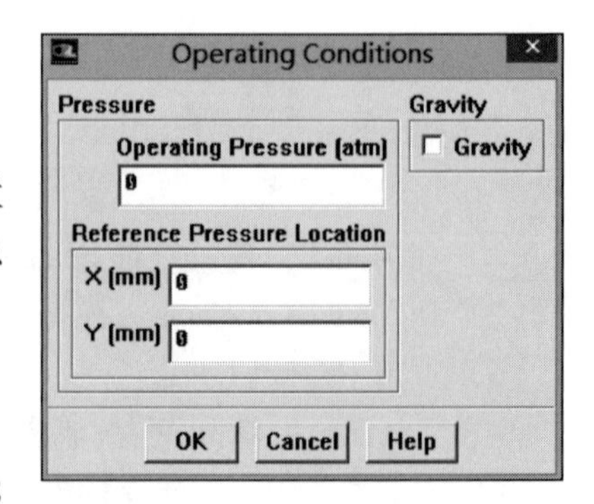

图 8.167　工作压强设置对话框

第 6 步：设置边界条件

操作：Define→Boundary Conditions...

打开“Boundary Conditions”对话框，如图 8.168 所示。

1. 设置喷管入口的边界条件

（1）在 Zone 下拉列表中选取 inlet；则在 Type 列表中显示其为 pressure - inlet 类型。

（2）点击 Set...，打开边界条件设置对话框，如图 8.169 所示。

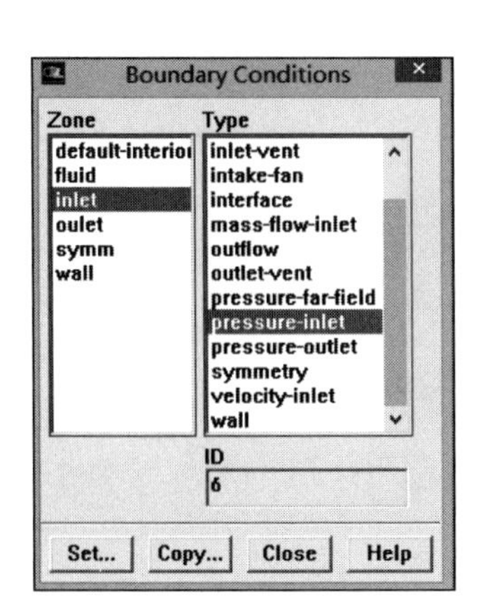

图 8.168　边界类型设置对话框 4

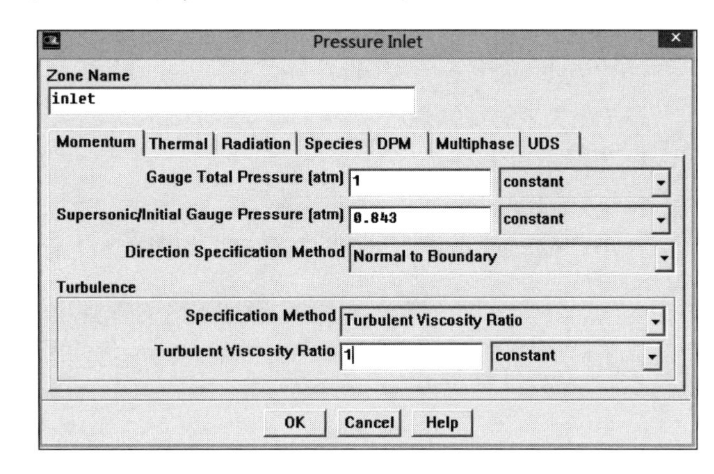

图 8.169　压力入口边界条件设置对话框

（3）在 Gauge Total Pressure（总压）填入 1。

（4）在 Supersonic/Initial Gauge Pressure（超声速/初始表压）填入 0.843。

注意：喷管入口的滞止压强是根据喷管出口处的平均压强计算出的，这个值在初始化中用来估计管内的速度。

（5）在 Turbulence 中的 Specification Method（湍流定义方法）下拉列表中选取 Turbulent Viscosity Ratio（湍流黏性比）。

（6）设置 Turbulent Viscosity Ratio 为 1，对于中等偏下的入口湍流，1 为建议位。

（7）其他项保留默认状态，点击 OK 按钮，关闭对话框。

2. 设置喷管出口的边界条件

（1）在“Boundary Conditions”对话框中，在 Zone 列表中选择 Outle。

（2）点击 Set...，打开“Pressure Outlet”对话框，如图 8.170 所示。

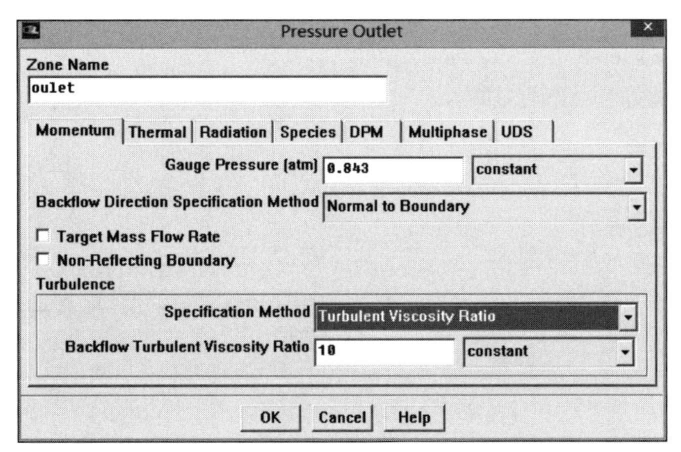

图 8.170　压力出口边界条件设置对话框

(3) 设置 Gauge Pressure (表压强) 为 0.843。

(4) 在 Turbulence 中的 Specification Method 下拉列表中选择 Turbulent Viscosity Ratio。

(5) 在 Backflow Turbulent Viscosity (回流湍流黏度) Ratio 填入 10。

注意：若在出口处真的发生了回流，还应调整回流值以适应实际的出流条件。

(6) 点击 OK 按钮，关闭对话框。

第 7 步：求解定常流动

1. 流场初始化

操作：Solve→Initialize→Initialize

打开"Solution Initialization"对话框，如图 8.171 所示。

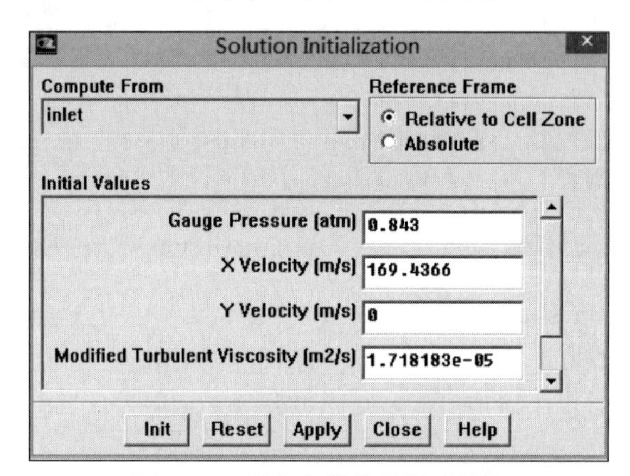

图 8.171　流场初始化设置对话框

(1) 在 Compute From 下拉列表中选择 inlet。

(2) 点击 Init 初始化。

(3) 点击 Close 按钮，关闭对话框。

2. 设置求解器参数

操作：Solve→Controls→ Solution...

打开"Solution Controls"对话框，如图 8.172 所示。

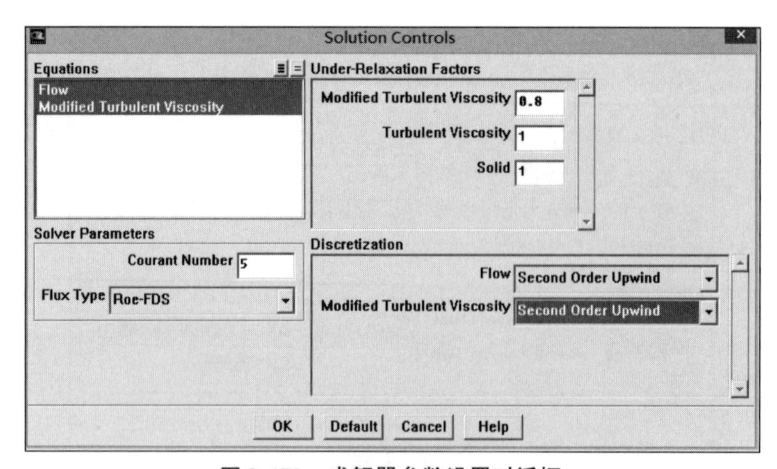

图 8.172　求解器参数设置对话框

（1）在 Discretization 中的 Modified Turbulent Viscosity 下拉列表中选择 Second Order Upwind。

注意：Second Order Upwind 可提供较高的计算精度。

（2）保留其他默认设置，点击 OK 按钮。

3. 设置残差监视器

操作：Solve→ Monitors→ Residual...

打开“Residual Monitors”对话框，如图 8.173 所示。

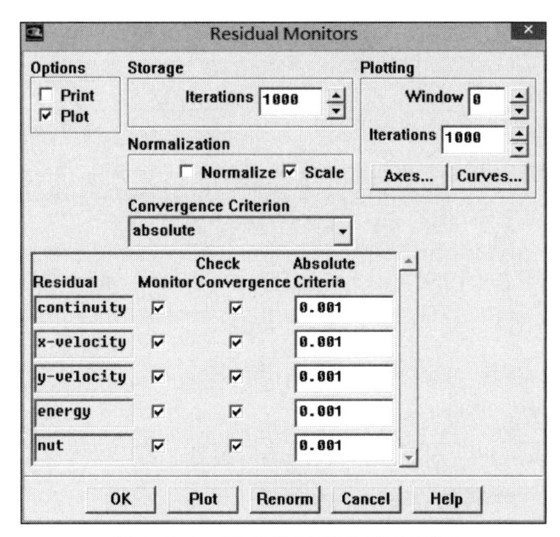

图 8.173　残差监视器设置对话框

（1）在 Options 下面选择 Plot，并使 Print 处于非选状态。

（2）保留其他项为默认设置。

（3）点击 OK 按钮。

4. 设置出口质量流量监视器

操作：Solve→ Monitors→ Surface...

打开“Surface Monitors”对话框，如图 8.174 所示。

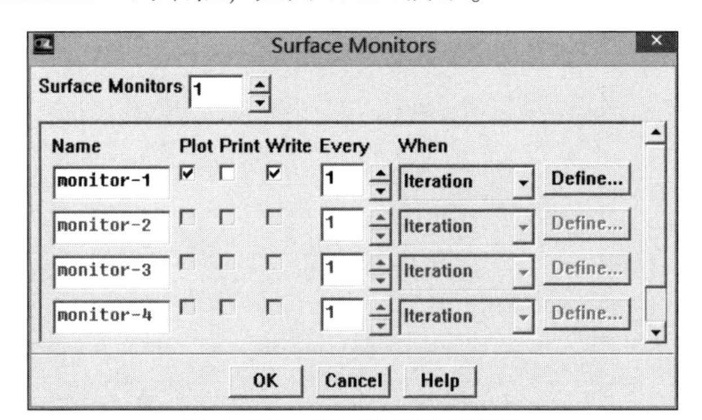

图 8.174　表面监视器对话框

（1）使 Surface Monitors 右侧文本框内数字增加为 1。

（2）选中 Plot 和 Write。

注意：选择 Write 意味着质量流量的出流过程将被输出到一个文件中。

（3）点击右侧的 Define... 按钮，打开“Define Surface Monitor”对话框，如图 8.175 所示。

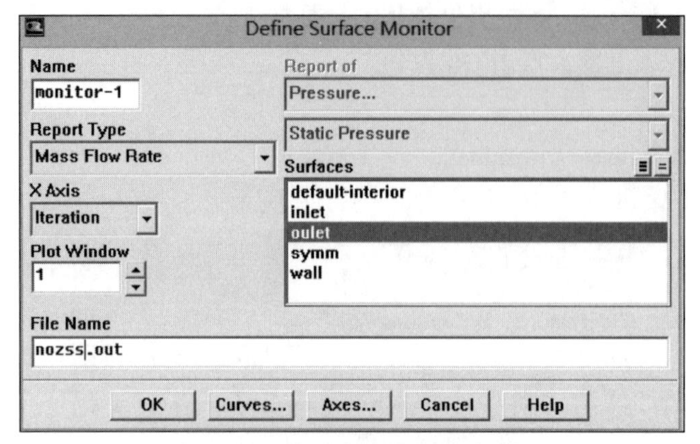

图 8.175　表面监视器设置对话框

（4）在 Report Type 下拉列表中选择 Mass Flow Rate（质量流量）。

（5）在 Surfaces（表面）下拉列表中选择 outlet。

（6）在 File Name 项填入 nozss. out 作为输出文件名。

（7）保留其他默认值，点击 OK 按钮。

（8）在“Surface Monitors”对话框中点击 OK 按钮。

5. 保存 case 文件，文件名为：nozss. cas

操作：File→ Write→ Case...

6. 设置 300 次迭代次数，开始计算

操作：Solve→ Iterate...

打开“Iterate”对话框，如图 8.176 所示。

（1）在 Number of Iterations 项填入 300。

（2）保留其他默认设置，点击 Iterate 按钮。

迭代 284 次后，计算收敛。残差检测变化曲线和出口质量流量检测曲线如图 8.177 和图 8.178 所示。

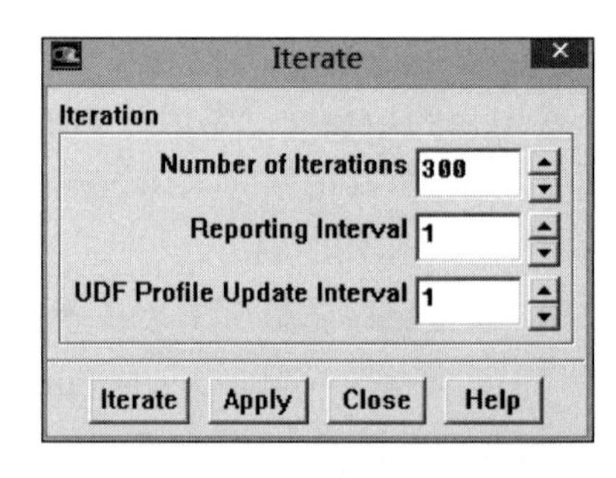

图 8.176　迭代计算设置对话框

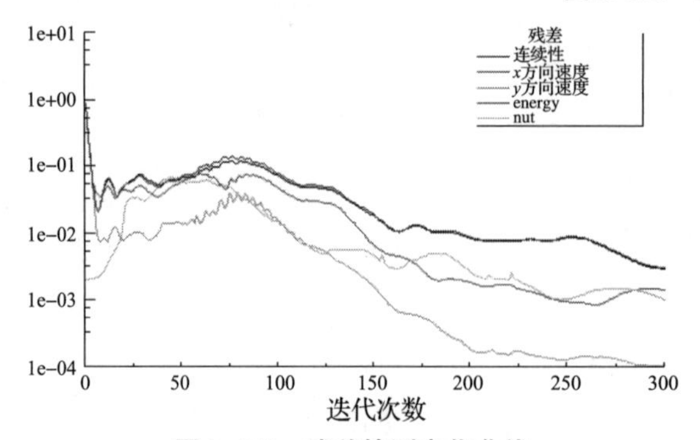

图 8.177　残差检测变化曲线

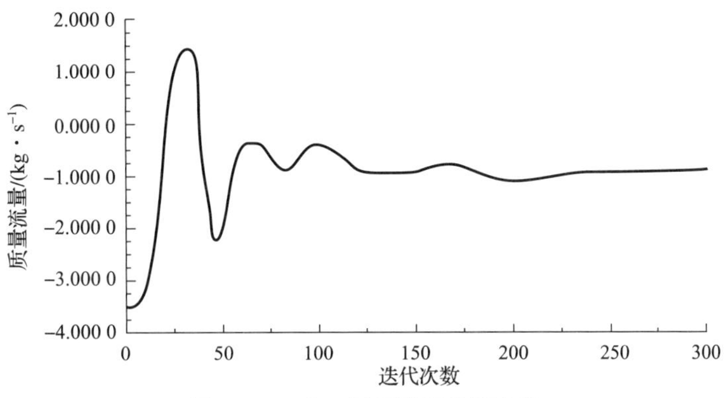

图 8.178　出口质量流量检测曲线

注意：若仅仅是残差曲线所表示的数值收敛，质量流量还没有达到稳定值，可降低连续性方程的收敛点，使迭代计算继续进行，直到质量流量达到稳定值。

7. 保存 data 文件，文件名为：nozss. dat

操作：File →Write→Data...

8. 检查质量流量的连续性

操作：Report→Fluxes

打开“Flux Reports”对话框，如图 8. 179 所示。

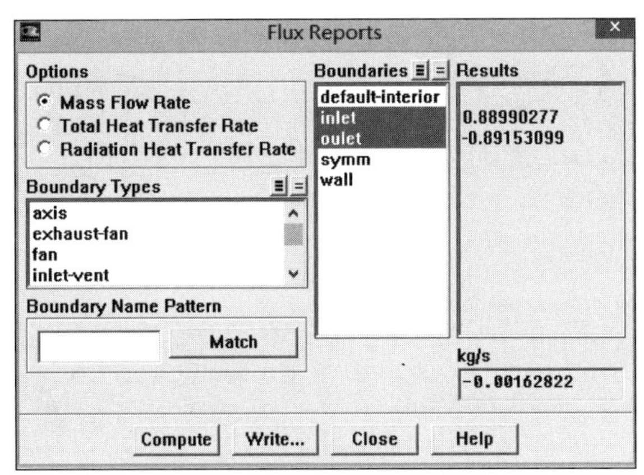

图 8.179　流量报告设置对话框

（1）在 Options 项选择 Mass Flow Rate。

（2）在 Boundaries 选择 inlet 和 outlet。

（3）点击 Compute 按钮。

注意：

（1）尽管质量流量曲线说明了解的收敛性，还应检查一下通过区域的质量流量是否满足质量守恒定律。

（2）流入与流出的质量会有误差，但误差应在一个范围内。如总流量的 5%，若超过这个范围，应降低收敛点后再继续计算。

9. 显示定常流动速度矢

操作：Display→Vectors...

打开“Vectors”对话框，如图 8.180 所示。

（1）在左侧的 Style 下拉列表中选择 arrow（箭头）。

（2）将 Scale（比例尺）改为 3。

（3）点击 Display 按钮，速度矢量图如图 8.181 所示。

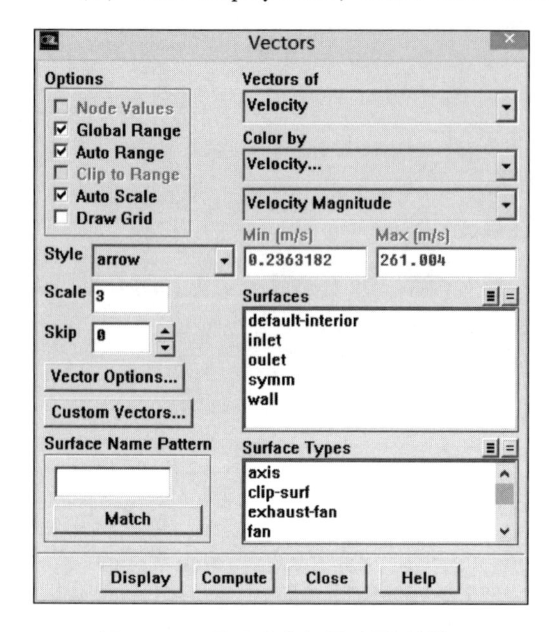

图 8.180　显示速度矢量设置对话框

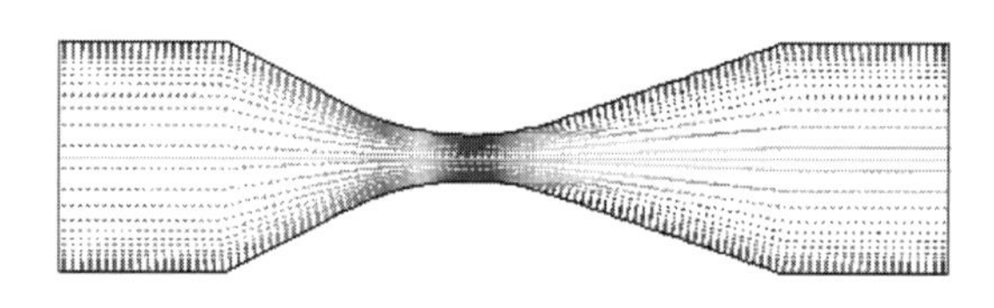

图 8.181　速度矢量图

定常流动计算表明，通过喷管的流速最高可达 265 m/s 左右。

10. 显示压强分布

操作：Display→Contours...

打开“Contours”对话框，如图 8.182 所示。

（1）在 Options 项选择 Filled。

（2）在 Contours of 项选择 Pressure... 和 Static Pressure。

（3）保留其他默认设置，点击 Display 按钮。

得到区域内压强分布，如图 8.183 所示。

由图 8.183 可以明显看出，喷管左边为高压区，右边为低压区，气体在两端压差的作用下流动。在喷管喉部气体流速最快，其压强也最小。

11. 显示喷管壁面上的压强分布

操作：plot→XY Plot...

打开“Solution XY Plot”对话框，如图 8.184 所示。

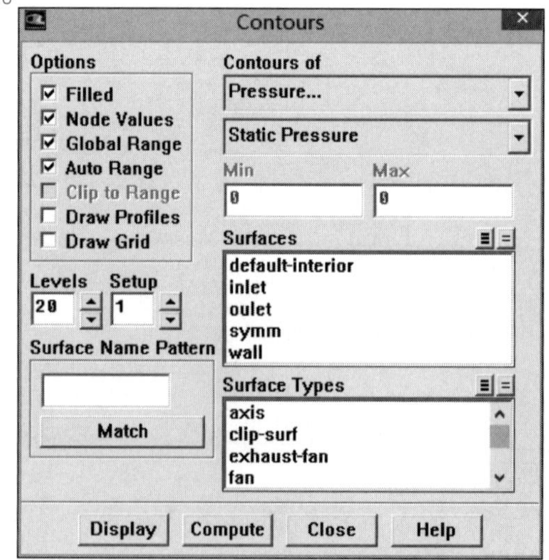

图 8.182　压强分布设置对话框

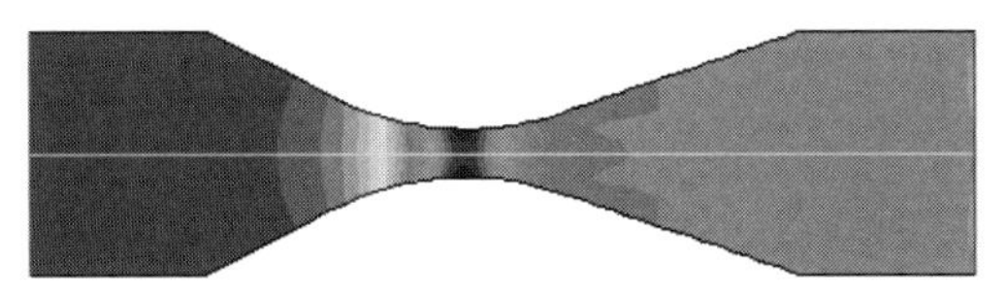

图 8.183　喷管内压强分布

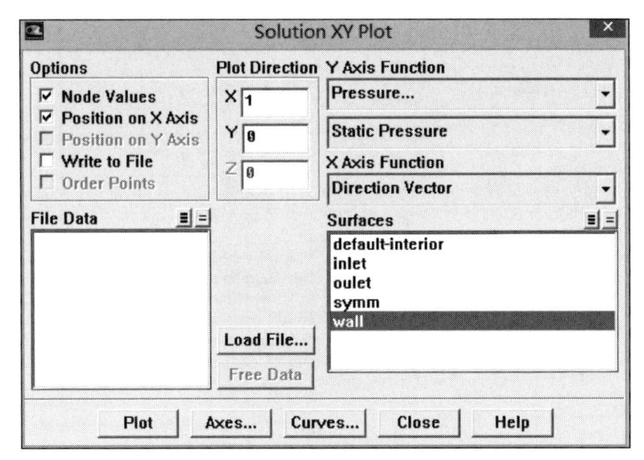

图 8.184　XY 曲线设置对话框

（1）在 Y Axis Function（Y 轴函数）下拉列表中选择 Pressure... 和 Static Pressure。

（2）在 Surfaces 项选择 wall（喷管壁面）。

（3）点击 Plot 按钮。

得到在喷管壁面上的压强分布，如图 8.185 所示。

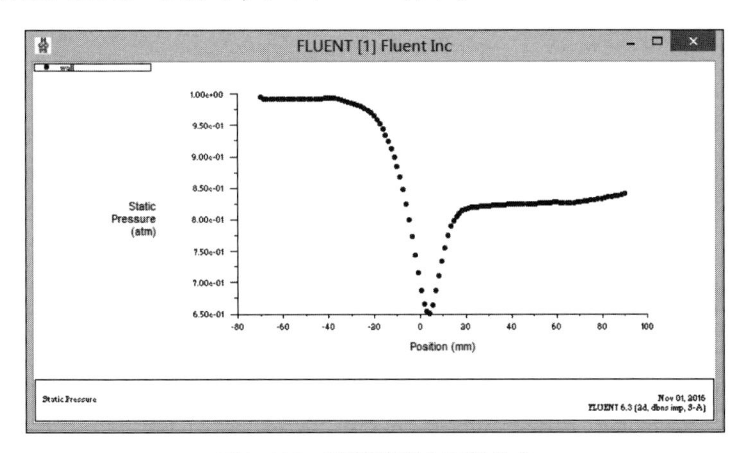

图 8.185　喷管壁面上压强分布

12. 保存计算结果（保存到 case 和 data 文件中）

操作：File→Write→Case&Date...

第 8 步：非定常边界条件的设置以及非定常流动的计算

出口截面上的压强是一个随时间而变动的量，由此使得整个喷管内的流动为一个不定常的流动。

1. 设置非定常流动求解器

操作：Define→Models→Solver...

打开“Solver”对话框，如图8.186所示。

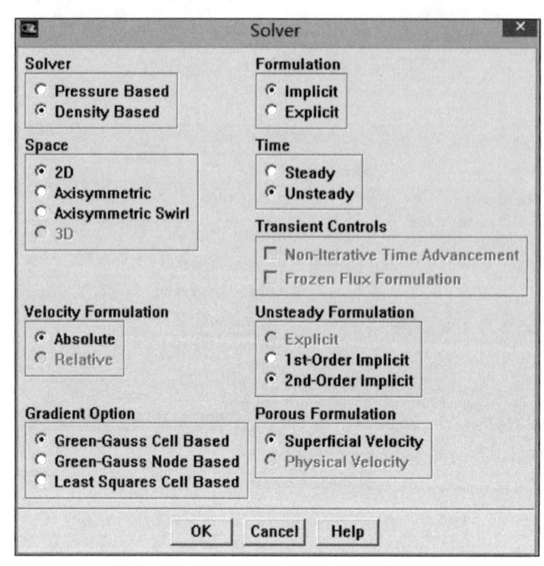

图8.186　求解器设置对话框4

（1）在Time项选择Unsteady（非定常）。

（2）在Unsteady Formulation（非定常流动方程）项选择2nd－Order Implicit。

（3）点击OK按钮。

注意：

（1）对于瞬态流动仿真计算、隐式格式的时间推进法要求设置一个时间间隔（而Fluent则是基于Courant条件来进一步确定内部迭代的时间间隔）。

（2）设置二阶隐式（2nd－Order Implicit）时间推进法会使计算精度更高。

2. 为喷管出口定义非定常边界条件

定义出口截面上的压力变化曲线为一波形曲线，其控制方程为

$$P_{\text{exit}}(t)=A\sin(ft)+P_{\text{exit}}$$

式中，A为压力波的波幅，atm；f为非定常压强的圆频率，rad/s；P_{exit}为平均出口压强，atm。

设：$A=0.008$ atm；$f=2\pi n=400\pi=1\ 256.6$ rad/s；$P_{\text{exit}}=0.843$ atm。此控制方程是用一个用户自定义函数（pexit）来描述的。

注意：在用此方程时，要注意单位问题。函数pexit.c的值要用一个因数101 325去乘，将所选单位（atm）转换为Fluent所要求的SI单位（Pa）。

Pexit.c源程序代码如图8.187所示。

注意：此程序应存放在当前目录下。

关于用户自定义函数（user－defined functions，UDFs）程序的设计问题，请参阅UDF手册。

```
/* pexit.c */
#include "udf.h"

DEFINE_PROFILE(unsteady_pressure,thread,position)
{
    face_t f;
    begin_f_loop(f,thread)
    {
        real t=RP_Get_Real("flow-time");
        F_PROFILE(f,thread,position)=101325*(0.843+0.08*sin(1256.6*t));
    }
    end_f_loop(f,thread)
}
```

图 8.187　pexit. c 源程序代码

（1）读入自定义函数。

操作：Define→User - Defined→Functions→Interpreted...

打开“Interpreted UDFs”设置对话框，如图 8.188 所示。

①在 Source File Name 项填入文件名 pexit. c。

②保留其他默认设置，点击 Interpret 按钮。

③点击 Close 按钮，关闭“Interpreted UDFs”设置对话框。

（2）设置出口处的非定常边界条件。

操作：Define→Boundary...

打开“Boundary Conditions”对话框，如图 8.189 所示。

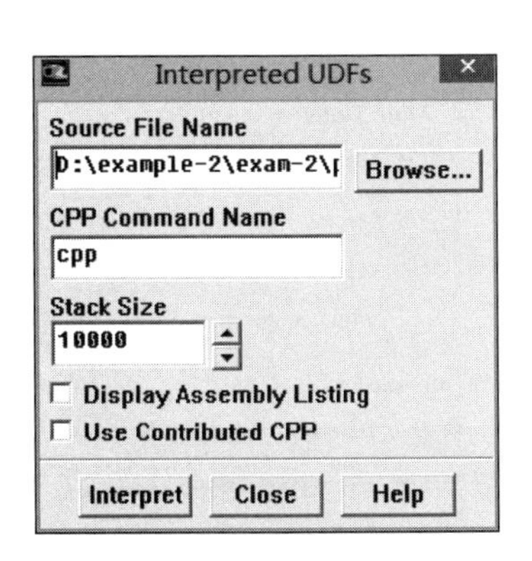

图 8.188　自定义函数设置对话框

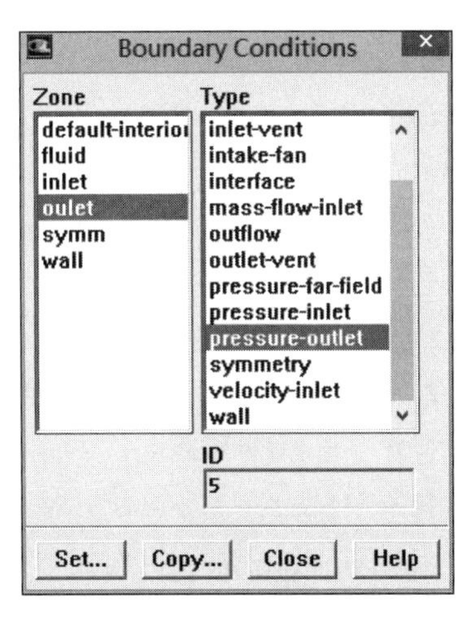

图 8.189　边界选择设置对话框

①在 Zone 下拉列表中选择 outlet。

②在 Type 项下为 pressure - outlet。

③点击 Set...，打开“Pressure Outlet”（出流条件）设置对话框，如图 8.190 所示。

④在 Gauge Pressure 下拉列表中选择 udf unsteady_ pressure。

⑤点击 OK 按钮。

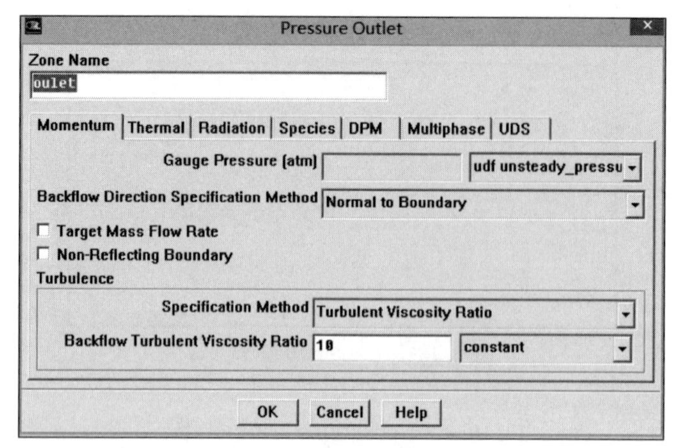

图 8.190　边界条件设置对话框 3

第 9 步：求解非定常流

1. 设置时间间隔的有关参数

设置时间间隔是进行非定常流动计算的关键一步。本例设时间间隔为 0.000 1，压力波一个周期要求 50 个时间间隔。压力波开始和结束均在喷管的出口处。

操作：Solve→Iterate...

打开“Iterate”对话框，如图 8.191 所示。

（1）在 Time Step Size（时间间隔大小）右边填入 0.000 1。

（2）在 Number of Time Steps（时间间隔数量）右边填入 300。

（3）在 Max Iterations per Time Step（每时间间隔内最大迭代次数）右边填入 30。

（4）点击 Apply 按钮。

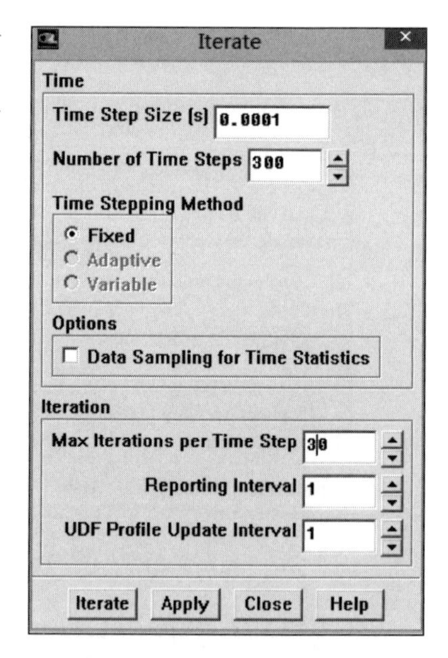

图 8.191　迭代计算设置对话框

2. 修改出口处质量流量监视器设置

操作：Solve→Monitors→Surface...

打开“Surface Monitors”对话框，如图 8.192 所示。

（1）在 Every 项下拉列表中选择 1。

（2）点击 Define... 打开“Define Surface Monitor”对话框，如图 8.193 所示。

①在 File Name 项下填入新的输出文件名 nozuns. out。

②在 X Axis 下拉列表中选择 Time Step。

③点击 OK 按钮。

（3）点击 OK 按钮。

3. 保存求解结果到文件 nozuns. cas

操作：File→Write→Case...

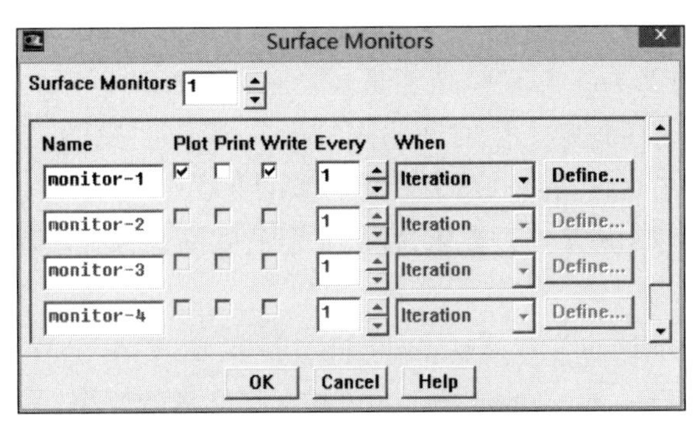

图 8.192　表面监视器对话框

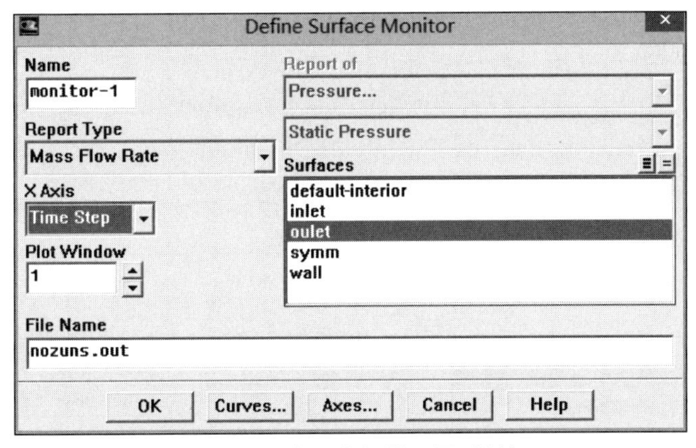

图 8.193　表面监视器设置对话框

4. 开始非定常瞬态流动计算

在“Iterate”对话框中点击 Iterate。出口截面处质量流量变化如图 8.194 所示。

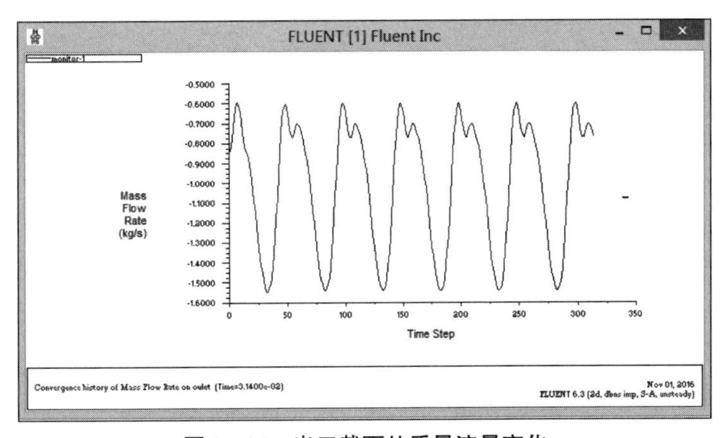

图 8.194　出口截面处质量流量变化

注意：通过 300 个时间间隔的迭代计算，将完成 6 个压力波的流动过程计算。

5. 保存计算结果文件 nozuns. dat

操作：File→Write→Data...

第 10 步：对非定常流动计算数据的保存与后处理

求解结果达到对时间的周期状态后，为研究在一个压力周期内的流动变化规律，再进行50次的迭代计算。利用 Fluent 的动画功能来显示在每一个时间段内压力和马赫数曲线图，再利用自动保存功能来保存每隔1个时间间隔的 case 和 data 文件。在计算完成之后，可利用动画播放功能来观察在此时间内的压力和马赫数的曲线图。

1. 重新保存 case 和 data 文件，要求每隔 10 个时间间隔保存一次

操作：File→Write→Autosave...

打开"Autosave Case/Data"对话框，如图 8.195 所示。

（1）设置 Autosave Case File Frequency（自动保存文件的频率）为 10。

（2）设置 Autosave Data File Frequency（自动保存数据的频率）为 10。

（3）在 File Name 项填入 noz_anim。

（4）点击 OK 按钮。

注意：Fluent 在保存文件时，会在文件名（noz_anim）上显示时间值。例如，noz_anim0340. cas 和 noz_anim0340. dat，其中 0340 表示时间间隔值。

2. 创建管内压强与马赫数曲线图的动画播放频率

操作：Solve→Animate→Define...

打开"Solution Animation"对话框，如图 8.196 所示。

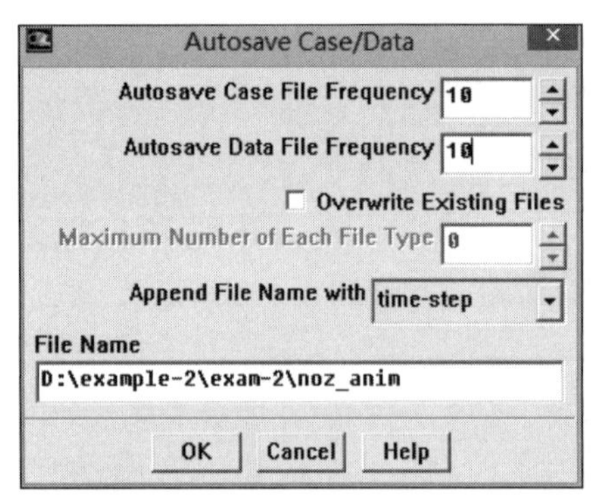

图 8.195　自动保存设置对话框

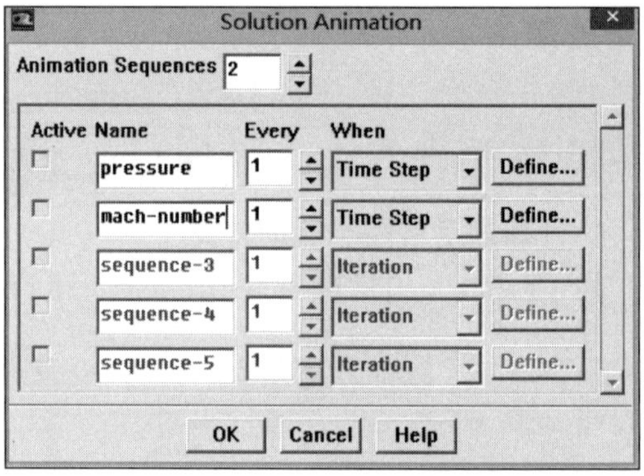

图 8.196　动画设置对话框

（1）将 Animation Sequences 内的值增加到 2。

（2）在 Name 下，第一项填入 pressure，第二项填入 mach - number。

（3）在 When 项下拉列表中选择 Time Step。

（4）在 Every 项下保留默认值 1（动画的播放频率为一个时间间隔）。

3. 设置压强变化的动画播放频率

（1）在"Solution Animation"对话框中点击 pressure 右边的 Define... 按钮，将打开"Animation Sequence"设置对话框，如图 8.197 所示。

（2）在 Storage Type（存储类型）下选择 In Memory。

注意：类似于本算例的情况，可选择 In Memory，对于占用内存较大的 2D 或 3D 情况，应选择将动画文件保存到磁盘上。

（3）将 Window 右边的数目增加到 2，并点击 Set 按钮；将打开图形窗口 2。

（4）在 Display Type 下选择 Contours，将打开“Contours”设置对话框，如图 8.198 所示。

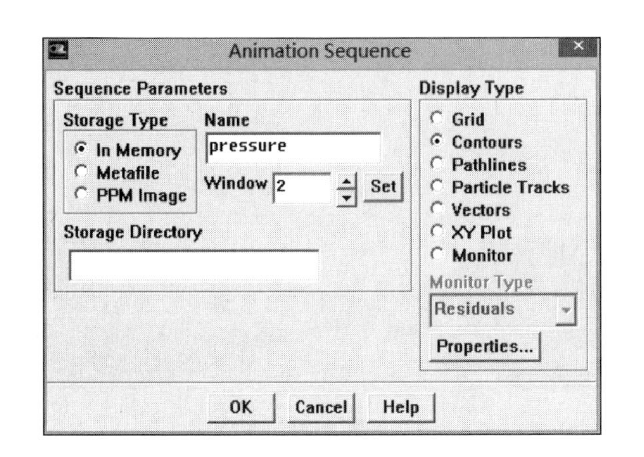

图 8.197　动画播放频率设置对话框

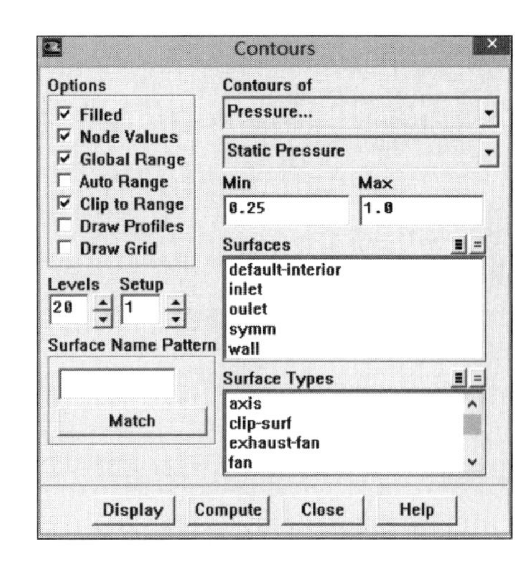

图 8.198　压力分布图设置对话框

①在 Contours of 项下保留 Pressure... 和 Static Pressure。

②在 Options 下选择 Filled，关闭 Auto Range。

③在 Min 项输入 0.25，在 Max 项输入 1.0，此项是设置压强的范围。

④点击 Display 按钮，将显示经过 300 个时间间隔后喷管内的压强分布，如图 8.199 所示。

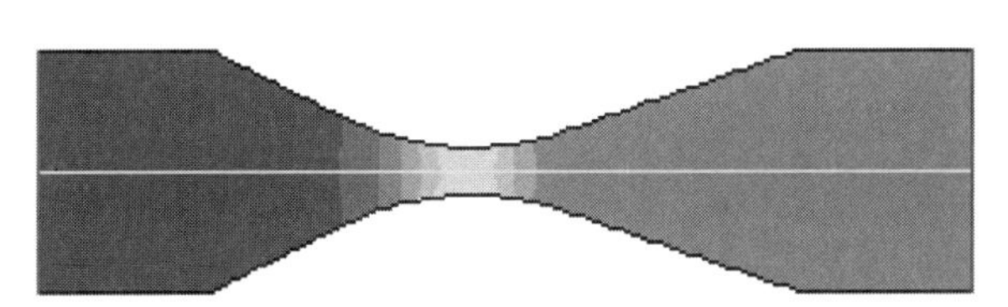

图 8.199　300 个时间间隔后喷管内压强分布

（5）在“Animation Sequence”对话框（图 8.197）中点击 OK 按钮。

4. 定义马赫数的动画输出频率

（1）在“Solution Animation”对话框（图 8.196）中点击 mach – number 所在行最右端的 Define... 打开动画播放频率设置对话框，如图 8.197 所示。

（2）在 Storage Type 项选择 In Memory。

（3）将 Window 项的数目增加至 3，并点击 Set...，打开图形窗口 3。

（4）在 Display Type 下选择 Contours，打开“Contours”设置对话框，如图 8.200 所示。

①在 Contours of 下拉列表中选择 Velocity... 和 Mach Number。

②在 Options 下选择 Filled 项，关闭 Auto Range 项。

③在 Min 项输入 0.00；在 Max 项输入 1.30。

④点击 Display 按钮。在 300 个时间间隔后喷管内的马赫数分布如图 8.201 所示。

（5）在“Animation Sequence”设置对话框中点击 OK 按钮。

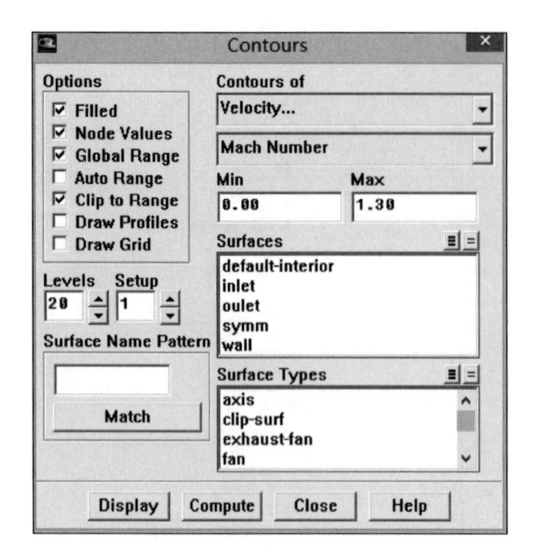

图 8.200　速度分布设置对话框

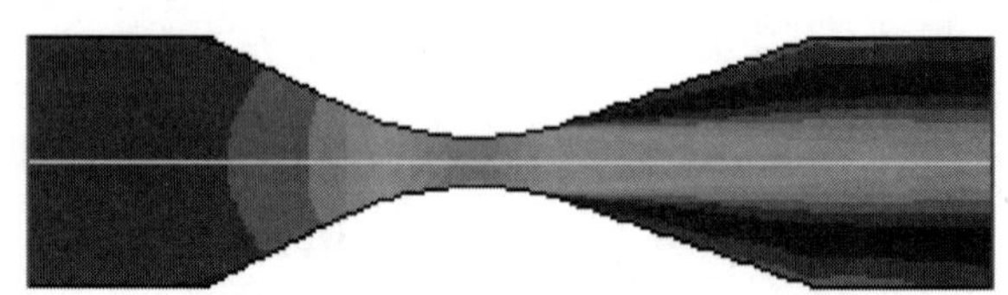

图 8.201　喷管内的马赫数分布

（6）在“Solution Animation”设置对话框中点击 OK 按钮。

5. 增加 50 个时间间隔，继续计算

增加 50 个时间间隔意味着使求解时间增加了 0.005 s，这也是一个压力变化周期的时间。每隔 0.001 s 保存一次 case、data 和动画文件。

操作：Solve→Iterate...

打开“Iterate”设置对话框，如图 8.202 所示。

（1）在 Number of Time Steps 右侧文本框内填入 50。

（2）保留其他默认设置。

（3）点击 Iterate 按钮，开始计算。

在计算结束后，应有 5 对 case 和 data 文件，有 50 对曲线图存在内存中。后面在读入新建的 case 和 data 文件的基础上，在几个时间间隔内演示动画并检验结果。

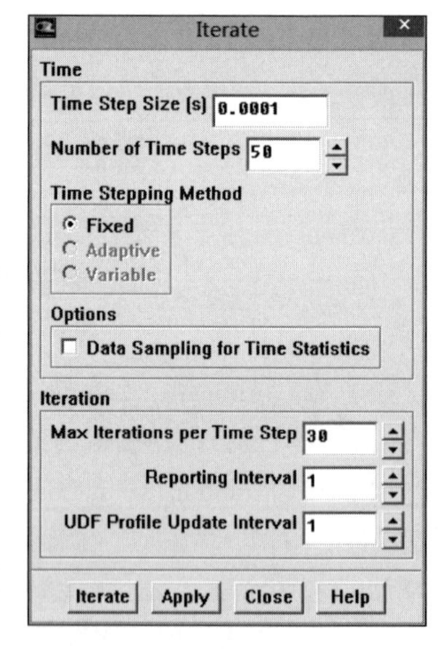

图 8.202　迭代计算设置对话框

6. 更改显示方式

操作：Display→Options...

打开“Display Options”对话框，如图 8.203 所示。

（1）在 Rendering 项下选择 Double Buffering，它会使动画的曲线更加光滑。

（2）点击 Apply 按钮。

7. 演示等压力线的动画过程

操作：Solve→Animate→Playback...

打开“Playback”对话框，如图 8.204 所示。

（1）在 Animation Sequences 项选择 pressure。

（2）保留其他默认设置。

（3）点击插放面板上的插放按钮，查看在 320 时间段时刻的压力分布，如图 8.205 所示。

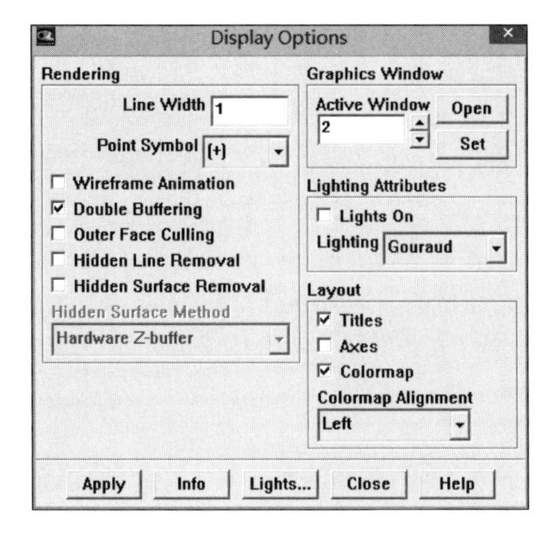

图 8.203 显示设置对话框

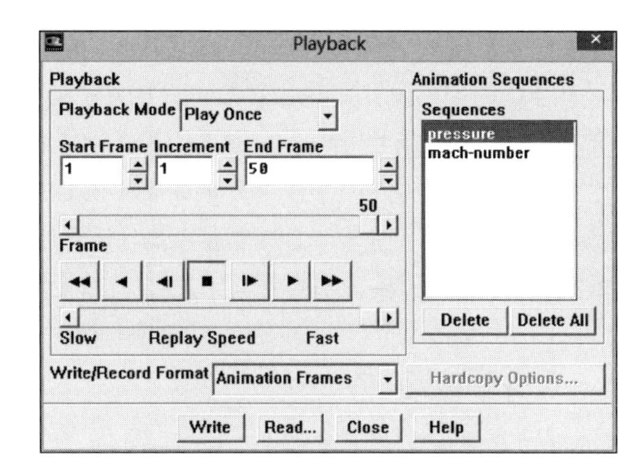

图 8.204 动画演示设置对话框

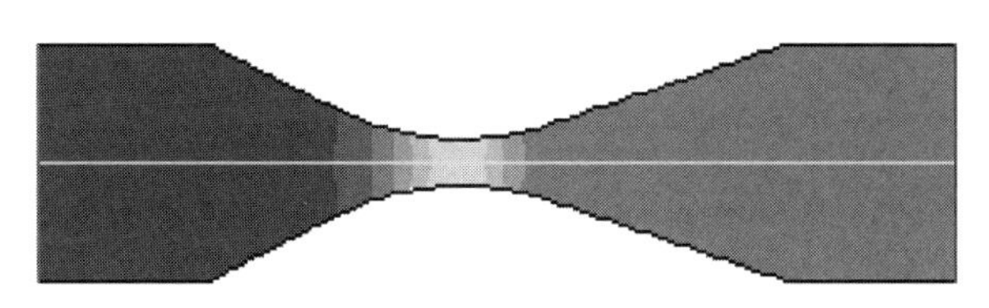

图 8.205 压力分布

（4）对 mach - number 重复执行上述 6、7 两个步骤的操作。

（5）查看在 320 时间段时刻的马赫数分布，如图 8.201 所示。

注意：查看在不同时刻的分布图，可进行如下操作。

操作：File→Read→Date...

选择文件 nos_anim0320. cas 后，进行分布图设置，可得到在 320 时间段时刻的压力分布，如图 8.205 所示，马赫数分布如图 8.201 所示。

小结：

1. 关于用户自定义函数

用户自定义函数是用 C 语言书写的，可以提高 Fluent 程序的标准计算功能。可以用 UDFs 来定义：

（1）边界条件。

（2）源项。

（3）物性定义（除了比热外）。

（4）表面和体积反应速率。

（5）用户自定义标量输运方程。

（6）离散相模型（如体积力、拉力、源项等）。

（7）代数滑流（algebraic slip）混合物模型（滑流速度和微粒尺寸）。

（8）变量初始化。

（9）壁面热流量。

（10）使用用户自定义标量后处理。

边界条件 UDFs 能够产生依赖于时间、位移和流场变量相关的边界条件。例如，可以定义依赖于流动时间的 x 方向的速度入口，或定义依赖于位置的温度边界。边界条件 UDFs 用宏 DEFINE_PROFILE 定义；源项 UDFs 用宏 DEFINF_SOURCE 定义；物性 UDFs 用宏 DEFINE_PROPERTY 定义，可用来定义物质的物理性质，例如，可以定义依赖于温度的黏性系数；对反应速率 UDFs，分别用宏 DEFINE_SR_RATE 和 DEFINE_VR_RATE 来定义表面或体积反应的反应速率；UDFs 还可以对任意用户自定义标量的输运方程进行初始化，定义壁面热流量，或计算存贮变量值（用户自定义标量或用户自定义内存量）使之用于后处理。

UDFs 有着非常广泛的应用，本书不再一一叙述。

2. 动画输出功能

Fluent 可以将动画文件以 MPEG 格式输出，也可以选择其他的图形格式，包括 TIFF 和 PostScript 格式。

要选择保存为 MPEG 格式文件，应在“Playback”对话框的 Write/Record Format 下拉列表中选择，并点击 Write 按钮。MPEG 格式文件将保存在当前工作目录下，并可用 MPEG 播放软件进行播放（Windows 多媒体播放器等）。

本节利用 Fluent 动态功能特性，对拉法尔喷管进行了计算，并利用 Fluent 动态输出功能进行了过程重现。

课后练习：

若出口处的压强不变，使入口压强呈动态变化，重新计算。

8.4 三角翼外部绕流的数值模拟

问题描述：

三角翼的形状尺寸如图 8.206 所示。空气自无穷远以马赫数 0.9 和攻角 5°绕流此三角翼，研究空气绕流此三角翼的流动情况。

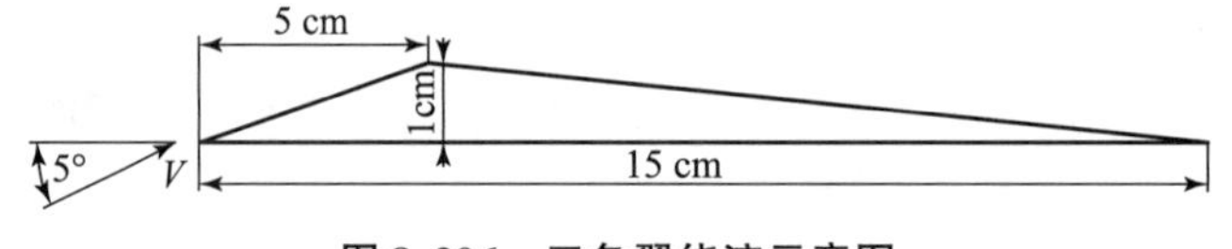

图 8.206 三角翼绕流示意图

求解的是空气有攻角绕流三角翼并发生边界层分离现象的问题。这是一个跨声速问题，求解中用了 Spalart - Allmaras 湍流模型。本部分涉及以下几条。

（1）对可压缩流动建模（密度使用理想气体定律）。

（2）对外部绕流设置无穷远边界条件。

（3）使用 Spalart - Allmaras 湍流模型。

（4）使用耦合隐式求解器进行求解计算。

（5）使用力和表面点监视器检查解的收敛性。

（6）通过 y^+ 分布曲线检查网格的方法。

（7）对三角翼壁面上的受力情况进行后处理的几种方法。

8.4.1　利用 Gambit 建立计算模型

第 1 步：启动 Gambit，并选择求解器为 Fluent 5/6

第 2 步：创建节点

（1）创建坐标网格。

操作：TOOLS →COORDINATE SYSTEM →DISPLAY GRID

打开“Display Grid”设置对话框。设置 X 的范围：－10～30；Y 的范围：－5～10。

（2）用 Ctrl＋鼠标右键依次点击 A～J 各点（各点的坐标已标明），结果如图 8.207 所示。

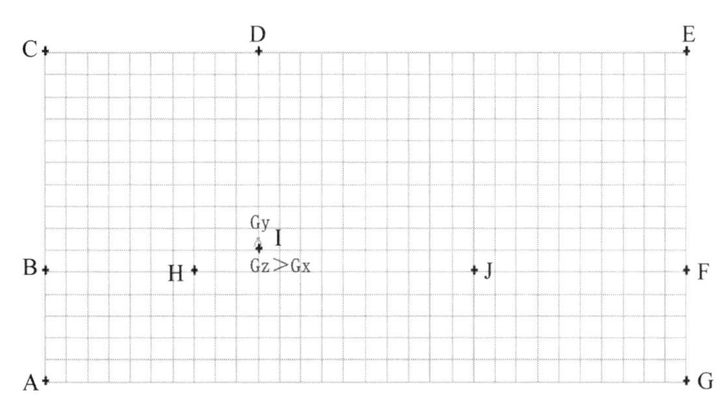

图 8.207　设置节点

（3）关闭坐标网格的显示功能。

第 3 步：由节点连成线

操作：GEOMETRY →EDGE →CREATE EDGE

弹出“Create Straight Edge”对话框，如图 8.208 所示。

1. 创建由 A、B、C、D、E、F、G 各节点连接而成的直线

（1）点击 Vertices 右侧区域。

（2）Shift＋鼠标左键，点击 A、B、C、D、E、F、G 点。

（3）保留其他默认设置，点击 Apply 按钮。

（4）Shift＋鼠标左键，点击 G、A 点；点击 Apply 按钮。

2. 创建三角翼的边线

（1）Shift＋鼠标左键，点击 H、I、J 点，点击 Apply 按钮。

（2）Shift＋鼠标左键，点击 H，J 点，点击 Apply 按钮。

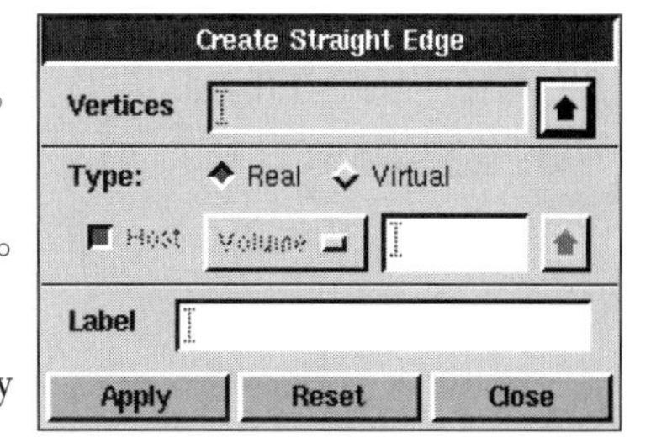

图 8.208　创建直线对话框 4

3. 创建其他线段

（1）Shift＋鼠标左键，点击 B、H 点，点击 Apply 按钮。

（2）Shift＋鼠标左键，点击 J、F 点，点击 Apply 按钮。

（3）Shift＋鼠标左键，点击 I、D，点击 Apply 按钮。结果如图 8.209 所示。

第4步：由边线创建面

操作：GEOMETRY →FACE →FORM FACE

弹出“Create Face from Wireframe”对话框，如图8.210所示。

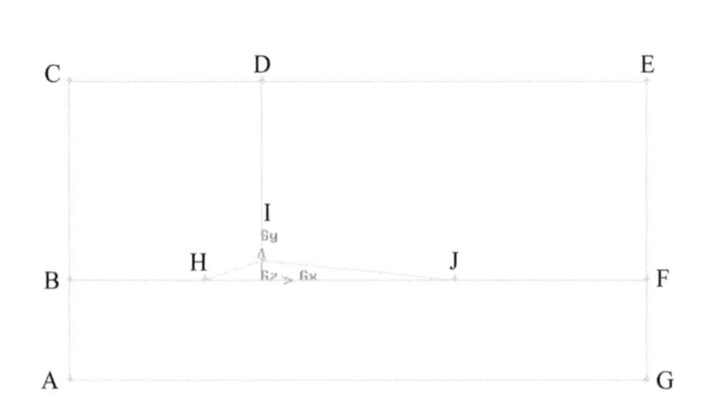

图8.209　三角翼及外部边线

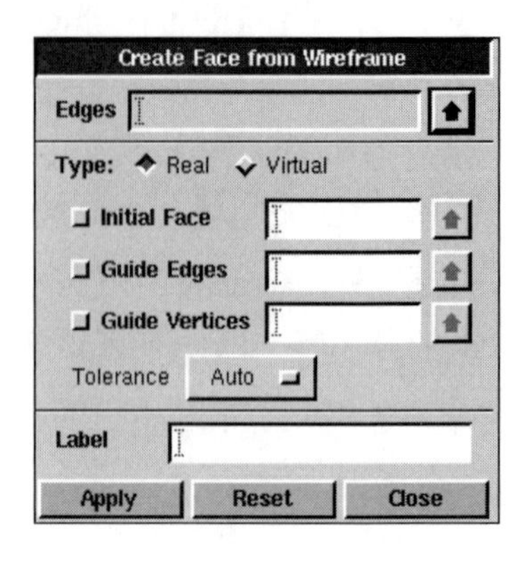

图8.210　创建面对话框4

1. 创建由BC、CD、DI、IH、HB组成的面

（1）点击Edges右侧的区域。

（2）Shift+鼠标左键，依次点击线段BC、CD、DI、IH、HB。

（3）保留其他默认设置，点击Apply。

2. 创建由DE、EF、FJ、JI、ID组成的面

（1）Shift+鼠标左键，依次点击线DE、EF、FJ、JI、ID。

（2）点击Apply。

3. 创建由AB、BH、HJ、JF、FG、GA组成的面

（1）Shift+鼠标左键，依次点击线AB、BH、HJ、JF、FG、GA。

（2）点击Apply。

第5步：创建网格

操作：MESH →EDGE →MESH EDGES ；

弹出“Mesh Edges”设置对话框，如图8.211所示。

1. 创建由BC、CD、DI、IH、HB组成的面的网格

（1）设置BH边上的节点分布。

①点击Edges右侧区域。

②Shift+鼠标左键，点击BH边。

注意：线上红色的箭头应由H指向B，可用Shift+鼠标中键改变方向。

③在Ratio右侧文本框内填入节点距离比例1.1。

④在Spacing下面区域内填入节点的最小间隔0.1。

⑤保留其他默认设置，点击Apply。

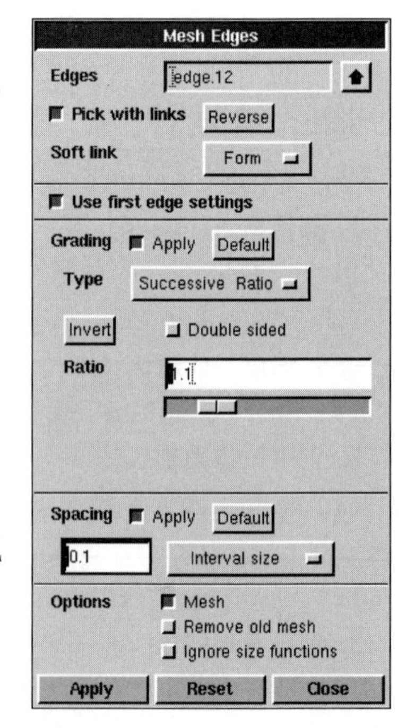

图8.211　边线网格节点设置对话框

（2）设置 DI 边上的节点分布。

①Shift + 鼠标左键，点击 DI 边。

②在 Ratio 右侧文本框内填入节点距离比例 1.1。

③在 Spacing 下面区域内填入节点间隔 0.1。

④点击 Apply 按钮。

（3）设置 HI 边上的节点分布。

①Shift + 鼠标左键，点击 HI 边。

②在 Ratio 右侧文本框内填入节点距离比例 1。

③在 Spacing 下面区域内填入节点的最小间隔 0.1。

④点击 Apply 按钮。

（4）创建 BCDIH 面上的网格。

操作：MESH →FACE →MESH FACES ；

弹出“Mesh Faces”设置对话框，如图 8.212 所示。

①点击 Faces 右侧区域。

②Shift + 鼠标左键，点击 BCDIH 面上的边线。

③保留其他默认设置，点击 Apply 按钮。

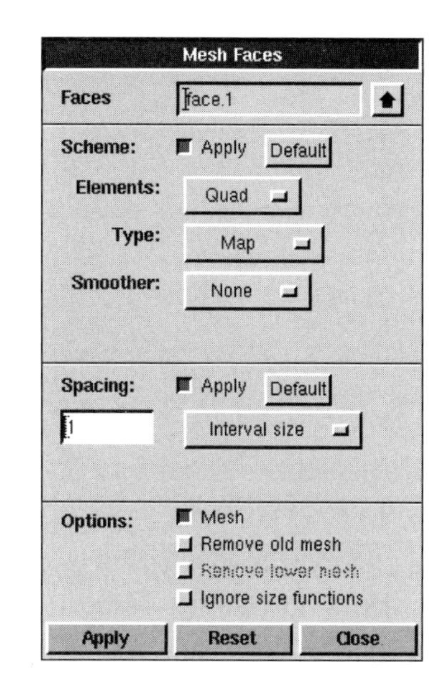

图 8.212 面网格设置对话框 2

2. 创建由 DE、EF、FJ、JI、ID 组成的面的网格

（1）设置 JI 线上的节点分布。

操作与上面所述步骤相同，打开“Mesh Edges”对话框，在 Edges 项用 Shift + 鼠标左键选择 JI 线，在 Ratio 项填入 1，在 Spacing 项填入 0.1，点击 Apply 按钮。

（2）设置 JF 线上的节点分布。

操作与上面所述步骤相同，打开“Mesh Edges”对话框，在 Edges 项用 Shift + 鼠标左键选择 JF 线，在 Ratio 项填入 1，在 Spacing 项填入 0.1，点击 Apply 按钮。

（3）创建 DIJFE 面上的网格。

操作与上面所述步骤相同，打开“Mesh Faces”对话框，在 Faces 用 Shift + 鼠标左键选择 face.2，点击 Apply 按钮。

3. 创建由 AB、BH、HJ、JF、FG 组成的面的网格

（1）设置 AB 线上的节点分布。

打开“Mesh Edges”对话框，在 Edges 项用 Shift + 鼠标左键选择 AB 线，在 Ratio 项填入 1，在 Spacing 项填入 0.1，点击 Apply 按钮。

（2）设置 HJ 线上的节点分布。

打开“Mesh Edges”对话框，在 Edges 项用 Shift + 鼠标左键选择 HJ 线，在 Ratio 项填入 1，在 Spacing 项填入 1.1，点击 Apply 按钮。

（3）打开“Mesh Edges”对话框，在 Faces 项用 Shift + 鼠标左键选择 face.3，点击 Apply 按钮。

所创建的网格划分如图 8.213 所示。

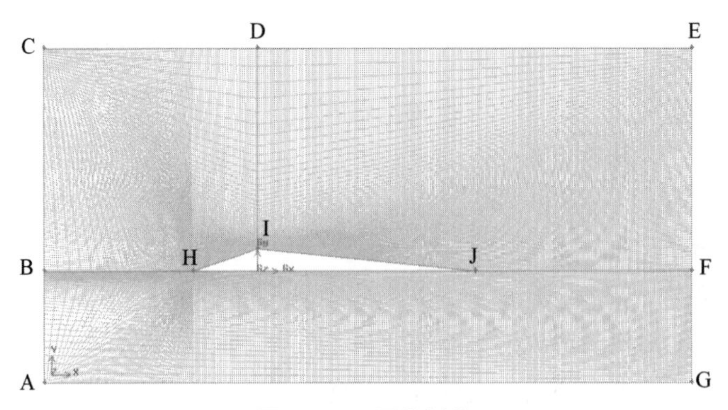

图 8.213　网格划分

4. 关闭网格显示

第 6 步：设置边界类型

操作：ZONES →SPECIFY BOUNDARY TYPES

弹出“Specify Boundary Types”对话框，如图 8.214 所示。

边界条件的设置如表 8.8 所示。

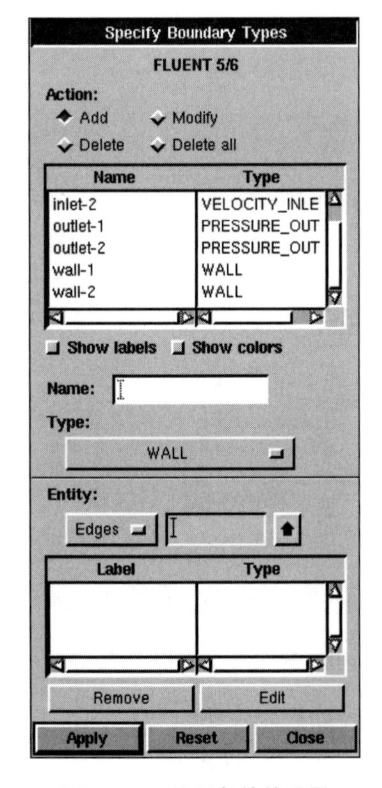

图 8.214　边界条件的设置

表 8.8　边界条件的设置

边界名称	边界类型	组成边线
Inlet－1	Velocity－inlet	AB、BC
Inlet－1	Velocity－inlet	AG
Outlet－1	Pressure－outlet	CD、DE
Outlet－2	Pressure－outlet	EF、FG
Wall－1	wall	HI、IJ
Wall－2	wall	HJ

第 7 步：输出网格文件

操作：File→export→mesh...

打开“Export Mesh File”对话框，如图 8.215 所示。

（1）在 File Name 项输入 default_id8588. msh。

（2）选取 Export 2 - D(X - Y) Mesh。

（3）点击 Accept 按钮。

8.4.2　利用 Fluent 进行仿真计算

第 1 步：启动 Fluent 2D 求解器并读入网格文件

操作：File→Read→Case...

在工作目录下选择网格文件 tri - wing. msh。

第 2 步：确定长度单位与网格检查

1. 确定长度单位

操作：Grid→Scale...

弹出“Scale Grid”设置对话框，如图 8. 216 所示。

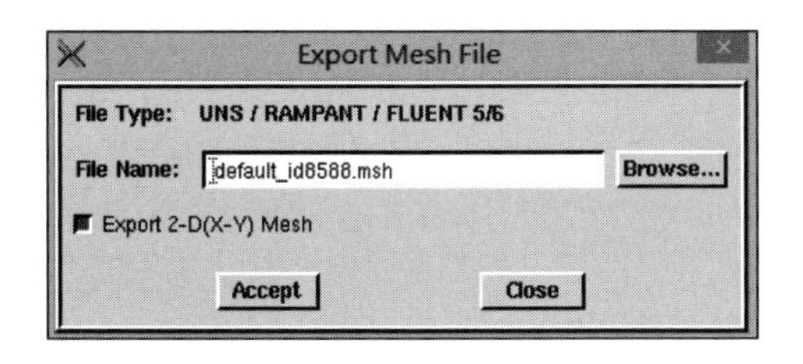

图 8. 215　网格文件输出对话框

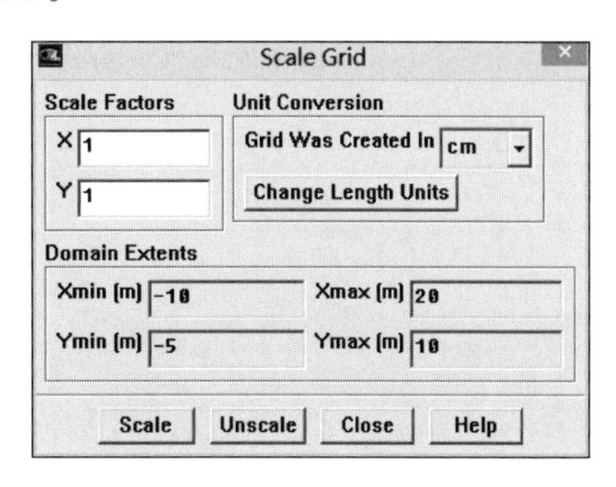

图 8. 216　长度单位设置对话框

（1）在 Grid Was Created In 右侧下拉列表中选择长度单位 cm。

（2）点击 Change Length Units。

（3）点击 Scale 按钮，点击 Close 按钮。

注意：长度单位用 cm。

2. 网格检查

操作：Grid →Check

这一步要特别注意保证最小面积为正值。

3. 显示网格图形

操作：Display→Grid...

（1）保留其他默认设置，在弹出网格显示对话框中点击 Display 按钮，则计算区域网格如图 8. 217所示。

（2）使用鼠标中键局部放大图形。

移动鼠标到方框的左上角；按住鼠标中键并将鼠标拖到方框的右下角；松开鼠标按键，则方框部分图形将被放大。局部放大后的网格如图 8. 218 所示。

注意：

（1）反向操作，将使图形缩小。

（2）按住鼠标左键移动鼠标，可移动图形。

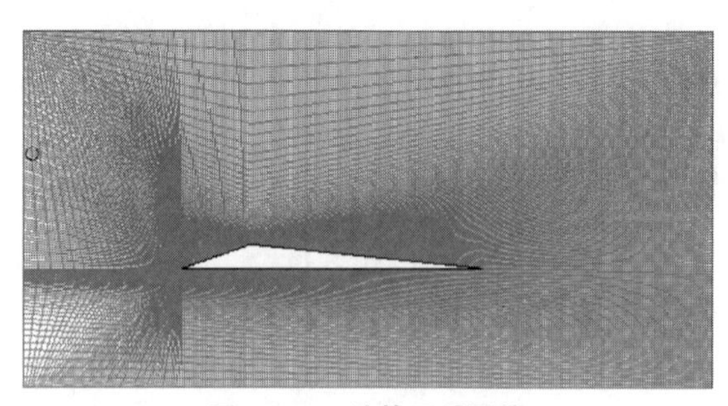

图 8.217　计算区域网格

第 3 步：建立计算模型

1. 选择耦合、隐式求解器

操作：Define→Models→Solver...

打开“Solver”设置对话框，如图 8.219 所示。

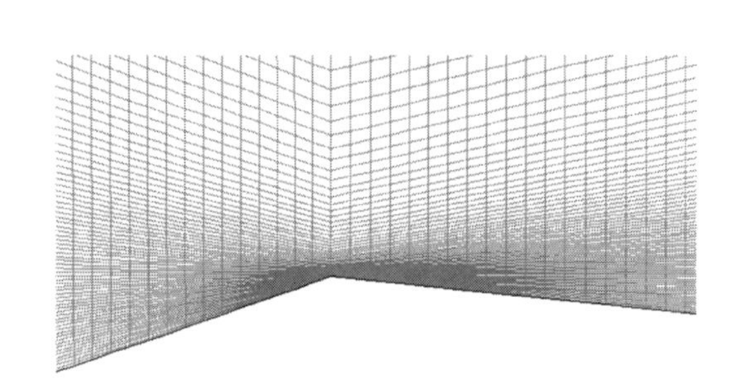

图 8.218　局部放大后的网格

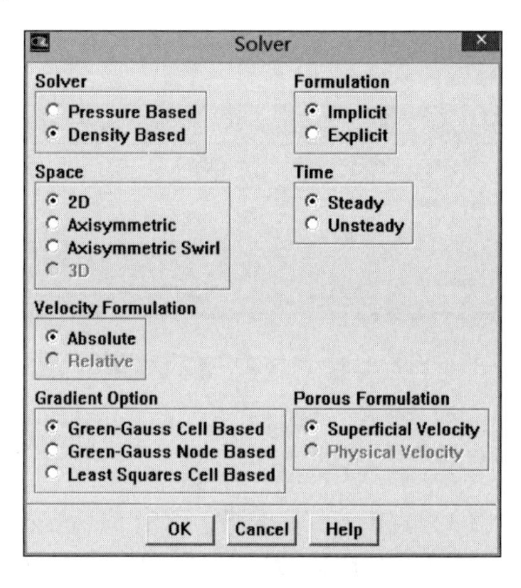

图 8.219　求解器设置对话框 5

（1）在 Solver 项选择 Density Based。

（2）在 Formulation 项选择 Implicit。

（3）保留其他默认设置，点击 OK 按钮。

注意：在处理高速空气动力学问题时，常采用耦合的求解器。隐式求解器比显式求解器收敛速度快，但会占用更多的内存。对于二维流动（2D）情形，网格节点数量较少，故内存容量一般不是问题。

2. 选择热传导能量方程求解

操作：Energy→Models→Energy...

打开“Energy”设置对话框，如图 8.220 所示。

（1）选择 Energy Equation。

（2）点击 OK 按钮，关闭对话框。

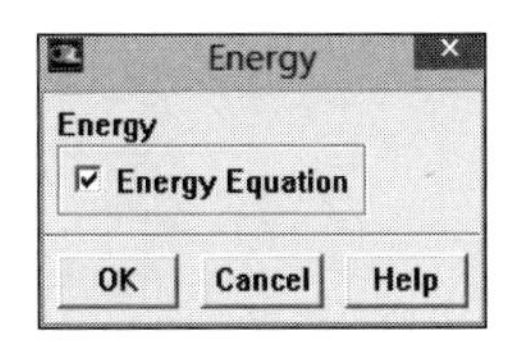

图 8.220　能量方程对话框

3. 选择 Spalart－Allmaras 湍流模型

操作：Define→Models →Viscous...

打开“Viscous Model”设置对话框，如图 8.221 所示。

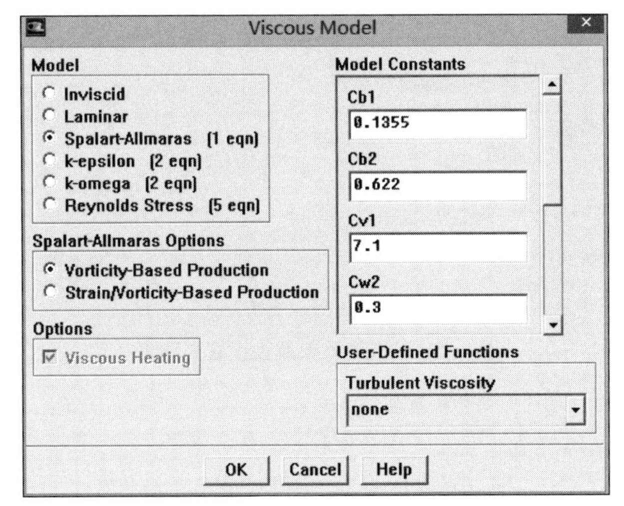

图 8.221　湍流模型设置对话框

（1）在 Model 项选择 Spalart－Allmaras。

（2）保留其他默认设置，点击 OK 按钮。

注意：Spalart－Allmaras 湍流模型是一个相对简单的一方程模型，用于求解模型化了的（高雷诺数区域）运动涡（湍流）黏度传输方程，是一类较新型的一方程模型。Spalart－Allmaras 模型是专门用于处理具有壁面边界的空气流动问题的，对于在边界层中具有逆向压力梯度问题，计算结果证明非常有效。

第 4 步：设置流体材料属性

计算默认的流体材料是空气，这也是本问题的工作流体。考虑到压缩性以及热物理特性随温度的变化，默认的设置需进行修改。

操作：Define →Materials...

打开“Materials”设置对话框，如图 8.222 所示。

（1）在 Density 下拉列表中选择 ideal－gas。

（2）在 Viscosity 下拉列表中选择 sutherland。

弹出“Sutherland Law”设置对话框，如图 8.223 所示，保留其他默认设置，点击 OK 按钮。

气体黏度的 Sutherland 定律非常适用于高速可压缩流动。

（3）在图 8.222 中，点击 Change/Create 按钮保存设置，点击 Close 按钮关闭对话框。

注意：当设置密度、黏度均与温度有关时，C_p 和热传导率就不是常数了。对于高速可压缩流动，一般来说都要考虑流体物理属性对热的依赖性。对于本问题，由于温度梯度很小，设 C_p 和热传导率为常数的计算精度是可以接受的。

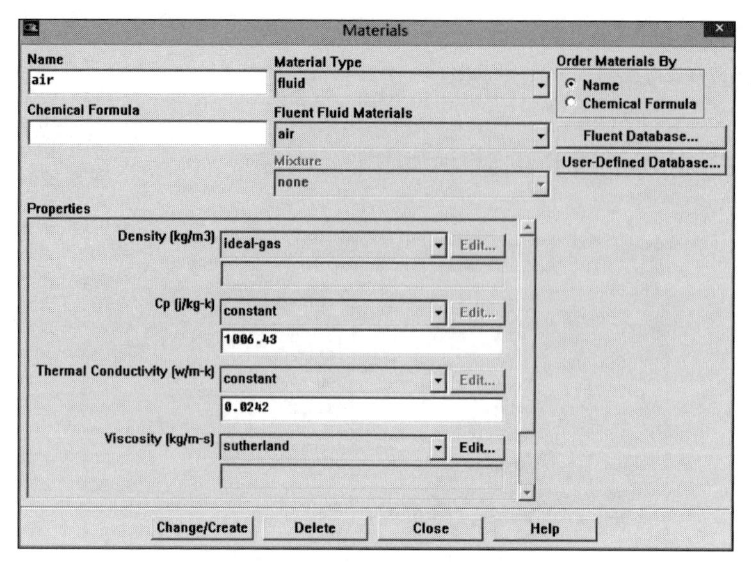

图 8.222　流体材料属性设置对话框

第 5 步：设置工作压强

设置工作压强为 0 Pa。

操作：Define →Operating Conditions...

打开“Operating Conditions”设置对话框，如图 8.224 所示。

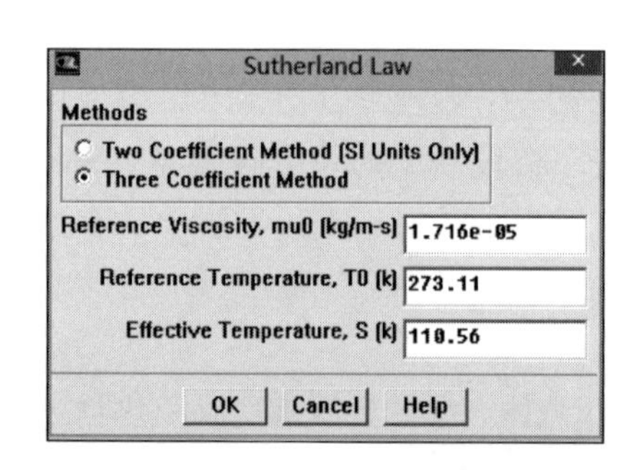

图 8.223　Sutherland 定律设置对话框

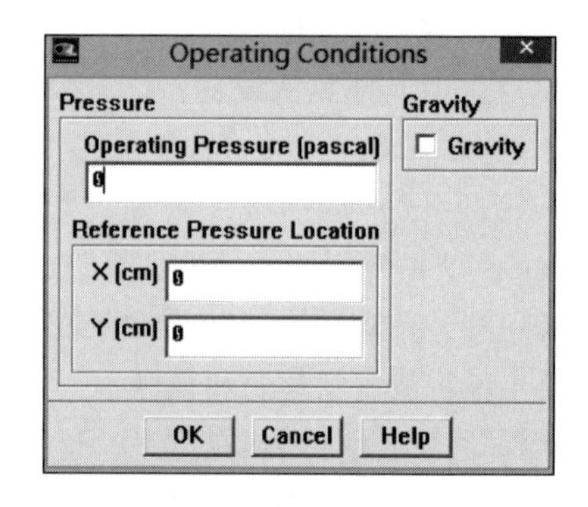

图 8.224　工作压强设置对话框

注意：对于马赫数大于 0.1 的流动，应取工作压强为 0 Pa。

第 6 步：设置边界条件

操作：Define→Boundary Conditions...

弹出边界类型设置对话框，如图 8.225 所示。

（1）将边界 inlet – 1 改为 pressure – far – field 类型并进行设置。

①在 Zone 列表中选择 inlet – 1。

②在 Type 列表中选择 pressure – far – field。

③点击 Set...，打开“Pressure Far – Field”设置对话框，如图 8.226 所示。

在 Gauge Pressure 项填入大气压值 101 325。

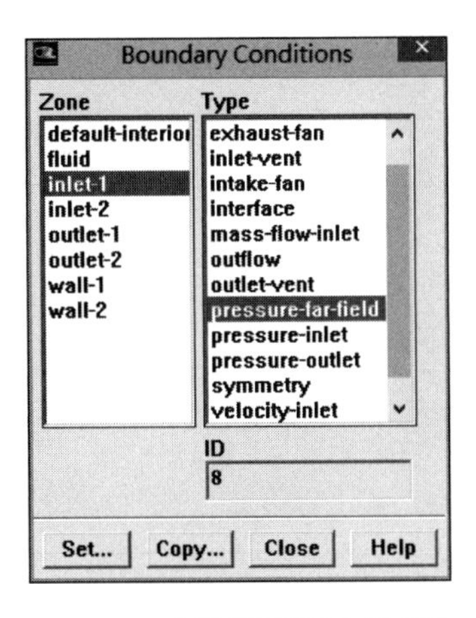

图 8.225　边界类型设置对话框 5

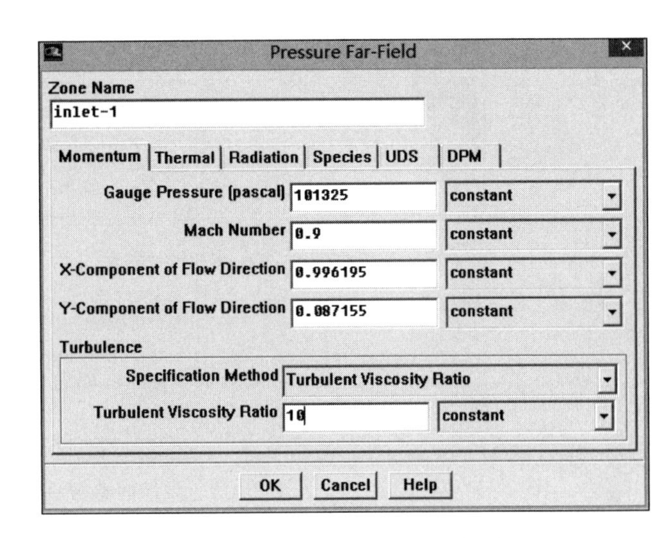

图 8.226　无穷远流场设置对话框

在 Mach Number 项填入来流马赫数 0.9。

在 X－Component of Flow Direction 项填入 0.996 195。

在 Y－Component of Flow Direction 项填入 0.087 155。

注意：流动方向的 X 轴和 Y 轴分量的设置是由于攻角（5°）的余弦为 0.996 195，攻角（5°）的正弦为 0.087 155。

在 Turbulence 中的 Specification Methed 表中选择 Turbulent Viscosity Ratio。

在 Turbulent Viscosity Ratio 项填入 10。

注意：对于外部绕流，选择黏性比（viscosity ratio）在 0～10 之间。

点击 OK 按钮。

（2）将所有其他外边界 inlet－2、outlet－2 的类型都改为 pressure－far－field 类型，并都进行类似的设置。

（3）点击 Close 按钮，关闭“Boundary Conditions”对话框。

第 7 步：利用求解器进行求解

1. 设置求解器参数

操作：Solve→Controls →Solution...

打开“Solution Controls”设置对话框，如图 8.227 所示。

（1）在 Under－Relaxation Factors 项设置 Modified Turbulent Viscosity 值为 0.9。

注意：较大（接近于 1）的松弛因子会使收敛加快，也会增大解的不稳定性，为此需要降低松弛因子。

（2）在 Solver Parameters 项设置 Courant Number 为 5。

（3）在 Discretization 项，Modified Turbulent Viscosity 项选择 Second Order Upwind。

对于求解边界层问题和激波问题，二阶差分方法比一阶差分方法具有更高的精度。

（4）点击 OK 按钮。

2. 打开残差监视器

操作：Solve→Monitors→Residual...

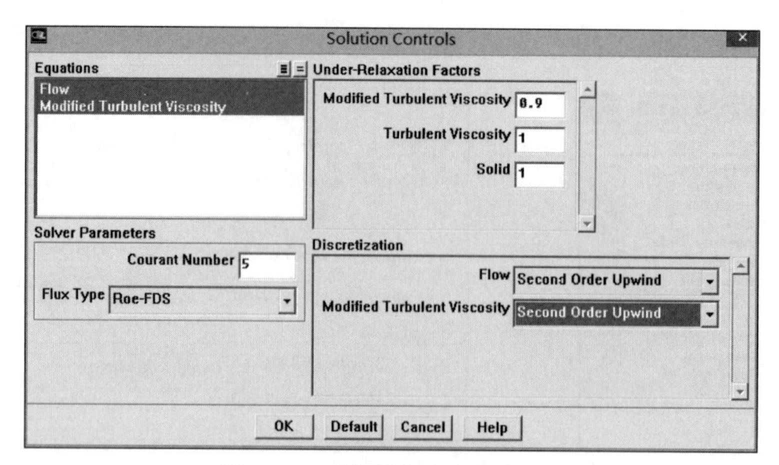

图 8.227　求解器参数设置对话框

打开“Residual Monitors”设置对话框，如图 8.228 所示。

（1）在 Options 项选择 Plot，输出曲线图。

（2）保留其他默认设置，点击 OK 按钮，关闭对话框。

3. 求解初始化

操作：Solver→Initialize→Initialize...

打开“Solution Initialization”设置对话框，如图 8.229 所示。

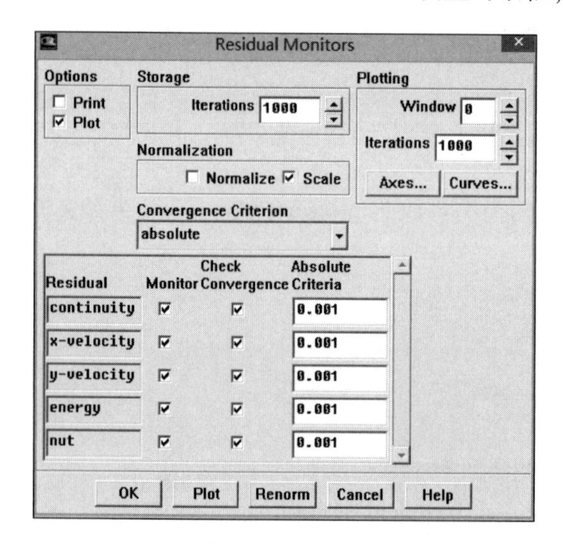

图 8.228　残差监视器设置对话框

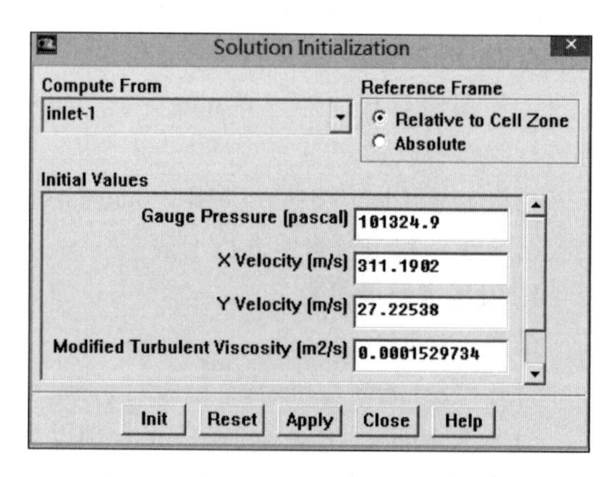

图 8.229　流场初始化设置对话框

（1）在 Compute From 下拉列表中选择 inlet－1。

（2）点击 Init 初始化，点击 Close 按钮关闭对话框。

利用阻力、升力和力矩系数来监测解的收敛性，需要进行迭代计算到这些系数均收敛为止。对于刚开始的几次迭代计算，解的结果是波动的，这些系数的值也是无规则的。这使得曲线图中 y 轴的范围比较大。为此，可先进行较少的迭代计算，然后再对监视器进行设置。由于阻力、升力和力矩系数是全局变量，即使从这一次迭代计算到下一次迭代计算中某些点上的值还有变化，它们也会收敛。为了监测这些变化，可在具有明显变动的区域创建监测点，并监测表面摩擦系数的值。在对监视器进行设置后，就可以继续进行计算了。

4. 进行 100 次迭代计算

操作：Solve→Iterate...

在 Iterate Number 内填入 100，点击 Iterate 按钮。

100 次迭代后的压强分布如图 8.230 所示。

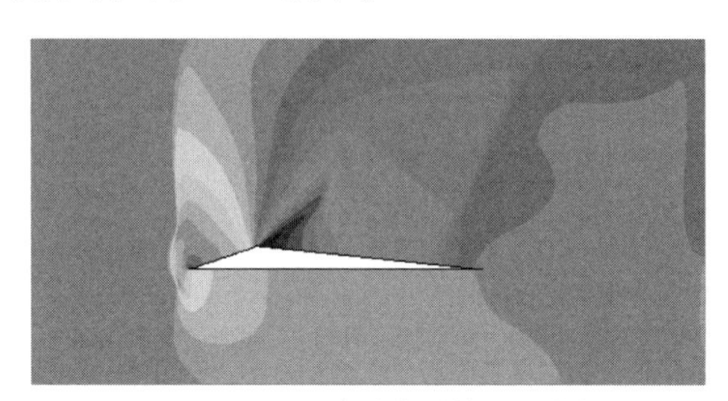

图 8.230　100 次迭代后的压强分布

5. 增加 Courant number 的值到 20

操作：Solve→Controls →Solution...

在 Solver Parameters 项设置 Courant Number 为 20。

在解达到比较稳定的情况下，较大的 Courant 数会使解收敛得较快。由于已经进行了若干次迭代计算，解也是稳定的，故可以尝试增大 Courant 数来加速解的收敛。若此时残差无限制地增加，就应减少 Courant 数，再读入以前的 data 文件重新计算。

6. 设置对 lift（升力）、drag（阻力）和 moment 系数的监测

操作：Solve→Monitors→Force...

打开“Force Monitors”设置对话框，如图 8.231 所示。

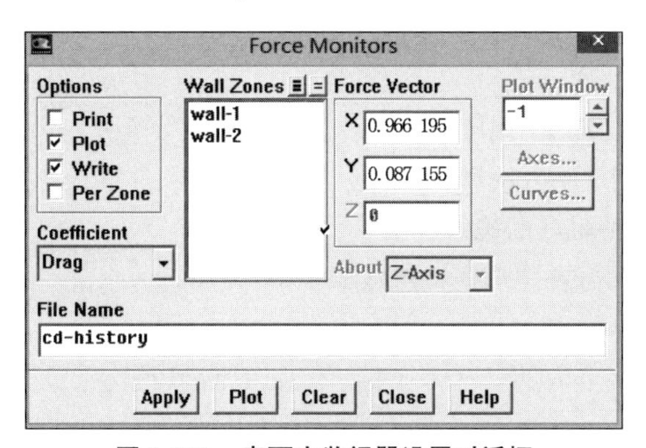

图 8.231　表面力监视器设置对话框

（1）在 Coefficient 项选择 Drag。

（2）在 Wall Zones 列表中选择 wall－1 和 wall－2。

（3）在 Force Vector 项，X＝0.996 195，Y＝0.087 155。

注意：这些数值的设置是为了确保阻力和升力分别与来流平行和垂直。

(4) 在 Options 项选择 Plot 和 Write。

(5) 在 File Name 项保留默认文件名 cd – history。

(6) 点击 Apply 按钮。

(7) 对于 lift 重复上述步骤：在 Coefficient 项选择 Lift；设置 X = 0.087 155，Y = 0.996 195。

保留默认文件名 cl – history；点击 Apply 按钮。

(8) 对于 moment 重复上述步骤，在 Force Vector 下设置 X = 2.5，Y = 0.333；保留默认文件名 cm – history。

7. 设置用于计算升力、阻力和力矩系数的参考值

参考值是用于对作用在三角翼上的力进行无量纲化的。无量纲力和力矩为升力、阻力和力矩系数。

操作：Report→Reference Values

打开"Reference Values"设置对话框，如图 8.232 所示。

(1) 在 Compute From 下拉列表中，选择 inlet – 1。

(2) 点击 OK 按钮。

Fluent 会根据边界条件修正参考值。

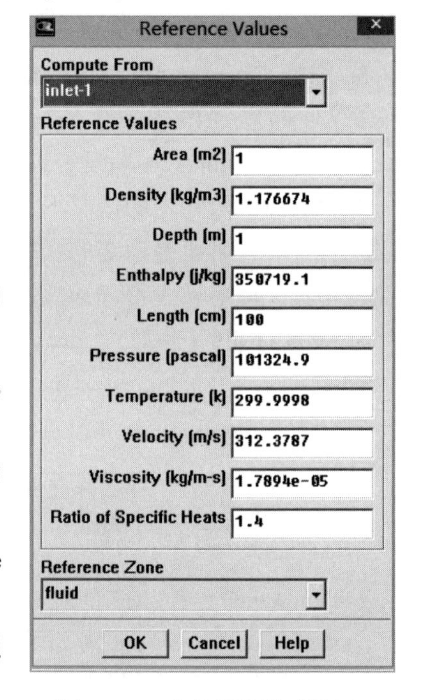

图 8.232　参考值设置对话框 3

8. 定义一个监视器跟踪上表面某点处的摩擦系数

(1) 显示压力分布图。

操作：Display→Contours...

在 Option 项选择 Filled；点击 Display 按钮；将三角翼上尖点附近区域放大，明显看到压强变化非常大。

(2) 在三角翼上表面压力变化大的地方创建一个点。

操作：Surface→Point...

打开"Point Surface"设置对话框，如图 8.233 所示。

在 Coordinates 下，设置 x0 = 0，y0 = 0；点击 Create 创建点（point – 7）；点击 Close 按钮。

注意：这里应给出表面点的确切位置。为选择理想的点并确定其坐标位置，可在图形窗口进行如下操作。

①用鼠标点击所选择的点。

②移动鼠标到任意一个内部点（一个接近上表面的单元）。

③右击。

④点击 Create 按钮创建表面点。

(3) 为所创建的点创建一个表面监视器。

操作：Solve →Monitors →Surface...

打开"Surface Monitors"对话框，如图 8.234 所示。

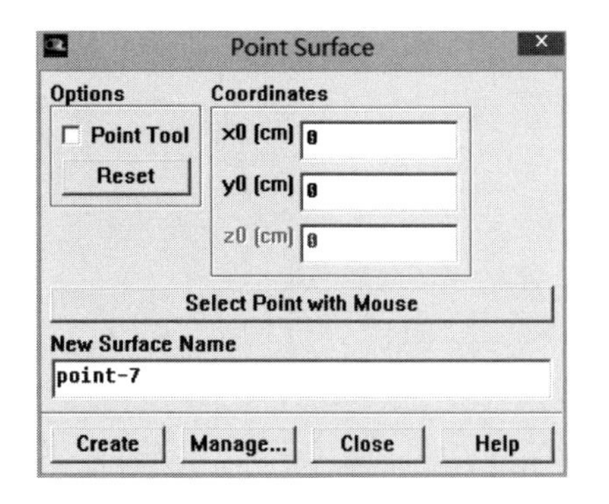

图 8.233　表面点设置对话框

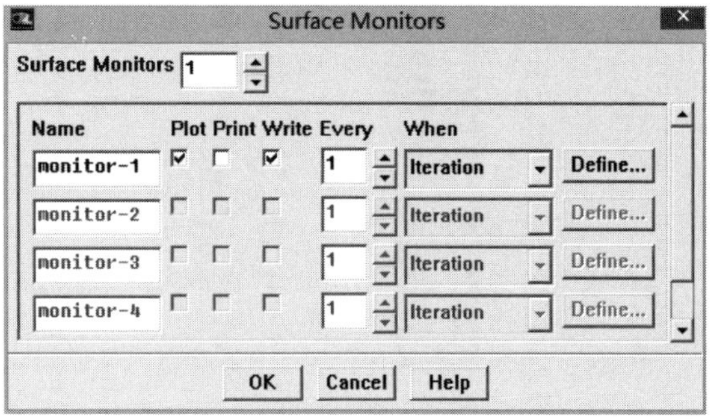

图 8.234　表面监视器对话框

①Surface Monitors 增加到 1。

②选择 monitor－1 右边的 Plot 和 Write。

③点击 Define...，打开监视器设置对话框，如图 8.235 所示。

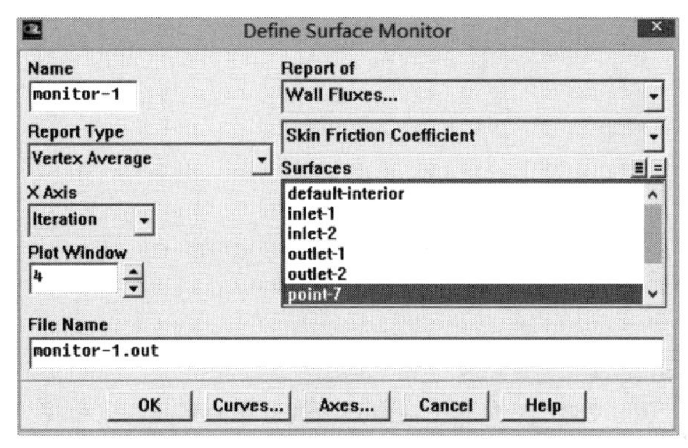

图 8.235　表面监视器设置对话框

④在 Report of 项选择 Wall Fluxes... 和 Skin Friction Coefficient。

⑤在 Surfaces 列表中选择 point－7。

⑥在 Report Type 下拉列表中选择 Vertex Average。

⑦Plot Window 增加到 4。

⑧确认 monitor－1. out 为 File Name（输出文件名）。

⑨点击 OK 按钮。

9. 保存设置文件（. case）

操作：File→Write→Case...

10. 继续进行 200 次迭代计算

操作：Solve→Iterate...

当迭代次数达到 263 时，计算已经收敛，收敛时的残差曲线如图 8. 236 所示。

三角翼上尖点处的表面摩擦系数变化曲线如图 8. 237 所示。

尽管残差曲线显示计算收敛了，但三角翼的表面摩擦系数以及升力曲线和阻力曲线表明还没有达到稳定状态，还需进一步进行迭代计算。

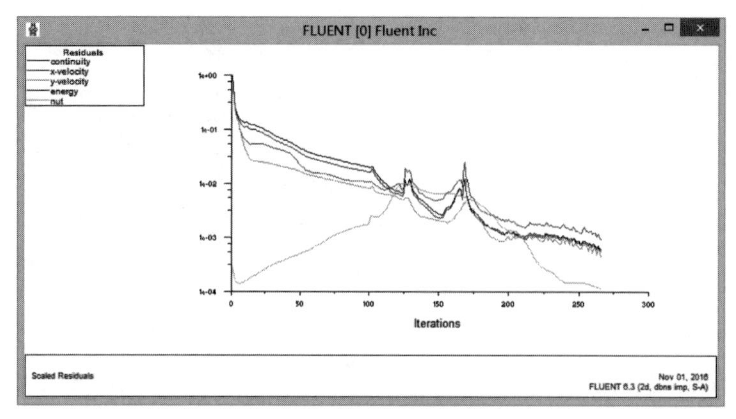

图 8.236　收敛时的残差曲线

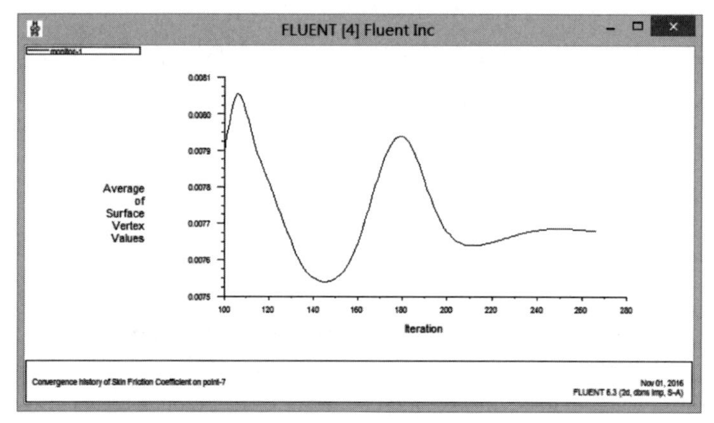

图 8.237　三角翼上尖点处的表面摩擦系数变化曲线

11. 修正湍流黏性方程，降低收敛值，继续计算

操作：Solve→Monitors→Residual...

打开“Residual Monitors”设置对话框，如图 8.238 所示。

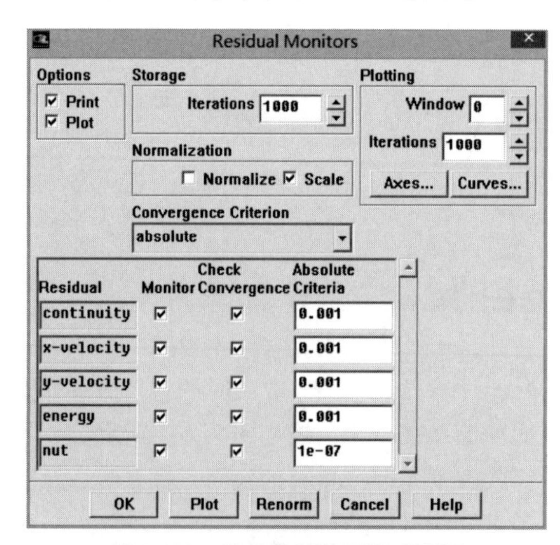

图 8.238　残差监视器设置对话框

设置 nut 的收敛值为：1e－07，点击 OK。

12. 继续进行 500 次迭代计算

再经过 500 次迭代计算后，力和表面摩擦系数监测曲线明显指出，计算已经基本上收敛了。如图 8.239～图 8.241 所示。

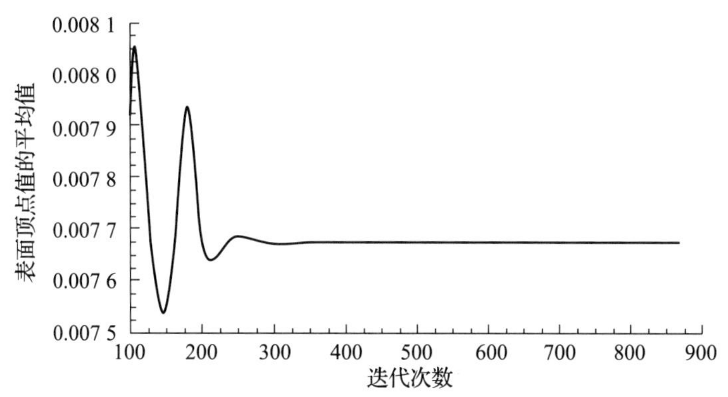

图 8.239　上尖点表面摩擦系数变化曲线

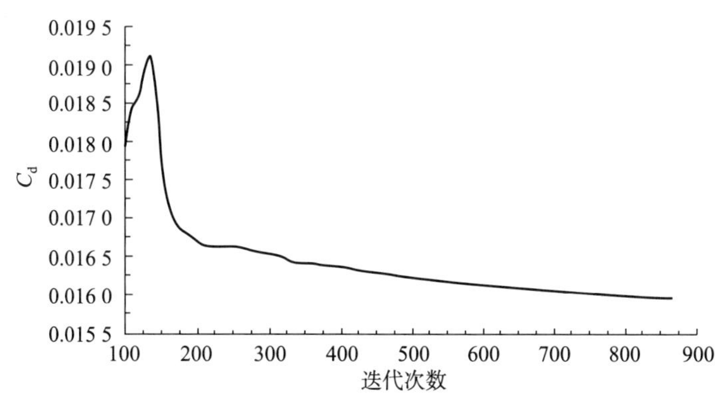

图 8.240　三角翼阻力变化曲线

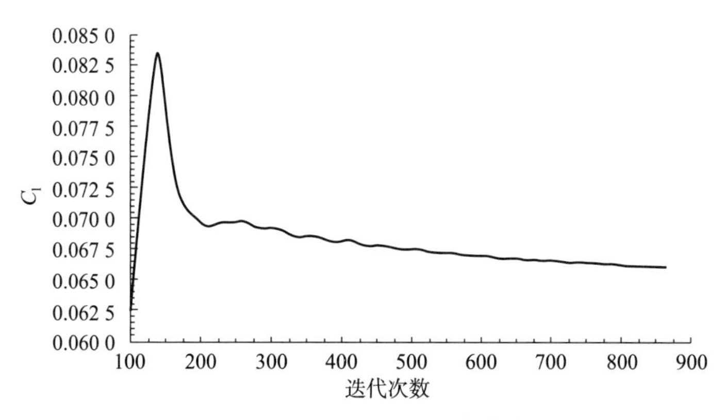

图 8.241　三角翼升力变化曲线

13. 保存文件（tri wing－com. dat 文件）

操作：File→Write→Data...

第 8 步：计算结果的后处理

1. 在三角翼上绘制 y + 分布曲线

操作：Plot→XY Plot

打开 XY 曲线图设置对话框，如图 8.242 所示。

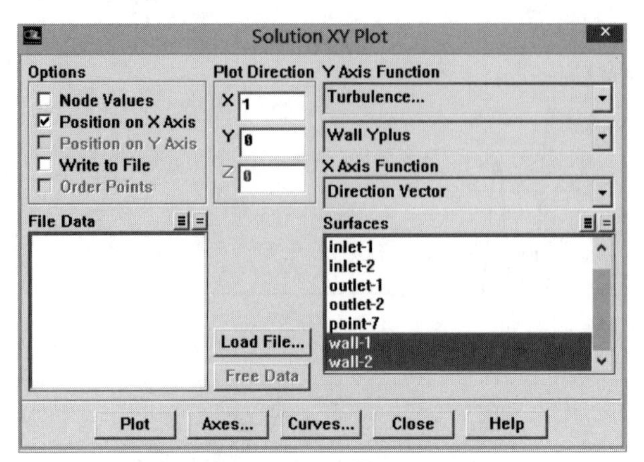

图 8.242　XY 曲线图设置对话框

（1）在 Y Axis Function 下选择 Turbulence... 和 Wall Yplus。

（2）在 Surfaces 下拉列表中选择 wall－1 和 wall－2。

（3）在 Options 项下选择 Node Values，点击 Plot 按钮。

得到三角翼上的 y^+ 分布曲线图，如图 8.243 所示。

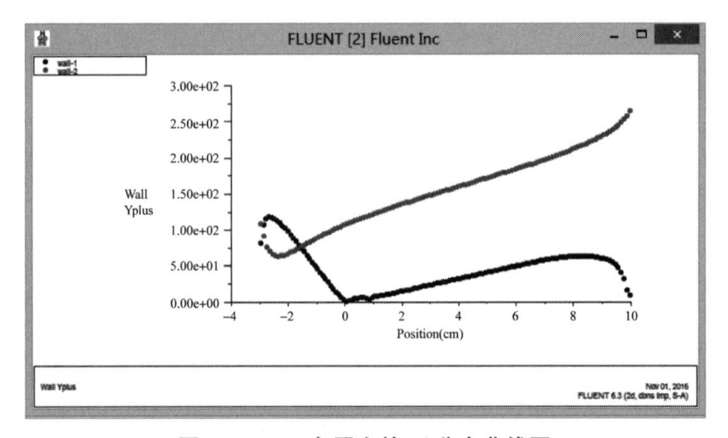

图 8.243　三角翼上的 y^+ 分布曲线图

壁面 y^+ 函数仅适用于对单一单元格的研究。y^+ 值依赖于网格的密度和流动的雷诺数，并且仅在边界层内部有意义。与壁面临近单元的 y^+ 值说明壁面切应力是怎样计算的。在使用 Spalart－Allmaras 模型时，应检查一下壁面附近单元的 y^+ 值，很小（如 $y^+=1$）或者接近 30 或更大都是合理的。

y^+ 值的表达式如下：

$$y^+=\frac{y}{\mu}\sqrt{\rho\tau_w}$$

式中，y 为单元中心到壁面的距离；μ 为空气的动力钻度；ρ 为空气的密度；τ_w 为壁面切应力。

图 8.343 中，除在三角翼上表面尖点附近区域外，y^+ 值都接近 30 或更大，所以求解问题的网格密度是可以接受的。(按说，在三角翼上表面尖点附近的网格应分解得更密一些才好)

2. 显示马赫数分布曲线

操作：Display→Contours...

(1) 在 Contours of 下选择 Velocity... 和 Mach Number。

(2) 在 Option 项选择 Draw Grid。

(3) 点击 Apply 按钮。

得到马赫数分布图，如图 8.244 所示。

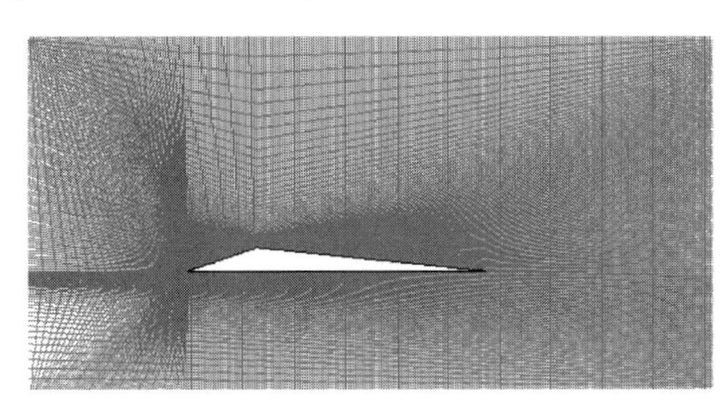

图 8.244　马赫数分布图

3. 绘制三角翼上下表面的压力分布图

操作：Plot→XY Plot...

打开 “Solution XY Plot” 设置对话框，如图 8.245 所示。

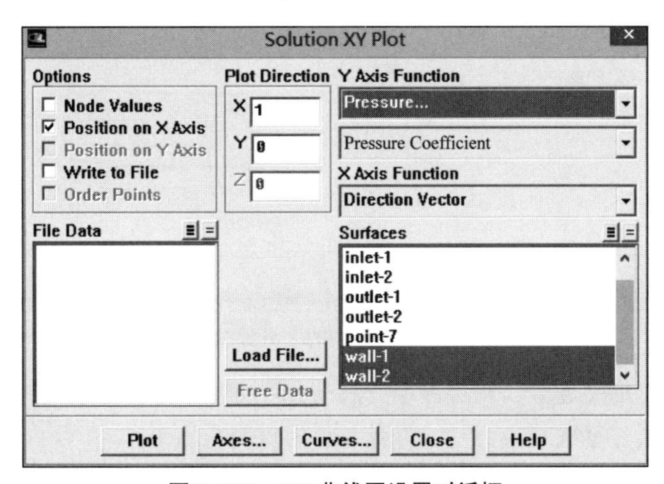

图 8.245　XY 曲线图设置对话框

(1) 在 Y Axis Function 项选择 Pressure... 和 Pressure Coefficient。

(2) 在 Surfaces 项选择 wall－1 和 wall－2。

(3) 保留其他默认设置，点击 Plot 按钮。

得到三角翼上的压力系数分布曲线图，如图 8.246 所示。

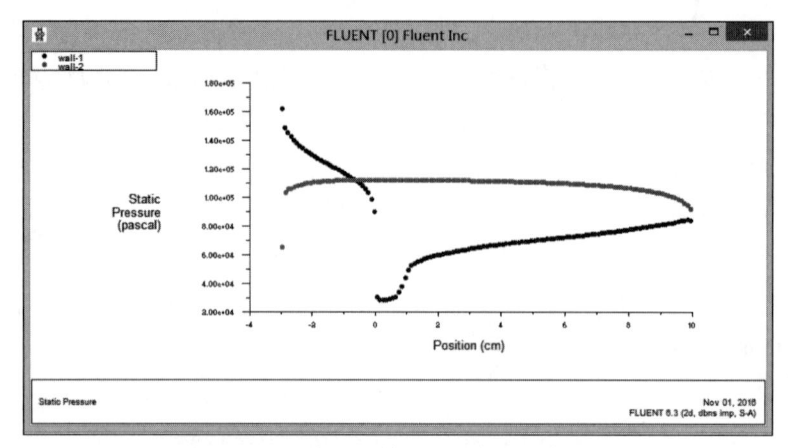

图 8.246　三角翼上的压力系数分布曲线图

4. 绘制三角翼表面上壁面切应力的 x 分量

操作：Plot→XY Plot...

打开“Solution XY Plot”设置对话框，如图 8.245 所示。

(1) 在 Y Axis Function 项选择 Wall Fluxes... 和 X－Wall Shear Stress。

(2) 其他项设置不变，点击 Plot 按钮。

得到下角翼上壁面切应力的 x 分量（图 8.247）。

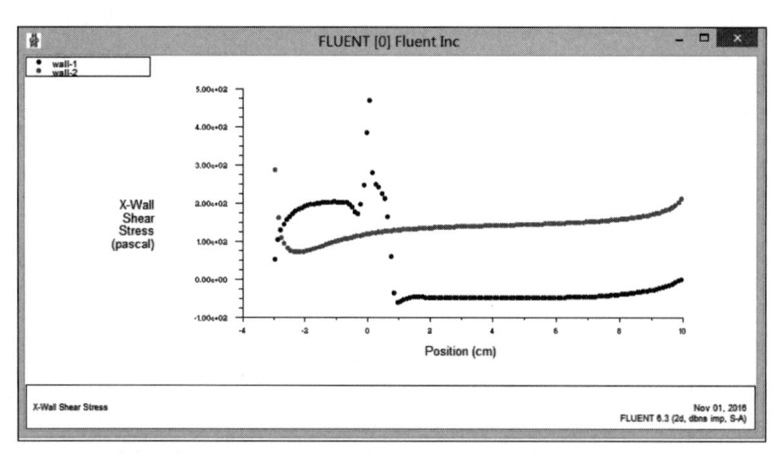

图 8.247　壁面切应力的 x 分量分布曲线图

注意：逆向压力梯度越大，则边界层分离得越严重，分离点就是壁面切应力消失的点。这里，逆向流动可通过壁面切应力的 x 分量是否为负值看出来。

5. 显示速度的 x 分量分布图

操作：Plot→XY Plot...

打开 XY 曲线图设置对话框。

(1) 在 Y Axis Function 项选择 Velocity... 和 X Velocity。

(2) 其他项设置不变，点击 Plot 按钮。

得到曲线图，如图 8.248 所示。

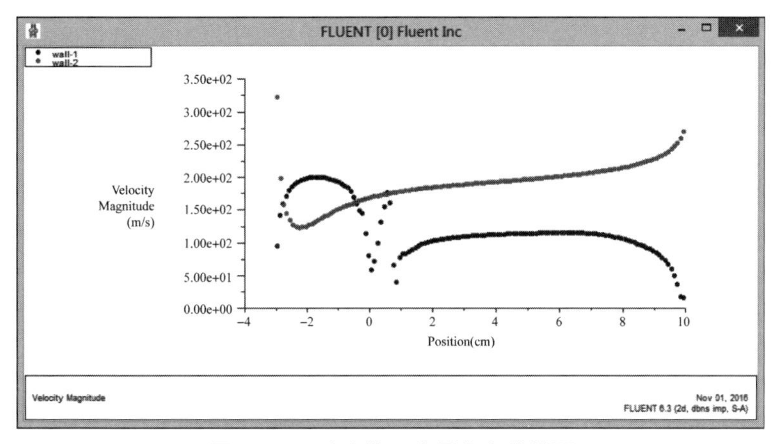

图 8. 248　速度的 x 分量分布曲线图

6. 绘制速度矢量图

操作：Display→Vectors...

增加 Scale 到 5，在 Style 项选择 arrow，点击 Display 按钮。

得到速度矢量图，如图 8. 249 所示。

利用 Shift + 鼠标中键，由左上到右下方画出一矩形区域，该操作会将该区域放大。放大后可明显看出逆向流动。

7. 显示压力分布图

操作：Display→Contours...

（1）在 Contours of 下选择 Pressure...　和 Static Pressure。

（2）点击 Display 按钮。

压力分布图如图 8. 250 所示。

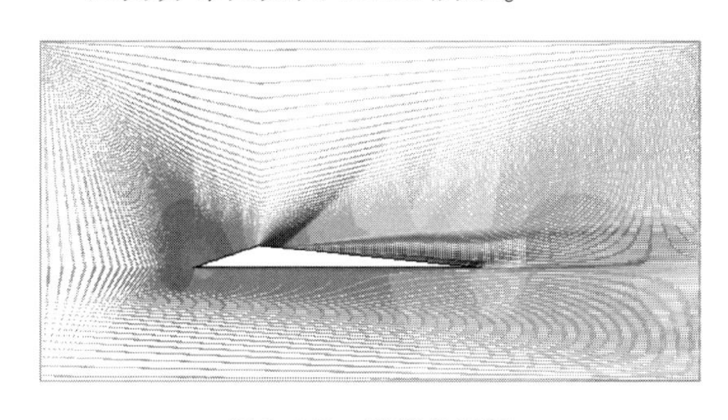

图 8. 249　速度矢量图

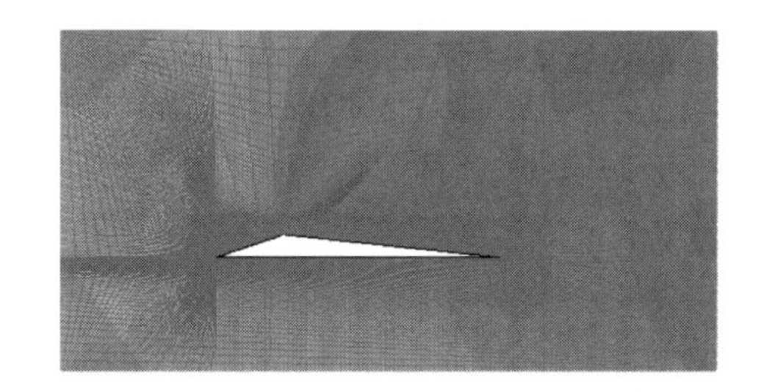

图 8. 250　压力分布图

小结

本部分说明了怎样建立并利用 Spalart – Allmaras 湍流模型求解外部绕流的空气动力学问题，同时还说明了怎样使用残差力和表面监视器监测求解结果收敛性。另外还使用了几种后处理工具对流动现象进行了分析。

课后练习：

1. 试用 $k - \varepsilon$ 湍流模型进行计算，并比较两者之间的计算结果。

2. 若将边界条件改为速度入流边界条件，结果会怎样？

8.5 不同雷诺数下绕圆柱流动

8.5.1 概述

当黏性流体绕过圆柱时，其流场的特性随着 Re 变化。当 $1<Re<6$ 时，流体沿着圆柱表面运动，流场基本上是定常的，并且流线是关于圆柱的中心线对称。当 Re 大约为 10 时，流体在圆柱表面的后驻点附近脱落，形成对称的反向旋涡。随着 Re 的进一步增大，分离点前移，旋涡也会相应地增大。当 Re 大约为 46 时，脱体旋涡就不再对称，而是以周期性的交替方式离开圆柱表面，在尾部就形成了著名的卡门涡街。涡街使其表面周期性变化的阻力和升力增加，从而导致物体振荡，产生噪声。接下来利用 Fluent 对 Re 大于 46 的情况下产生的卡门涡街进行数值模拟。

8.5.2 实例简介

图 8.251 给出了圆柱绕流的计算区域的几何尺寸，其中 $L=1$ m，$W=0.2$ m，$r=0.02$ m，$l_2=0.1$ m，$l_1=0.2$ m。入口处的水流速度为 0.01 m/s。

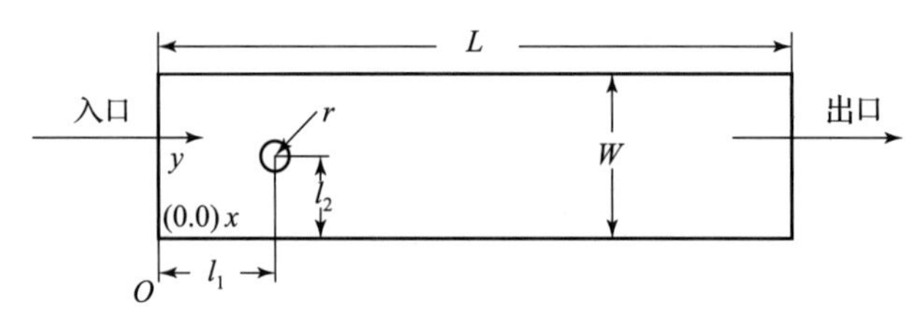

图 8.251 圆柱绕流计算区域示意图

8.5.3 实例操作步骤

在关于卡门涡街的数值模拟中，首先利用 Gambit 画出要计算的流体区域，并且对边界条件类型进行相应的指定，从而得到相应问题的计算模型。然后再利用 Fluent 求解器对这种模型进行求解。最后利用 Tecplot 对一些比较感兴趣的结果进行处理。

1. 利用 Gambit 建立计算区域和指定边界条件类型

第 1 步：文件的创建及其求解器的选择

1）启动 Gambit 软件

打开 Gambit 软件，选择 File→New 打开图 8.252 所示的对话框。

在 ID 文本框中输入 vortex2 作为 Gambit 要创建的文件的名称，而 Title 是对这个文件的描述。需要注意的是，要选中 Save current session 才可以创建新文件。点击 Accept 按钮，出现图 8.253 所示的对话框。

点击 Yes 按钮确认就可以创建一个名称为 vortex2 的新文件。

2）选择求解器

选择要解决本问题的求解器。点击主菜单中的 Solver 菜单，出现图 8.254 所示的子菜单。

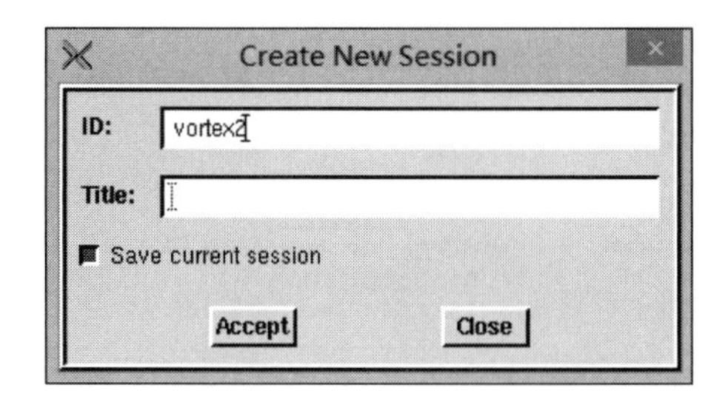

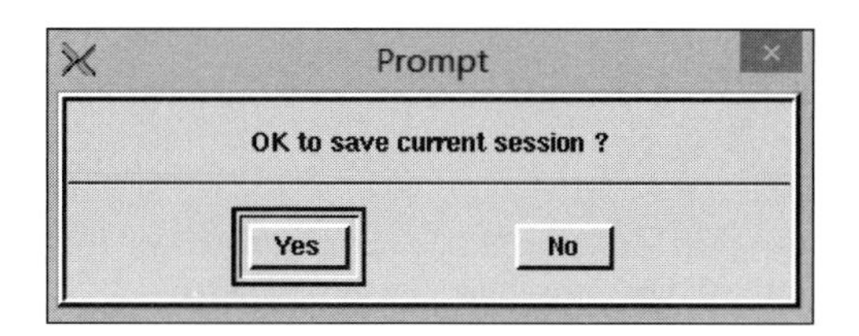

图 8.252 vortex2 文件的创建

图 8.253 确认创建文件的对话框

本例是用 Fluent 求解器进行求解的，在子菜单中选择 FLUENT 5/6 即可。

第 2 步：创建控制点

选择 Operation →Geometry →Vertex 打开“Create Real Vertex”对话框，如图 8.255 所示。

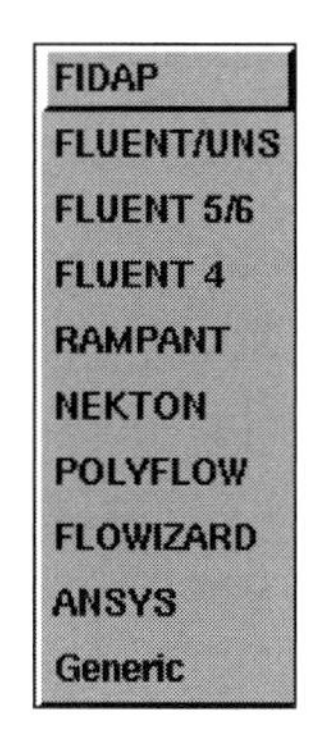

图 8.254 求解器类型列表

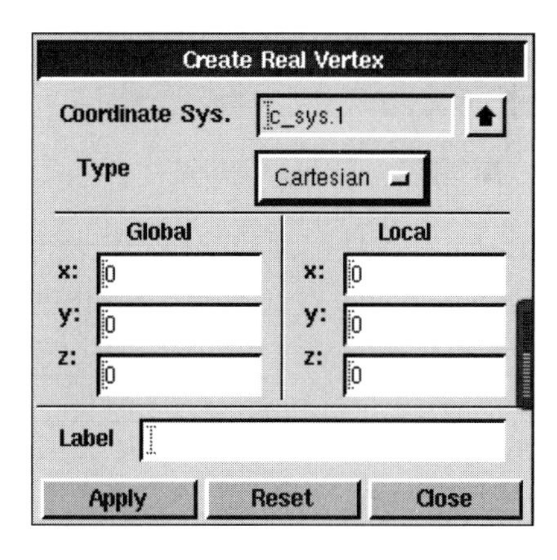

图 8.255 点的创建对话框

在 Global 下面的 3 个文本框中分别输入各个主要控制点的坐标（具体的坐标值可以参考图 8.248），从而可以得到图 8.256 所示控制点示意图。

图 8.256 控制点示意图

第 3 步：创建边

为了了解每个控制点的名称，可以点击 Gambit 右下角图 8.257 所示的按钮，得到图 8.258所示的对话框。

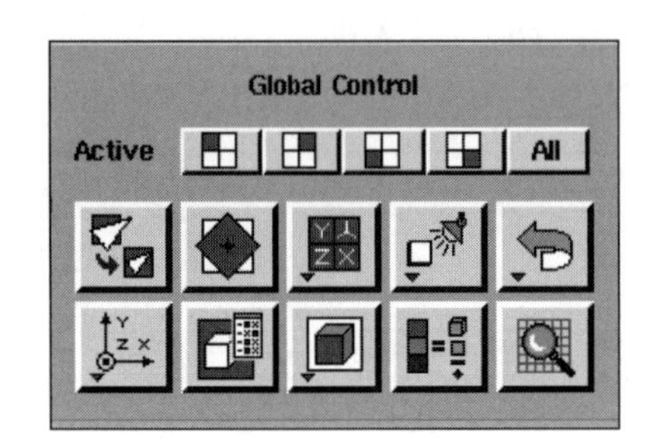

图 8.257　Global Control

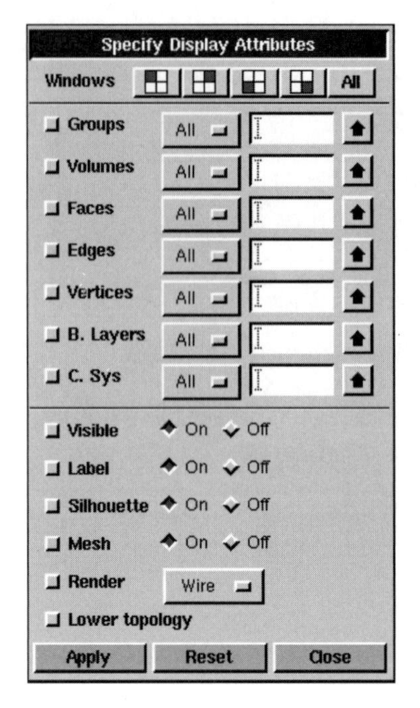

图 8.258　"Specify Display Attributes"对话框

点击 Label 选项前面的按钮，使得 Label 被选中，并且 Label 后面的 On 选项被选中。点击 Apply 按钮，可以看到其中的各个控制点相应的名称，如图 8.259 所示。

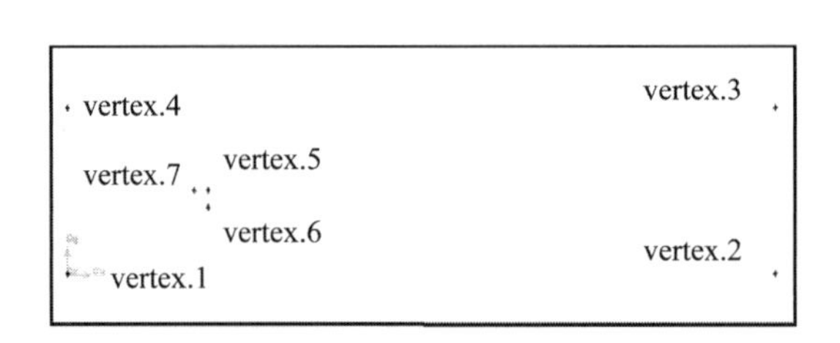

图 8.259　各个控制点的名称

选择 Operation →Geometry →Edge 打开"Create Straight Edge"对话框，如图 8.260 所示。

点击 Vertices 文本框后面的向上箭头，可以出现图 8.261所示的对话框。

在 Available 列表中选中 vertex. 1 和 vertex. 4，然后点击向右的箭头，就会出现图 8.262 所示的情况。

点击 Close 按钮，然后点击图 8.260 中的 Apply 按钮，可以看到 vertex. 1 和 vertex. 4 之间连成直线。按照同样的方法可以得到图 8.263 所示的矩形区域。

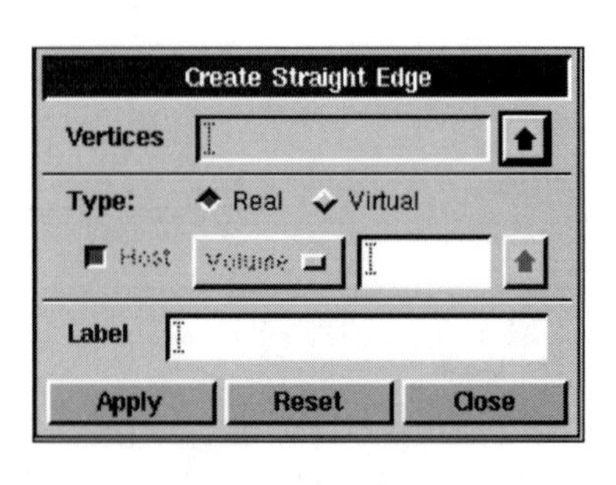

图 8.260　"Create Straight Edge"对话框

选择 Operation →Geometry →Edge 打开

“Create Full Circle”对话框，如图 8.264 所示。利用这个对话框可以创建一个整圆。具体操作如下。

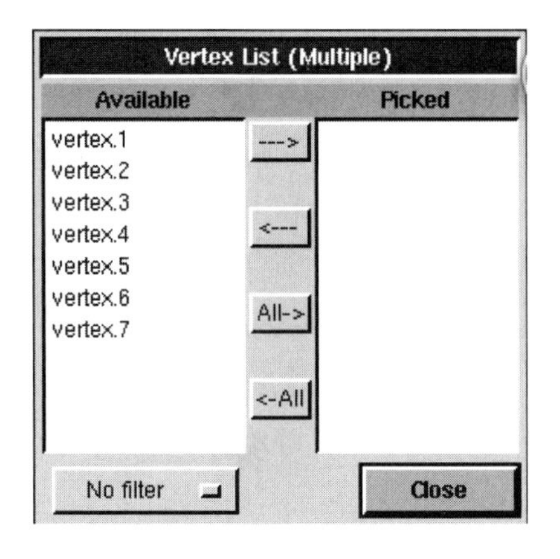

图 8.261　“Vertex List”对话框

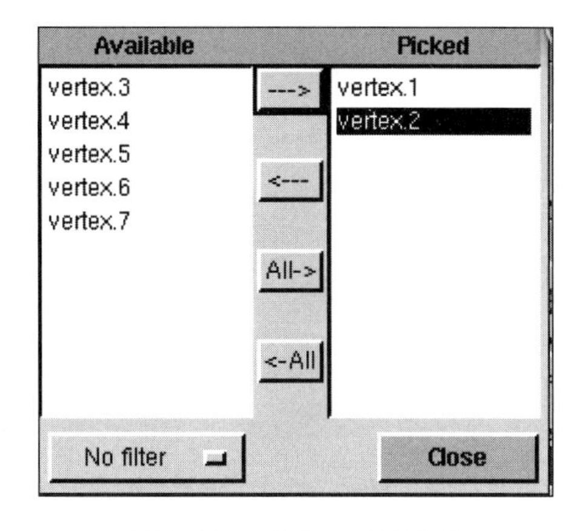

图 8.262　选中点后的情形

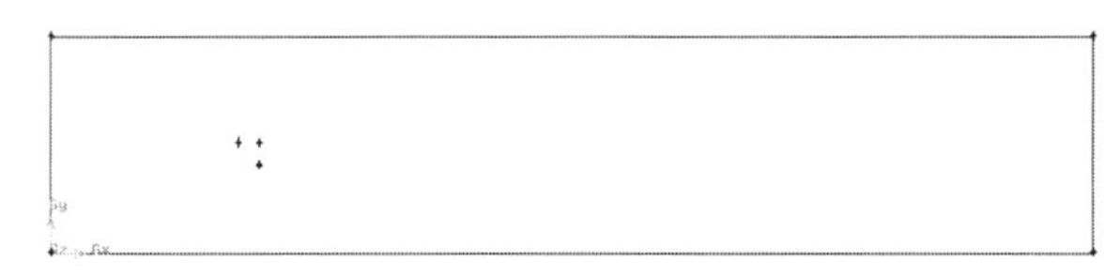

图 8.263　四个控制点连成的矩形区域

（1）Method 的选择。选择利用圆心和圆边上两点来确定整圆的方法。

（2）圆心和圆边上两点的选择。在 Center 文本框中选择 vertex. 5，在 End – Points 文本框中选择 vertex. 6 和 vertex. 7。

（3）点击 Apply 按钮。创建出计算区域中圆柱的形状，如图 8.265 所示。

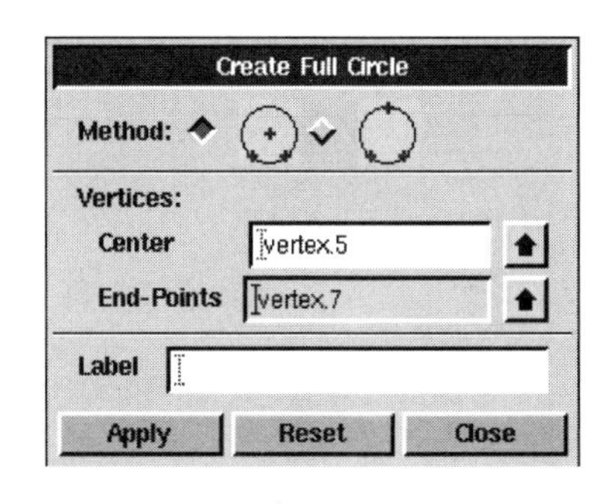

图 8.264　“Create Full Circle”对话框

图 8.265　几何区域的框架

第 4 步：创建面

按照上面提到的显示几何单元名称的方法，可以显示出图 8.266 所示的各个边和点的名称。

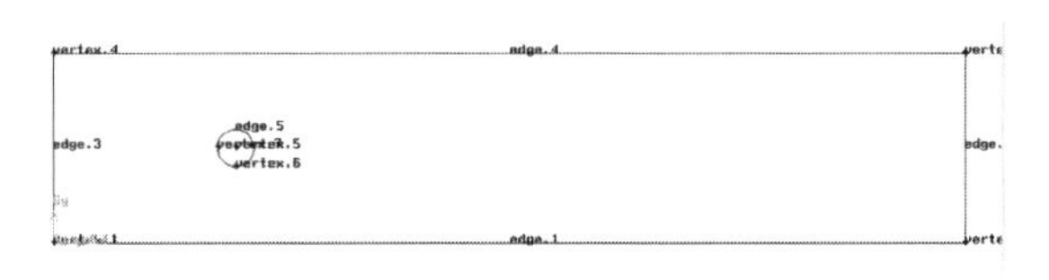

图 8.266　各个几何单元名称的显示

在对上面的几何单元的名称了解以后，利用前面介绍的方法关掉名称显示。

选择 Operation →Geometry →Face 打开“Create Face from Wireframe”对话框，如图 8.267 所示。利用这个对话框可以创建面。

选中创建面的对话框中 Edges 后面的区域，就可以选择要创建的面需要的几何单元。除了利用前面提到的利用向上的箭头中的操作选择几何单元以外，还可以利用快捷键 Shift + 鼠标左键选择目标单元，呈现红色说明目标被选中。在操作中，选中组成矩形的 4 条边 edge. 1、edge. 2、edge. 3 和 edge. 4，然后点击 Apply 按钮，就可以看到选中的 4 条边变成了蓝色。

利用 Gambit 软件右下角 Global Control 中的按钮 ，就可以看出上面选择的 4 条边所组成的区域是一个图 8.268 所示的矩形面。

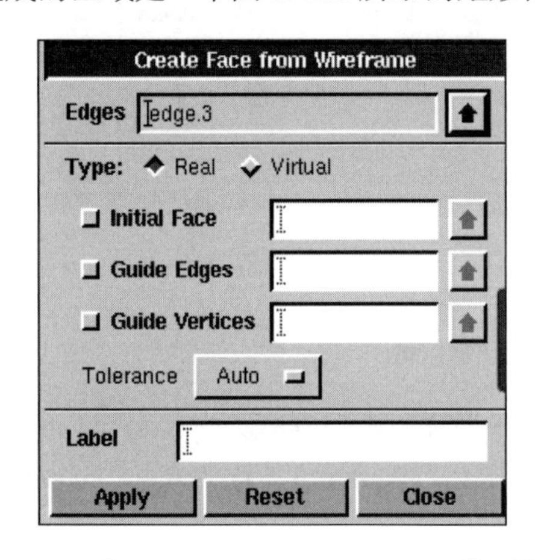

图 8.267 “Create Face from Wireframe”对话框

图 8.268 矩形面区域示意图

重复上面的矩形面的创建方法，利用图 8.268 中的整圆可以创建一个圆面。这样就有了两个面：一个矩形面，一个圆形面，如图 8.269 所示。

图 8.269 矩形面和圆形面示意图

但是在利用 Fluent 进行流体计算时的区域仅仅局限于流体区域，而不需对圆柱区域内的区域进行计算，所以就要利用面之间的布尔运算得到 Fluent 计算区域。

选择 Operation →Geometry →Face 打开“Subtract Real Faces”对话框，如图 8.270 所示。利用这个对话框可以对面进行布尔减的运算。其中的 face. 1 和 face. 2 分别对应矩形面和圆形面，可以利用 Shift + 鼠标左键分别选择，如图 8.270 所示。

点击 Apply 按钮，就会发现进行布尔减运算后的区域如图 8.271 所示。这相当于矩形区域内部被抠掉一个圆形的区域，这个区域就是 Fluent 计算所在的区域。

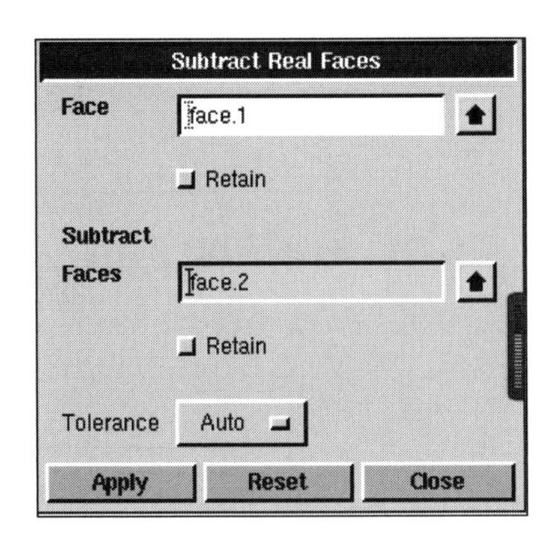

图 8.270　“Subtract Real Faces”对话框

图 8.271　布尔减运算后的面域

第 5 步：网格划分

1）边的网格划分

当 Fluent 要进行计算的几何区域已经确定以后，就要把这个几何区域进行离散化，也就是要对它进行网格的划分。

选择 Operation →Mesh →Edge 打开“Mesh Edges”对话框，如图 8.272 所示。利用这个对话框可以对边进行网格划分，在 Edges 后面的框中选中要操作的边，然后设置 Spacing 数值，数字对应项目是 Interval count。如果默认的不是这个项，可右击默认的项目，在出现多个项目时将鼠标移动到需要的项目上放开即可。

用 Shift + 鼠标左键在图 8.272 所示对话框中的 Edges 中选择 edge. 6，然后在 Spacing 文本框中输入 40。点击 Apply 按钮即可看到图 8.273 所示的圆柱部分的网格。

用同样的方法对矩形框其他边进行网格划分。假设 edge. 1 和 edge. 3 的 Spacing 对应数值为 20，而 edge. 2 和 edge. 4 的 Spacing 对应数值为 100，最后可得到网格划分情况（图 8.274）。但是要注意一点：两条对应边划分的段数必须相等。

2）面的网格划分

选择 Operation →Mesh →Face 打开“Mesh Faces”对话框（图 8.275）对面进行网格划分，在 Faces 后的框中选中要操作的面，然后设定 Spacing 数值为 1。点击 Apply 按钮就可以看到图 8.276 所示的面的网格划分情况。

第 6 步：边界条件类型的指定

选择 Operation →Zones 打开“Specify Boundary Types”对话框（图 8.277），利用它进行边界条件类型设定。

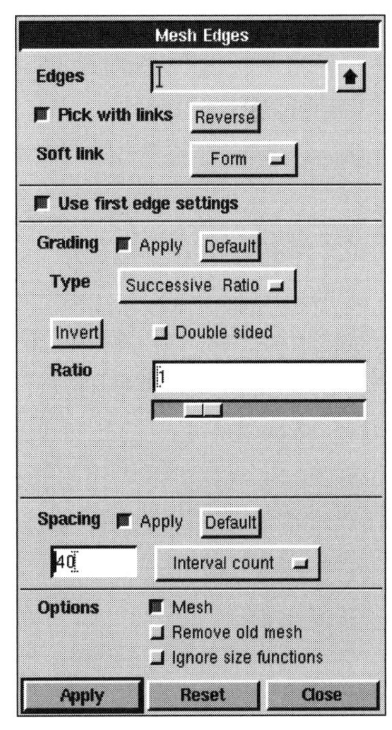

图 8.272　“Mesh Edges”对话框

图 8. 273　划分网格的定义

图 8. 274　各边的网格划分情况

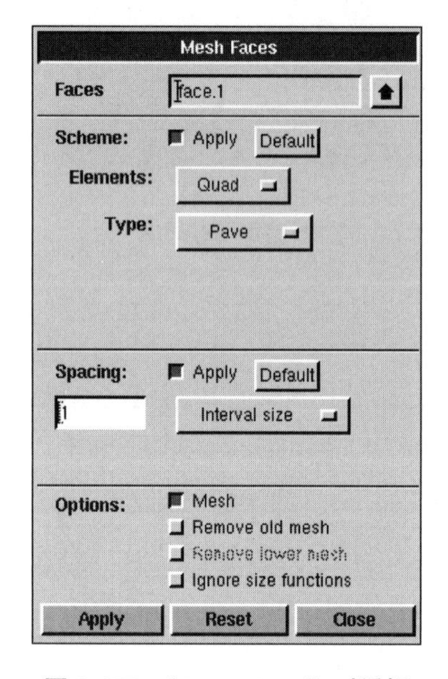

图 8. 275　"Mesh Faces"对话框

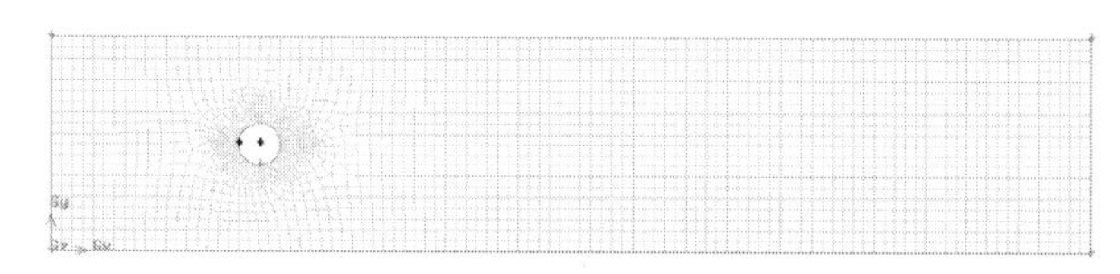

图 8. 276　面的网格划分情况

1）指定要进行的操作

Action 对应的是 Add，即添加一个边界条件。

2）给出边界的名称

Name 选项对应于输入名称给指定边，这里输入 inlet。

3）指定边界条件的类型

Fluent 5/6 对应的边界条件的所有类型列于图 8. 278。

在 Type 中选 VELOCITY_INLET，方法为右击类型。将鼠标移动到需要的类型上放开即可。

4）选择边界对应的几何单元

在 Entity 后面的框内点击，然后在几何图形中选择边界条件对应的几何单元。本例选择 edge. 1。点击 Apply 按钮可看到图 8. 279 中的 Name 下面添加了 inlet。

重复上面的操作就可以对每条边进行边界条件的定义，其中出口对应的边界条件类型为 OUTFLOW，Gambit 默认的边界条件类型为 WALL。当 Show labels 被选中时，就可以看到图 8. 280 所示的边界条件定义。

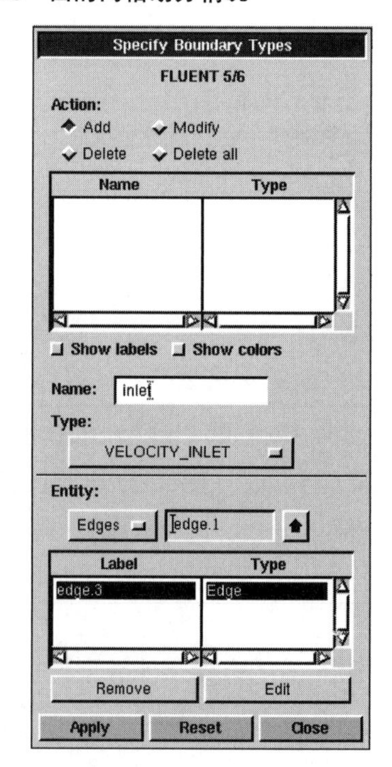

图 8. 277　"Specify Boundary Types"对话框

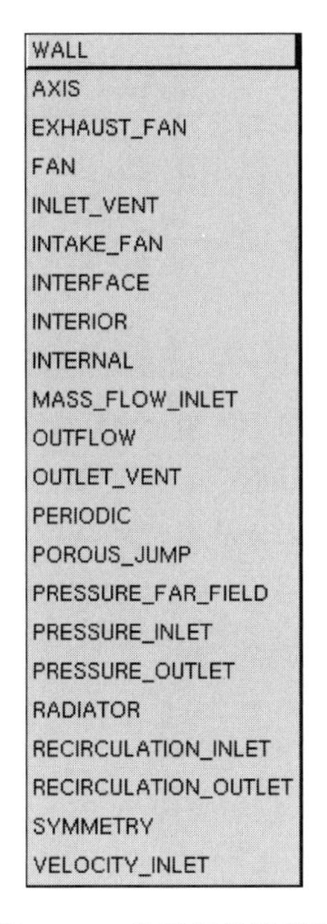

图 8.278　边界条件的类型

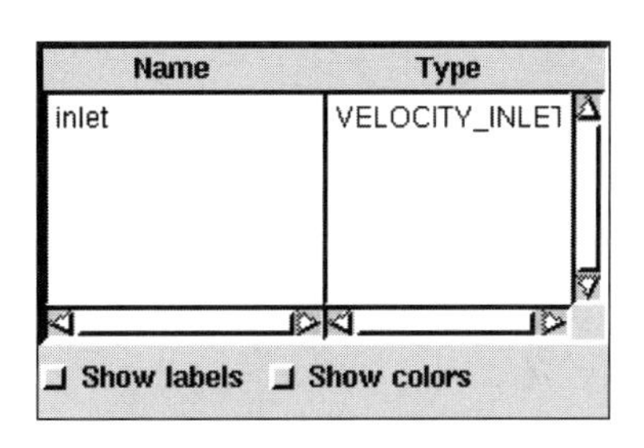

图 8.279　inlet 的定义

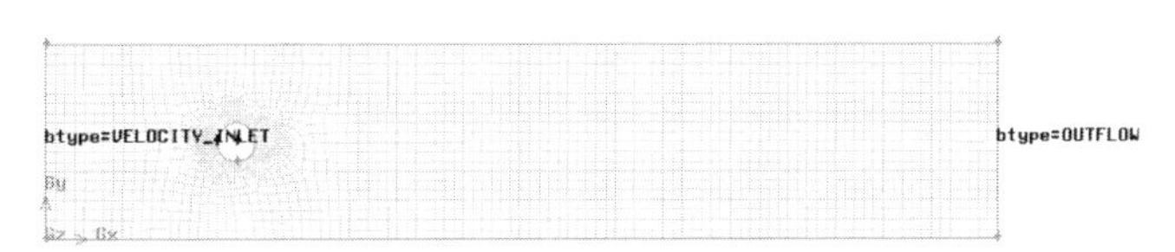

图 8.280　边界类型的显示

第 7 步：Mesh 文件的输出

选择 File→Export→Mesh 打开输出文件的对话框（图 8.281）。

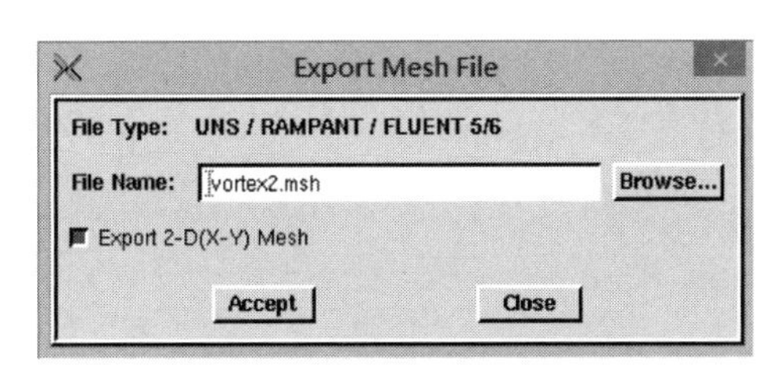

图 8.281　输出文件的对话框

注意：Export 2 – D（X – Y）Mesh 选项必须被选中才可以输出 . msh 文件。

文件的输出情况可从图 8.282 中看出。若输出文件有错误，从这里可以找到错误的相关信息，从而可以对接下来的修改起到指导的作用。

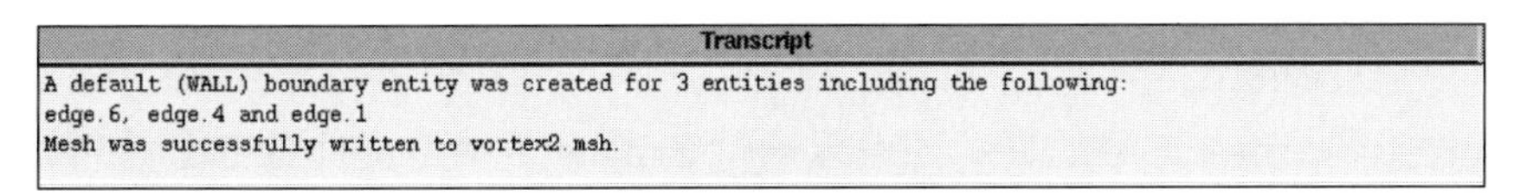

图 8.282　文件的输出情况

2. 利用 Fluent 求解器求解

第 1 步：Fluent 求解器的选择

本例的圆柱绕流的计算是二维问题，且对求解的精度要求不高，所以只要选择两维单精度求解器即可。如图 8.283 所示，点击 Run 按钮启动 Fluent 求解器。

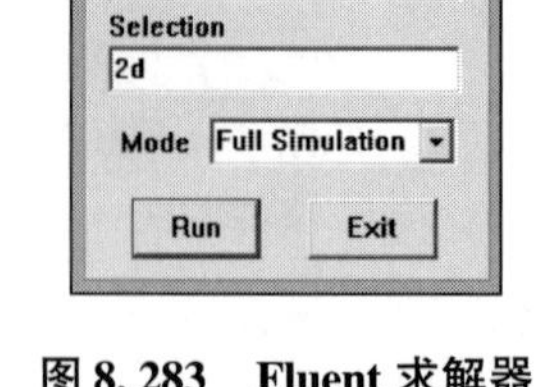

图 8.283　Fluent 求解器的选择

第 2 步：网格的相关操作

1）读入网格_文件

操作：File→Read→Case

打开 Mesh 文件导入的对话框（图 8.284），默认的 Gambit 导出文件都放在路径 C:Documents and Settings\ × × ×，其 × × ×是用户名。找到 mesh 文件以后，点击 OK 按钮，文件就导入 Fluent 求解器中了。

图 8.284　导入 Mesh 文件

2）检查网格文件

操作：Grid→Check

对于网格进行检查，可以看出 minimum volume（m^3）：2.529 932e－004 大于 0。若其小于 0，网格就不能用于计算，需重新划分直到满足这一条件。

3）设置计算区域尺寸

操作：Grid→Scale

打开图 8.285 所示的对话框，对几何区域的尺寸进行设置。在 Scale Factors 下面 X 和 Y 文本框都输入 0.1，点击 Scale 按钮就可以使当前文件的几何尺寸满足要求。

4）显示网格

操作：Display→Grid

当网格满足最小体积的要求以后，可以在 Fluent 中显示网格。至于要显示网格文件的哪一部分，可以通过图 8.286 所示的对话框来控制。

网格文件的各个组成部分的显示，可以通过 Surface 下网格文件各部分是否被选中来控制。假如网格文件各部分都被选中，点击 Display 按钮就会看到图 8.287 所示的网格形状。

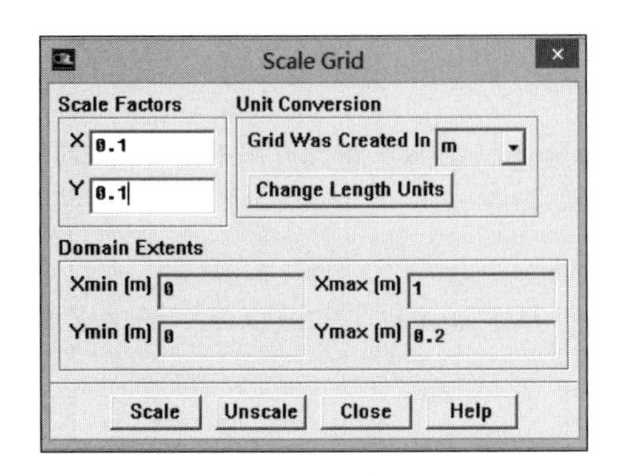

图 8.285　“Scale Grid”对话框

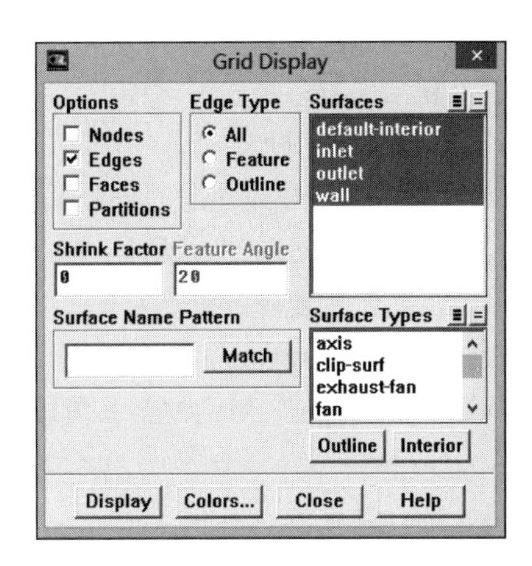

图 8.286　“Grid Display”对话框

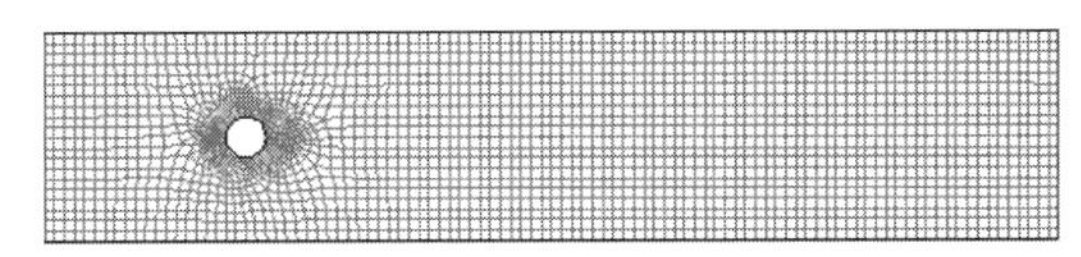

图 8.287　Fluent 中网格文件的显示

第 3 步：选择计算模型

1）基本求解器的定义

操作：Define→Models→Solver

打开图 8.288 所示的对话框。

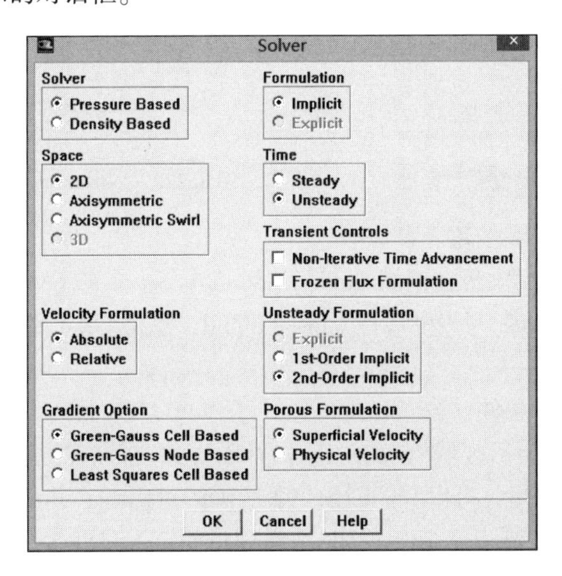

图 8.288　基本求解器 Solver 的对话框

注意 Time 项目对应 Unsteady，因为使用的是非稳态模型，这是本例的重点，用该模型才能模拟涡脱落。另外，Unsteady Formulation 对应的是 2nd – Order Implicit，这是为了提高数值模拟的精度，更好地捕捉涡脱落。其他的设置保持默认，点击 OK 按钮即可。

2）其他计算模型的指定

由于利用层流模型就可以模拟出涡脱落，所以没有附加其他的计算模型。

3）操作环境的设置

操作：define→Operating Conditions

打开图 8.289 所示的对话框。默认的操作环境就满足本例，所以点击 OK 按钮即可。

第 4 步：定义流体的物理特性

操作：Define→Materials

打开“Materials”对话框定义流体的物理性质，从 Fluent 自带的数据库中调出水的物理参数。

第 5 步：设置边界条件

操作：Define→Boundary Conditions

通过图 8.290 所示对话框使得计算区域的边界条件具体化，包括区域内物质的指定、出入口边界条件和壁面边界条件等。

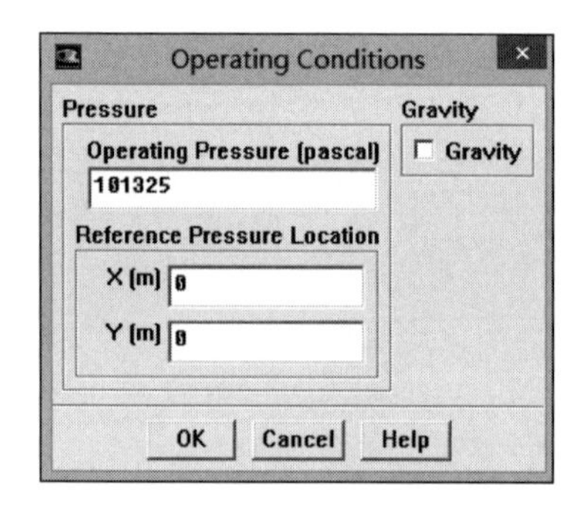

图 8.289　操作环境设置对话框

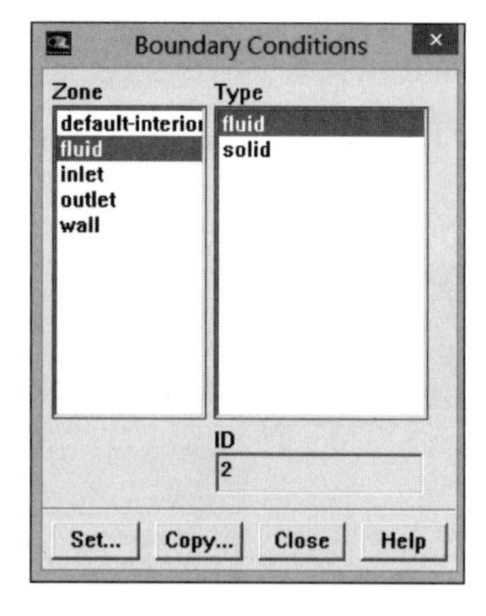

图 8.290　“Boundary Conditions”对话框

1）设置 fluid 流体区域的边界条件

在 Zone 列表中选择流体所在区域 fluid，然后点击 Set... 按钮，可以看到图 8.291 所示的对话框。在 Material Name 列表中选择 water - liquid，点击 OK 按钮就把区域中的流体定义为“水”了。

2）设置 inlet 的边界条件

在 Zone 列表中选择矩形区域的入口 inlet，可以看到它对应的边界条件类型为 velocity - inlet，然后点击 Set... 按钮，可以看到图 8.292 所示的对话框。其中 Velocity Magnitude 文本框中对应的是入口处的水流速度。点击 OK 按钮即可确定入口处水流速度。

3）设置 outlet 的边界条件

用同样的方法设置 outlet 的边界条件。

4）设置 wall 的边界条件

本例中区域 wall 处的边界条件设置保持默认。

第 6 步：求解方法的设置及其控制

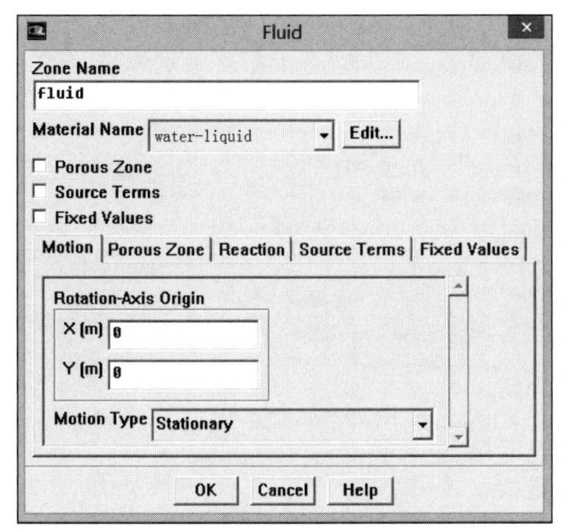

图8.291 “Fluid”区域设置对话框

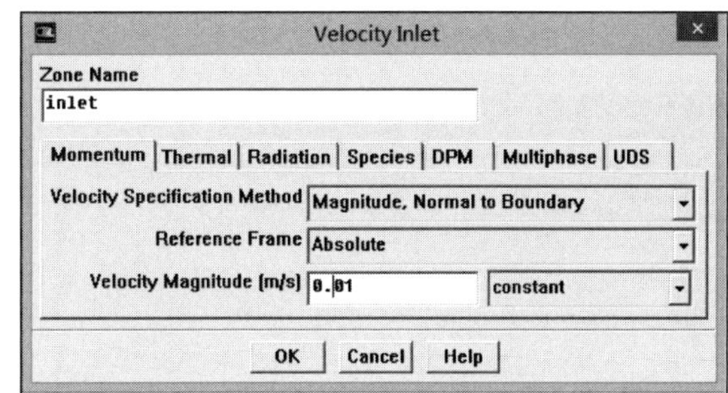

图8.292 “Velocity Inlet”边界条件对话框

接下来设定连续性方程和动量方程的具体求解方式。

1）求解参数的设置

操作：Solve→Controls→Solution

打开求解控制对话框，并且设置Pressure－Velocity Coupling对应的求解方式为SIMPLE；Discretization对应的Pressure为Second Order，Momentum为Second Order Upwind，其目的是提高计算的精度。设置的具体情况如图8.293所示，最后点击OK按钮确认以上设置。

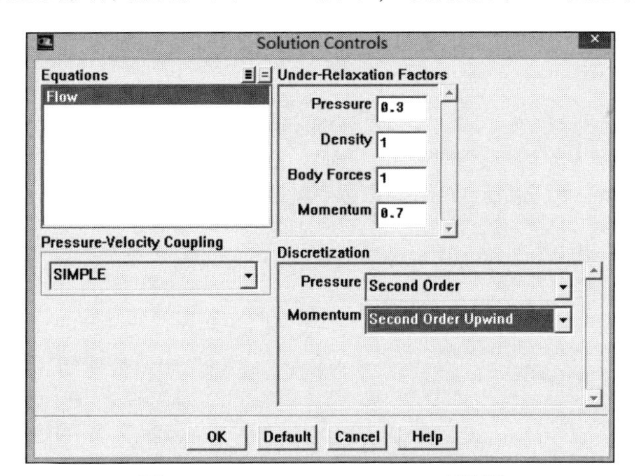

图8.293 Solution Controls对话框

2）初始化

操作：Solve→Initialize→Solution

打开图8.294所示的对话框。设置Compute From为all－zones，依次点击Init、Apply、Close按钮。

3）打开残差图

操作：Solve→Monitors→Residual

打开图 8.295 所示的对话框。选择 Options 下面的 Plot，从而计算时能动态显示计算残差；Convergence 对应的数值均为 1.0e－5，它的数值越小，说明计算的精度要求越高。最后点击 OK 按钮确认设置。

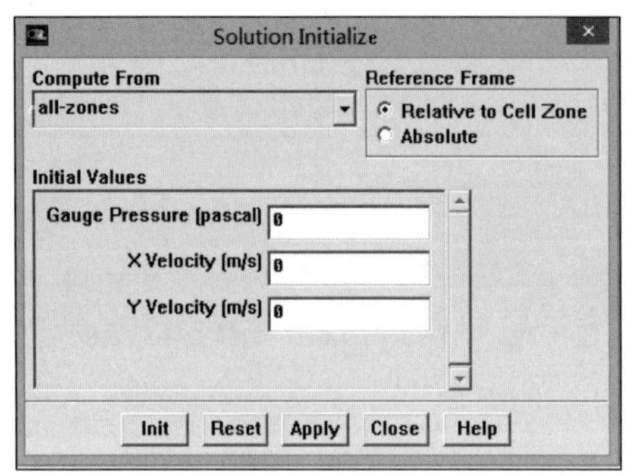

图 8.294 “Solution Initialize”对话框

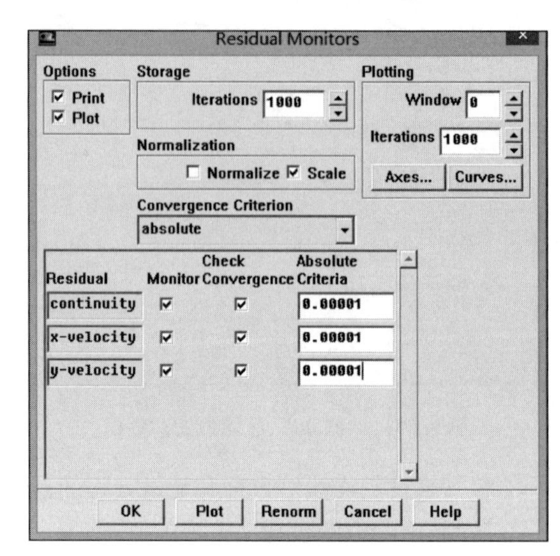

图 8.295 “Residual Monitors”对话框

4）动画的设置

操作：Solve→Animate→Define

为了显示动态的涡脱落，就要对该涡脱落过程进行监控或者称为录像。相应的设置如图 8.296所示。

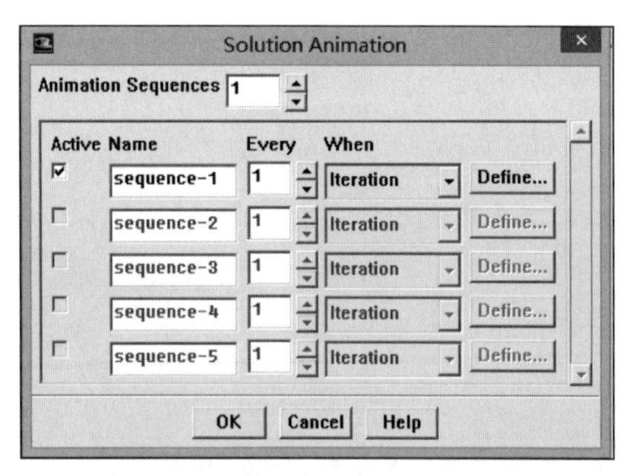

图 8.296 “Solution Animation”对话框

其中 Animation Sequences 列表框中的 1 表示只对一个物理量进行录像，Name 对应的 sequence（序列；一组镜头）是录像的，Every 对应的 1 表示一个时间步（Time Step）作为录像的一帧。

点击 Define... 按钮打开图 8.297 所示的对话框定义录像的内容。Storage Type 表示录像的存储类型，In Memory 表示存在内存中，Window 对应的 1 表示要在计算时为录像开一个窗口。需要特别注意的是，Window 对应的 Set 一定要点击一下才会出现一个黑色无物的窗口，而窗口显示的图形是在 Display Type 里定义的，Fluent 可以做很多类型的录像。本例是做涡量场的动画，所以在 Display Type 选项区域选择 Contours，紧接着就会弹出图 8.298 所示的对话框，因此速度参数可以在此进行具体的设置。

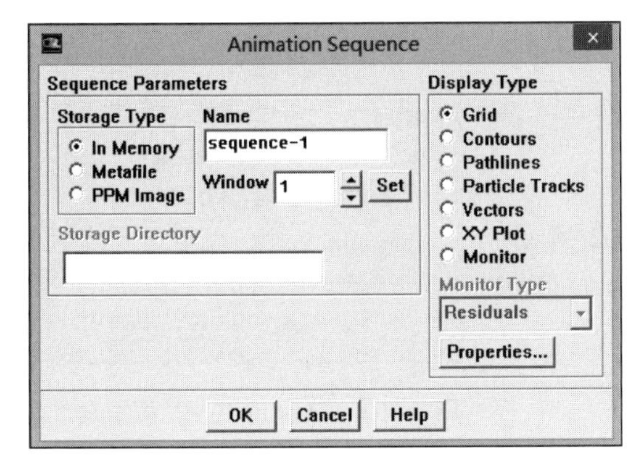

图 8.297　“Animation Sequence”对话框

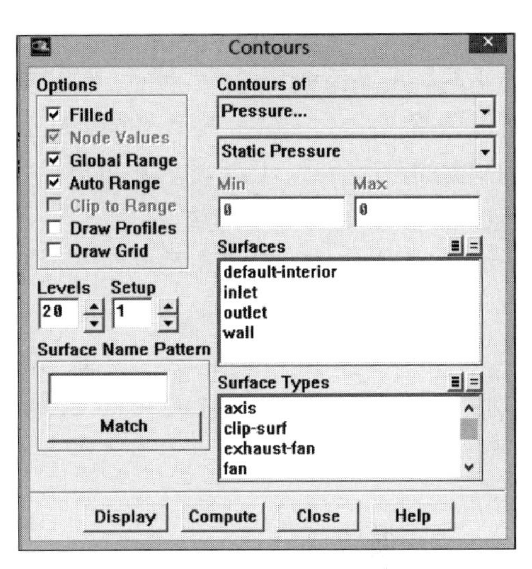

图 8.298　“Coutours”对话框

选中图 8.298 中的 Options 对应的 Filled，然后点击 Display 按钮，原本空的窗口出现了图 8.299 所示的图形。在迭代求解时，这一个窗口中图形的形状不断变化，从而演示了涡脱落的过程。

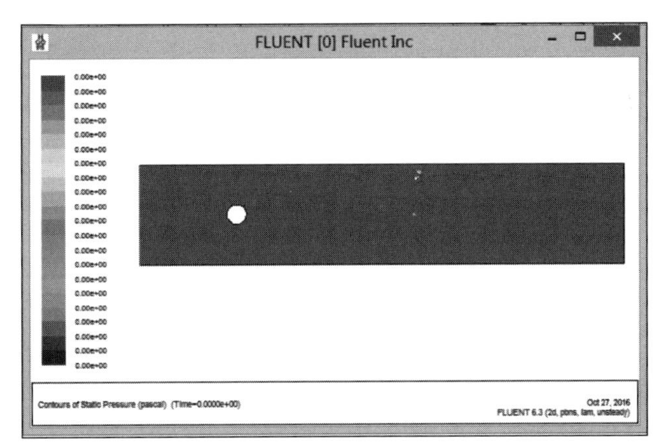

图 8.299　录像显示窗口

5）保存当前 Case 和 Data 文件

操作：File→Write→Case & Date

保存前面所做的所有设置。

6）开始迭代

操作：Solve→Iterate

迭代的一些设置如图 8.300 所示。点击 Iterate 按钮，Fluent 求解器就会进行求解。

7）显示速度轮廓线

操作：Display→Contours

迭代一定的时间步后，利用上述操作进入“Contours”对话框，点击 Display 按钮可以得到图 8.301 所示的涡量等值线图。须注意，要想得到清晰涡量图，可以选择 Clip to Range，改动 Min 和 Max 对应的数值，得到满意的图形质量。图形的大小可以通过按住鼠标中键，然后框选某一部分进行缩放。

8）速度矢量图的显示

操作：Display→Vectors

打开矢量设置对话框进行设置，如图 8.302 所示。利用它可以显示某一时间整个区域的速度矢量图（图 8.303）。

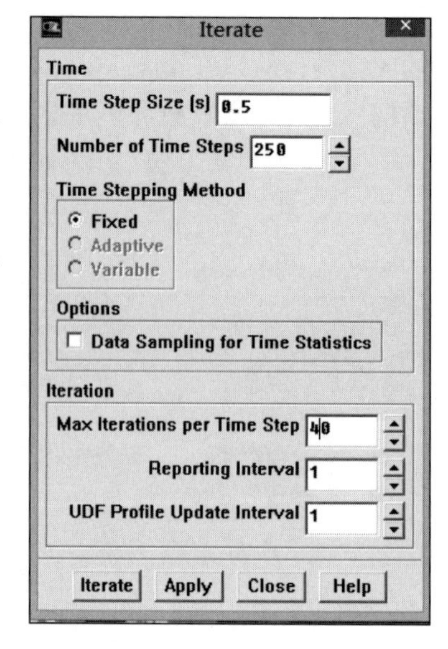

图 8.300 “Iterate”对话框的设置

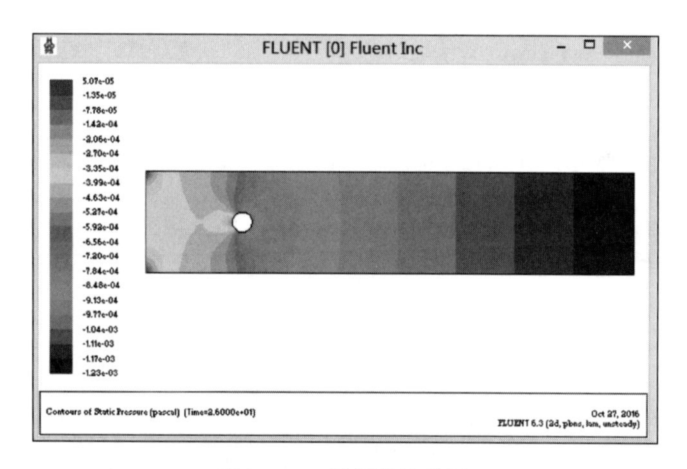

图 8.301 涡量等值线图

9）保存计算后的 Case 和 Data 文件

操作：File→Write→Case & Data

10）录像的回放和保存

操作：Solve→Animate→Playback

当 Fluent 对涡脱落过程录制好以后，可以通过以上的命令打开图 8.304 所示的对话框来对录像进行回放，也可以把这一过程转成其他格式的视频。在 Playback Mode 列表框中可以选择播放格式为 Play Once，然后点击向右的箭头开始播放，可以看到涡脱落的整个过程。把视频转为其他播放器能够播放的格式，可以在 Write/Record Format 列表框中选择 MPEG，然后点击 Write 按钮输出。

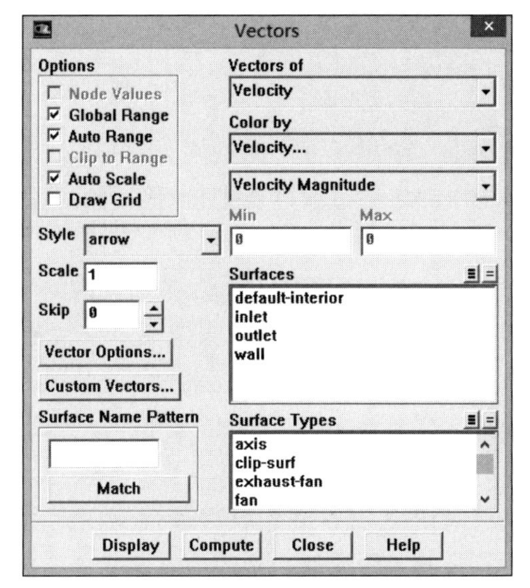

图 8.302　速度矢量设置对话框

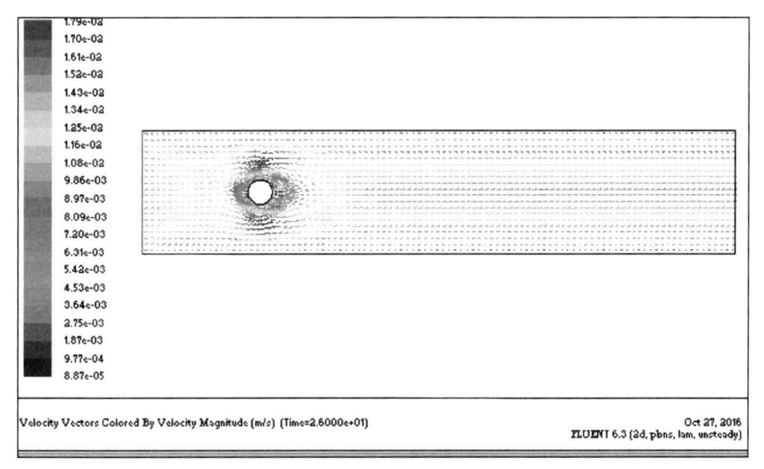

图 8.303　速度矢量显示

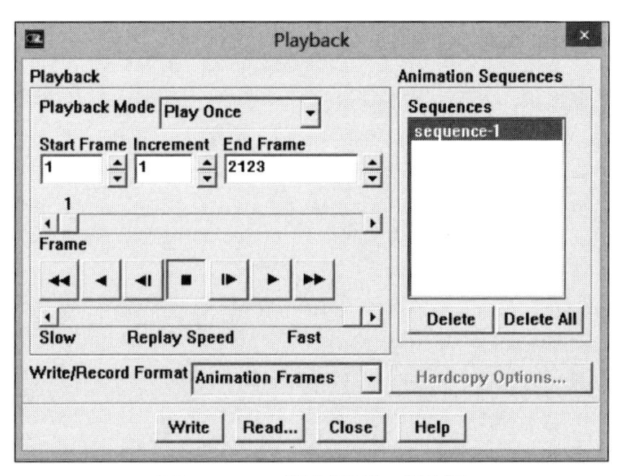

图 8.304　视频回放对话框

8.6 小结

本章从实际应用的角度出发，给出了五个典型流动的 FLUENT 数值模拟操作过程。其中算例一为平板绕流，流动考虑了热传导过程以及平板所受到的剪切应力分布等，并在算例中考虑了 y^+ 值的影响。算例二为绕二维 NACA0012 翼型在可压缩和不可压缩情况下的绕流情况，介绍了压缩性和粘性对流动的影响。算例三为二维喷管内的不定常流动，介绍了非定常流动的求解过程，以及采用自定义函数 UDF 函数来定义不定常流动的边界条件的方法。算例四为有攻角三角翼在跨声速下发生边界层分离现象的绕流情况。这是一个跨声速同题。算例五为绕圆柱流动的数值模拟，介绍了 Fluent 对 Re 大于 46 的情况下，圆柱绕流卡门涡街的形成与发展的数值模拟状况。

本章五个算例的介绍仅仅是使用 CFD 商用软件进行工程流动问题模拟的粗略介绍，实际上商业软件也能求解更为复杂的工程流动。希望通过这几个算例让读者对计算流体力学有进一步的了解。

参 考 文 献

[1] 安德森. 计算流体力学基础及其应用 [M]. 吴颂平, 等译. 北京: 机械工业出版社, 2007.

[2] VERSTEEG H K, MALALASEKERA W. An introduction to computational fluid dynamics [M]. Nwe York: Pearson Education, 2007.

[3] 李人宪, 有限体积法基础 [M]. 北京: 国防工业出版社, 2008.

[4] 朱自强, 应用计算流体力学 [M]. 北京: 北京航空航天大学出版社, 1998.

[5] 吴子牛, 计算流体力学基本原理 [M]. 北京: 科学出版社, 2001.

[6] 王福军, 计算流体动力学分析——CFD 软件原理与应用 [M]. 北京: 清华大学出版社, 2004.

[7] BLOCKLEY R, SHYY W, 航空航天科技出版工程/流体动力学与空气热力学 [M]. 吴小胜, 雷娟棉, 黄晓鹏, 等译. 北京: 北京理工大学出版社, 2016.

[8] BAKKER A. Applied computational fluid dynamics [EB/OL] (2008 - 02 - 03) [2020 - 12 - 31], http://www.bakker.org/dartmouth06/engs150/.

[9] 于勇, 张俊明, 姜连田, FLUENT 入门与进阶教程 [M]. 北京: 北京理工大学出版社, 2008.